自動車
メガ・プラットフォーム戦略
の進化
「ものづくり」競争環境の変容

古川澄明［編］　JSPS科研費プロジェクト［著］

九州大学出版会

本研究は JSPS 科研費 JP26245047 の助成を受けたものである。
研究課題「日欧自動車メーカーの『メガ・プラットフォーム戦略』とサプライチェーンの変容」，研究種目：基盤研究（A），配分区分：補助金，研究代表者：古川澄明，研究期間（年度）：2014 年度～2017 年度。

研究分担者（敬称略）
居城克治（福岡大学・商学部）
塩次喜代明（九州大学名誉教授）
目代武史（九州大学・経済学研究院）
李　澤建（大阪産業大学・経済学部）
木村　弘（広島修道大学・商学部）
竹原　伸（近畿大学・工学部）
内田和博（広島工業大学・工学部）
岩城富士大（広島市立大学・大学院国際学研究科非常勤講師）
折橋伸哉（東北学院大学・経営学部）
平山智康（岡山大学・研究推進産学官連携機構 ［2014 年 5 月～2017 年 4 月間，その後経済産業省に復任］）

研究協力者
太田志乃（機械振興会・経済研究所，常任）
立澤昌男（通訳，常任）
谷川　浩（日本自動車研究所，特命）

This work was supported by JSPS KAKENHI Grant Number JP26245047, Grant-in-Aid for Scientific Research（A）. Study subject "Research on the 'Mega-Platform Strategies of Japanese and European Car Manufacturers', in conjunction with the Transformation of Supply Chains", managed by Representative Prof. Sumiaki Furukawa in the study duration form 1 April 2014 to 31 March 2017.

はしがき

　自動車産業についての学際的研究の必要性が，かつてないほどに高まっている。自動車産業の誕生から一世紀の歴史を経て，内燃機関が自動車市場を席巻した時代が終焉期を迎えているといわれるなか，たしかに EV（電気自動車[1]）シフトの話題が過熱気味ではあるが，しかしながら自動車業界を取り巻く事業環境が様変わりしたことも事実である。それを如実に示すフェノメノンが，2006 年頃から日本の自動車業界でもビジネス実務関係者の間で賑わしく語られ始めた，「ものづくり」から「ことづくり」への事業領域の拡大，あるいは，「ものづくり」と「ことづくり」の一体化への転換，といった新見地の登場にも象徴的に表れている。

　近年，世界の自動車業界は，グローバルなレベルにおいて，変移の様相を示している。業界の従前の枠組みを超えて，他業界からの参入や，業種を超えた連携が随所に生まれており，そうした動きの水面下では，技術のインバランスを埋めようとして，不断に技術革新の連鎖反応が生起しているものと思われる。その背景には，自動車の動力源に電気動力の活用を求める主要市場国の環境規制強化宣言や，自動車メーカーが自ら戦略決定する製品電動化シフトなどがあるだけではない。自動車市場とその周辺環境に変化が起こっている。例えば，日本の地方でガソリンスタンドの撤退や廃業が相次いでいて，そこに暮らす人々の EV 購入が進んでいるといわれる。公共交通機関の廃線や減・廃車によって，EV が生活必需品となっているというのが，その理由である。自動車開発において石油系燃料の効率的利用が極限まで追求され，燃費の向上や，HV，PHV[2] の普及による石油系燃料消費の減少が，燃料値下げ競争とも相俟って，地方におけるガソリンスタンドの撤退や廃業を誘起する要因となっている。政府にとっても，ガソリン税収減は，産業政策に新機軸を迫るものともなるであろう。

　今日の自動車モビリティ社会の変容は，人口に膾炙するように自動車産業

ii　　はしがき

の大転換となりそうな気配が業界を包み込んで新産業革命ムードを高めているといえなくもないが，しかしEVシフトの話題には叫騒の観もある。冷徹に成り行きを見据える見立てでは，意外に長い移行期間が予想されている。とはいえ，自動車をめぐって多様な領域でイノベーション連鎖が時々刻々に生起して止むことなく，同産業の形質転換（transformation[3]）を招来しつつあることも否定できないであろう。

　そうしたなか，自動車産業に関する学術研究は，新しい胎動を的確に捉えるためには，社会科学と自然科学の既存専門分野の垣根を越えて，マルチラテラルに認識を共有することが必要不可欠となっている。自動車関連の学術分野から専門家が参集する学際的連携研究によって多角的に捉え，その成果を持ち寄って最新のイノベーション動向とその意味合いを分析し，同産業の構造的枠組みを学術的に再検討し，新しく定義し直す必要に迫られている。

　本書は，文部科学省科学研究費基盤研究（A）研究補助金（研究期間：2014年4月1日〜2017年3月31日）の助成を得て，世界の自動車産業を取り巻く市場・産業構造のパラダイム・チェンジと戦略シフトについて，とくに2012年頃から話題を集めた日欧自動車メーカーの「メガ・プラットフォーム」（新モジュール化）戦略に研究の焦点を定めて，併せてその自動車部品産業への影響を解明しようとした，一つの学際的チームの研究成果を世に問うものである。チームのメンバーは，2005〜2006年頃から経済産業省九州・中国経済産業局の地域自動車産業クラスター政策審議会に学識経験者として協力している，また国内外調査で優れた実績のある，経済学・経営学・電気電子工学・機械工学分野の研究者で構成された。2012年に発足した研究チームは，従前の産官学連携実績を継承して，2014年4月から科研費研究助成を得て，本格的に実質3年間に亘って，日本国内はもとより，欧州，北米・メキシコ，アセアン・中国といった世界の自動車製造拠点を現地調査して実態解明に努めた。そうした調査研究の成果が，本書において，最新の知見を盛り込んで，取り纏められている。

　「メガ・プラットフォーム」（新モジュール化）戦略は，2015年頃まで，製品開発の「ものづくり」革新により市場支配力を握ろうとする画期的な動きとして業界内外の話題を賑わしたが，今日，自動車メーカー各社において

は，実用化方式の相違があるとはいえ，所知の製品開発方式として適用領域が広げられている。そうしたなか，自動車メーカーやメガサプライヤーの戦略基調は，時世の変化に機敏に対応しようとして，今や中・長期的収益源を模索する新ビジネスモデル構想へシフトした観がある。このようなビジネスモデルの変遷を明確に捉えるという意味においても，本書の研究成果がその役割を担う一つの研究実績として，千鈞の重みある位置を与えられるものと期待する。

　本研究の成果を得るに至るまでには，多くの公私関係機関や協力者の支援を得た。とりわけ，ローランドベルガー社の日独法人，ドイツ自動車工業会（VDA），FOURIN，経済産業省及び九州・中国経済産業局，機機振興協会・経済研究所，広島・岡山の産業振興機構，九州経済調査協会，CATRAC（中国），ひろぎん経済研究所，西日本各県産業振興部門（とくに岡山・広島・山口・福岡），日本自動車工業会，日本自動車研究所（JARI），Fraunhofer，日欧・アセアン・中国の自動車メーカー各社（トヨタ，日産，マツダ，三菱，Volkswagen, Audi, Daimler, BMW, Magna Steyr, Tata Motors, Perodua, Inokom），国内外自動車部品メーカー（とくにアイシン精機，市光工業，今仙電機，NS ウエスト，デンソー，河西工業，カルソニックカンセイ，久保田鐵工所，ケーヒン，ジヤトコ，ダイキョーニシカワ，ヒロテック，ユーシン，ユニバンス，AVL，Brose, Continental, Faurecia, Magna International, Robert Bosch, Valeo），ゼンリン等々。

　国内外調査に当っては，多くの自動車メーカーや部品メーカーの関係者のご協力を得た。あまりにも多くの方々の支援を得たので，氏名列挙による謝辞を割愛させて頂くこととする。ただし，お一人だけには敢えて謝辞を述べておきたい。タカタ㈱の清水博氏（同社取締役・品質保証本部長）である。同氏からは，科研プロジェクトに先行して実施した同社ドイツ生産拠点の2箇所の調査を快く受け入れて頂いたばかりか，当時，清水氏は同社米国工場製品の品質問題で日米欧間往来が絶えない生活を送っておられたが，身自ら毎回調査に同席を頂いた。後日突如，米議会公聴会での証人喚問ニュース映像で再会した。その後，衆知の社運と相成った。ご厚意に感謝すると共に，捲土重来の望みが絶たれないことを願うものである。多数の海外研究者とも

iv　はしがき

学術交流を行った。とりわけ，Roman Bartnik 研究員（ドイツ・Duisburg-Essen 大学），Miriam Wilhelm 准教授（オランダ・Groningen 大学），Jo Hyung Je 教授（大韓民国・蔚山大学），Jeong Jun Ho 教授（同前・江原大学），Kim Chulsik 教授（同前・延世大学），Rhee Moon Ho 教授（同前・Work-In Research Institute）等と研究交流を行い，あるいはワークショップを開催した（所属，肩書は 2016 年当時）。

　科研プロジェクト推進への挟持においても，文部科学省及び日本学術振興会からの科研費研究助成金交付はもとより，多くの大学関係者の支援を得た。とりわけ大学の同研究助成金受入承認と執行において，岡 正朗・山口大学学長（2014〜2016 年度間），井尻昭夫・岡山商科大学学長及び大崎紘一・同副学長（2017 年度）からは再々の面訴懇請に然諾と賛助を得た。さらに研究分担者所属各大学及び各大学研究推進係・会計係の事務職員の方々に造作をかけた。とりわけ山口大学の科研費予算執行事務担当者の田中寛之氏には公務とはいえ全メンバーの国内外調査会計事務に三年間に亘り恪惜なく最善を尽くして頂いた。一同，感佩を措く能わずの心情である。また科研費研究補助者の近本慶子氏にも難儀をかけた。皆様にプロジェクトを代表して衷心から謝辞を表するものである。

　本書を刊行するに当っては，九州大学出版会及び，同会の永山俊二氏と奥野有希氏には，編集作業において汗馬の労を取らせた。執筆者を代表して，お礼を申し上げるものである。

　研究チームは，古川澄明（山口大学・経済学部［2016 年 3 月退職］，岡山商科大学・経営学部，山口大学名誉教授）を研究代表者にして 10 名の研究分担者，さらに 3 名の研究協力者から成る研究組織体制を取った。研究分担者（敬称略）は，居城克治（福岡大学・商学部），塩次喜代明（福岡女子大学・国際文理学部［2017 年 3 月退職］，九州大学名誉教授），目代武史（九州大学・経済学研究院），李 澤建（大阪産業大学・経済学部），木村 弘（広島修道大学・商学部），竹原 伸（近畿大学・工学部），内田和博（広島工業大学・工学部），岩城富士大（広島市立大学・大学院国際学研究科非常勤講師），折橋伸哉（東北学院大学・経営学部），平山智康（岡山大学・研究推進産学官連携機構［2014 年 4 月〜2017 年 3 月間の経済産業省から出向後，復任］）

である。研究協力者は，太田志乃（機械振興会・経済研究所，常任），立澤昌男（通訳，常任），谷川 浩（日本自動車研究所，特命）である。朋輩諸氏は，本書に研究成果が結実するに至るまで，熱意ある学究的貢献とご協力を惜しまれなかった。研究チームを代表して，お礼を申しあげるものである。

（校閲・居城克治，執筆・古川澄明）

注
1）EV（Electric Vehicle）．
2）HV（Hybrid Vehicle），PHV（Plug-in Hybrid Vehicle）．
3）現今の自動車産業はその外部から自動車の新原動力の導入や新素材の活用などで異業種資本や技術の DNA を導入し，その産業遺伝的な性質を変えつつあるという意味で，本稿では「分子生物学」で用いられる「形質転換」（Transformation）概念を転用した。

目　　次

はしがき　　i

序　　章 ……………………………………………………………………… 古川澄明　1
　1.　バックグラウンド　　1
　2.　研究課題　　5
　3.　研究方法　　13
　4.　研究成果　　18

第 1 編　メガ・モジュール化戦略とサプライチェーンの変容

第 1 章　自動車産業におけるモジュラー化第 1 の波 ……目代武史　25
　はじめに　　25
　1.　モジュラー化第 1 の波　　27
　2.　欧米における生産モジュール化の状況　　30
　3.　モジュール工場の操業形式　　32
　4.　モジュール生産方式のコスト低減効果　　42
　おわりに　　44

第 2 章　モジュラー化第 2 の波：フォルクスワーゲン MQB

　…………………………………………………………… 目代武史　47
　はじめに　　47
　1.　MQB に至る背景　　48
　2.　VW MQB の設計思想　　50
　3.　MQB の適用範囲　　55
　4.　MQB に対応した生産システム MPB　　58
　5.　設計思想としての MQB の意義　　59
　6.　サプライヤーへの影響　　64
　おわりに　　65

第3章　日本の自動車産業におけるモジュラー化第2の波

.... 目代武史　69

はじめに　69

1. ルノー＝日産 CMF　71
2. マツダ・コモンアーキテクチャ構想　76
3. VW MQB，ルノー＝日産 CMF，マツダ CA の比較　82

おわりに　88

第4章　日本の自動車メーカーの海外生産と

サプライチェーン戦略 .... 折橋伸哉　93

──アセアン地域を事例として──

はじめに　93

1. 日本自動車関連メーカーの生産戦略　93
2. 自動車部品産業の概況　104

おわりに　108

第5章　メガ・プラットフォーム戦略と

アーキテクチャ定義能力競争 .... 李　澤建　111

──中国民族系自動車メーカーが参戦する意義──

はじめに　111

1. メガ・プラットフォーム戦略の出現　111
2. 中国民族系自動車メーカーをメガ・プラットフォーム戦略へ
   向かわせた理由は何か？　116
3. 中国民族系各社の取り組み　122

おわりに　127

第6章　モジュール化の進展と自動車メーカーの
　　　　アジア戦略 ···塩次喜代明　*131*
　　　　──インドネシアにおける自動車産業に注目して──
　はじめに　*131*
　1.　自動車のモジュール化と海外進出　*131*
　2.　わが国自動車メーカーのモジュール化対応　*141*
　3.　アジアにおけるトヨタのメガ・プラットフォーム戦略　*144*
　4.　インドネシアにおけるダイハツの生産戦略の展開　*150*
　おわりに　*156*

第7章　モジュール化の進展と
　　　　西日本自動車部品サプライヤー ···························平山智康　*161*
　　　　──中国地域の自動車部品サプライヤーの動向と産業振興策の考察──
　はじめに　*161*
　1.　中国地域の自動車関連産業集積の現状　*164*
　2.　中国地域の部品サプライヤーの特徴　*166*
　3.　中国地域の部品サプライヤーの3つの方向性　*174*
　4.　「メガ・プラットフォーム戦略」と中国地域部品サプライヤーの考察　*180*
　おわりに　*189*

第2編　メガ・モジュール化戦略と競争環境の変容

第8章　電動化による次世代自動車の環境対応と
　　　　サプライチェーン ···································岩城富士大　*195*
　　　　──欧州, 中国を筆頭とした48Vマイルドハイブリッドを中心とするその影響──
　はじめに　*195*
　1.　カーエレクトロニクスの進化と電動化──進化の歴史　*197*
　2.　環境対策　*199*
　3.　環境対策と電動化　*201*
　4.　48Vマイルドハイブリッドについて　*209*
　5.　電動化に向けたサプライチェーン──中国地域の取り組みとその可能性　*216*

おわりに　*228*

第 9 章　中国における新エネルギー車市場形成の道筋 … 太田志乃　*231*

はじめに　*231*
1. 中国の自動車市場・産業の特徴　*233*
2. 中国の省エネルギー車，新エネルギー車市場における主役とは　*239*
3. 中国の新エネルギー車市場の実態　*244*

おわりに　*247*

第 10 章　自動車部品の新素材（材料）増加 ……………… 内田和博　*249*
　　　　　──自動車の軽量化に関する考察──

はじめに　*249*
1. 軽量化の必要性について　*250*
2. 軽量化素材の動向と課題　*251*
3. クルマの軽量化と接合技術　*261*
4. 構造・形状の見直しについて　*263*
5. シンポジウム，素材メーカー等への軽量化動向調査記録より　*264*

おわりに　*280*

第 11 章　自動運転技術 …………………………………… 竹原　伸　*283*

はじめに　*283*
1. 自動運転技術の現状と将来　*283*
2. 自動運転に必要な部品と技術　*294*
3. 各企業の現状と計画　*306*
4. 自動運転の将来　*313*

おわりに　*315*

終　　章 ………………………………………………… 古川澄明　*317*

スポンサーシップ　　341
執筆者一覧　　342
索　　引　　346

序　　章

古川　澄明

1. バックグラウンド

　今日，自動車産業におけるビジネスモデルの基調が，変移の様相を呈している。各国の環境規制の強化や，ディープラーニングによる AI（人工知能）の進化・発展，IoT（Internet of Things）の急速な普及は，自動車を取り巻く市場・産業構造のパラダイム・チェンジと戦略シフトを惹き起こしている。この動きが，「ものづくり競争」の時代から「新事業モデル競争」の時代へ，つまり「擦り合わせ型」製造技術の継承を守る「量的拡大と多様性への対応の戦略」から，デジタル化技術を活用して「コネクティッド」（Connected）の妙とスピードを競う，また環境対応車の開発を加速させる，イノベーティブな「価値共創」の戦略[1]へと，企業の戦略的行動を変移させている。製品開発・生産システムの変革による経済合理性の追求から，次世代モビリティー社会において成長力を見込める事業ビジョンを模索するなか，同業種企業間はもとより，AI や IoT を主導する異業種プレーヤーやイノベーターとの「価値共創」（共有価値の創造）へと，熾烈な技術開発競争の中で戦略のシフトが起こっており，ビジネスモデルの刷新ないし再構築が時代の趨勢を支配している。既存プレーヤーと新規参入者が入り混じって，グローバル・ベースでビジネスの合従連衡と優勝劣敗を演じており，自動車業界の競争構造を根底から揺るがすような異業種参入や連携，得意分野で競争力を持つ企業への「ものづくり」の集約が進行している。

2　序　　章

　そうしたなか，本書が取り上げるビジネスモデルは，2012 年以降，日欧大手自動車メーカー各社が打ち出したマス・カスタマイゼーション（mass customization）のビジネスモデルの一つの形態，すなわち「メガ・プラットフォーム」（モジュールアーキテクチャー）戦略[2] である。

　2015 年頃から，自動車業界においては，他の異業種業界とのイノベーティブな「価値共創」の連携を探る「次世代型ビジネスモデル」への移行が戦略策定の基調となってきているが，それに先行する形で 2010 年代前半に製品開発戦略の軸足が置かれていたビジネスモデルが，メガ・プラットフォーム戦略である。それは，自動車メーカー・グループ内のセグメントという枠を超えてモジュールを共通化することで，部品の共通化率を大幅に高めて，従来のプラットフォーム共通化や従前型モジュール化では実現できなかったレベルの経済合理性を実現しようとする設計思想の具現化と製品開発再構築の戦略である。Volkswagen Group の MQB（Modulare Quer Baukasten[3]），ルノー・日産が共同開発した CMF（Common Module Family），ボルボが開発した SPA（Scalable Product Architecture）トヨタ・グループの TNGA（Toyota New Global Architecture），マツダの CA（Common Architecture）などがそれである。メガ・プラットフォーム戦略の衝撃波は自動車部品のサプライチェーンにドラスティックな構造変化を招来するものと予想された。

　1990 年代から 2000 年代初めにかけ，国際自動車市場の競争激化の中で，自動車メーカー・グループにおいてセグメントごとにブランド間・車種間でのプラットフォーム（車台）の共通化とモジュール化が推し進められ，車両開発コストの削減や開発期間の短縮，製造コストの低減，生産効率や品質の向上を図ることで競争優位性を獲得しようとする車両開発の基調となった。その後，2010 年代に入ると，セグメントの枠を越えて，ブランド間・車種間で，標準化した部品を組み合わせて製品を設計する新しい「モジュール化」が設計思想として脚光を浴びるようになった。

　この新しい「モジュール化」の設計思想は，マス・カスタマイゼーションを実現しようとする，より進化した製品開発・生産システムの新しい思想（「ものづくり」哲学）として登場した。それは，企業内や企業グループ内においてセグメントの枠を超えて共通部品を増やし，開発コストや生産コスト

や車両価格を抑制ないし削減し，グループ内で新しい車種開発の技術やルールを共有し，新興国成長市場の多様性への対応とスケールメリットの確保を実現させることを目的に，「新モジュール戦略」として具現化されていった。また，日米欧大手自動車部品メーカーはこの動きに即応して，それをセグメントや車種や地域を跨いだモジュール部品の大量受注のチャンスと捉えてグローバルベースで事業を強化する行動を見せた。

「新モジュール戦略」は，自動車メーカー各社の車両開発アプローチの違いから，上記の通り，各社各様に呼称された。総称でも，「メガ・プラットフォーム戦略」，「新モジュール戦略」，「モジュールプラットフォーム戦略」，「モジュラーアーキテクチャ」（modular architecture, modular system architecture）戦略といった呼称が用いられたが，2015年頃から呼称が「メガ・プラットフォーム戦略」から後者へシフトした観がある。VW の MQB 戦略（MQB-Strategie, -Platform Strategie）は「モジュールプラットフォーム戦略」（modular platform strategy）とも紹介されてきた[4]。

この「新モジュール戦略」は自動車を取り巻く業界の話題を攫って一世を風靡し，今日，自動車メーカー各社各様にその実効的成果が結実し，市場ニーズの多様性や変化に素早く対応できる製品モジュール化開発体制が整った観がある[5]。ビジネスモデルの軸足が「次世代型」へ移るなか，この「メガ・プラットフォーム」（メガ・モジュール）戦略の実態と自動車部品産業への影響について調査・研究の成果を公開しておくことは，その変移の実相を正確に把握することに寄与する先行研究として，当該問題を扱う重要性と学術的な意義を有する。環境規制の強化や，デジタル化とグローバル化で変容する自動車ニーズに対応して自動車メーカーが経験則からの脱皮を模索する「次世代型ビジネスモデル」の研究においては，それがかかるテーマを理解するために資する必要な前提知見となるであろうことは，言わずもがなのことと思われる。そうした研究の継続性なくしては，研究の成果を継承できないからである。

本書に結実する研究プロジェクト[6]が始動したのは，2014年のことである。その頃から，自動車メーカー各社は，次世代モビリティー社会の到来を想定する新ビジネスモデルの構築への予兆を示し始めていた。環境規制の強

4 序 章

化に対応したパワートレーンの多様化，自動運転をはじめとするクルマの知能化・IoT 化，ライドシェアやカーシェアリングといった新しいモビリティー・サービスなど，クルマの新価値共創の事業活動を事業戦略の中に取り込む動きが業界内に広がり始め，2015 年頃から世界規模で連鎖反応的にその勢いを増してきた。

　我々の研究プロジェクトが研究構想を策定した 2012 年から 2013 年頃，このようなビジネスモデルのシフト現象は，まだ目立ち始めていなかった。デジタル経済の発展の水面下で進んでいた。ドイツでは政府主導と産官学連携で取り組む「ハイテク戦略」（2006 年）が推進され，進捗を見るなか，その延長線上で国際技術標準の掌握を標榜するデジタル化の国家戦略「Industry 4.0」（2012 年）が打ち出された。米国では，2014 年 3 月に，ICT 企業 5 社（AT&T，Cisco，GE，IBM，Intel）が中心になって，IIoT（Industrial IoT）の実現のために IIC（Industrial Internet Consortium）が創設され，製造業や医療サービス業やエネルギー産業などの業務プロセスに IoT 技術が盛んに活用され[7]，新事業の創出が進んできた。日本では，ドイツと米国の動きに触発されて，2015 年秋，経済産業省を中心に「IoT 推進コンソーシアム」が立ち上がったが，すでに日本でも米独に対抗した企業のデジタル化が進んでいた。

　自動車産業のあらゆる活動領域におけるデジタル革命の進展は，自動車産業のものづくりそのもののパラダイム転換を招来している。従来の製品開発・生産システムの経済合理性の追求における覇者も，グローバル化とデジタル化のスピードに対応したビジネスモデル構築の機会を失すれば，その市場支配の地位をディスラプターに取って代わられかねない。戦略を脅かすディスラプターは，自動車業界内のコンペティターとは限らない。業界の外からも参入する。

　また，自動車市場自体もデジタル革命によって，その需要性向を早いスピードで変化させている。AI や IoT の普及は様々な分野から自動車業界への事業参入に道を開いており，旧来の業界構図を変えている。2015 年頃から，IT 分野の企業と自動車分野の企業との間でビジネスモデルの相互依存性（インターコネクション）を強める事例が増え始めた。ドイツ高級車メーカーの BMW，Audi，Daimler 3 社連合が 2015 年 12 月にデジタル地図サー

ビス大手のドイツ企業ヒア（HERE Global BV Berlin Wedding）を買収した
が，それも一例[8]である。それとは対照的に，グループ企業連携型ビジネス
モデルにより次世代モビリティの事業化を探り，グループ全体で異業種との
競争に臨む形態も出現している。トヨタは 2016 年 1 月に自前で AI 研究開
発を行う会社 TRI（Toyota Research Institute, Inc.）と，前出の TC（Toyota
Connected, Inc.）を米国で設立した[9]。しかし，同社は 2017 年 5 月に米半導
体大手企業 NVIDIA（NVIDIA Corporation）との異業種間協業を発表してい
る[10]。

　以上のように，我々の研究プロジェクトは，世界自動車産業におけるビジ
ネスモデルのシフトの過渡期において立ち上がったと言える。したがって，
研究ターゲットのエンドゾーンは，「ものづくり」の開発・製造・調達・新
素材などの分野から，それに深く関わる自動運転や次世代自動車の開発と市
場性の未来予測まで，広範囲に及んだ。

2. 研究課題

　研究プロジェクトが始動した 2014 年 4 月当時，我々は，日欧自動車メー
カーが推進する「メガ・プラットフォーム戦略」を，次のように捉えた。同
戦略は，車両の多様化・複雑化・コスト増に対応して，長期商品計画に基づ
く車台開発，車種・車両セグメントを越えた設計思想の共通化や部品共通化
による開発効率化とコスト削減を図る取り組みである。この動きが製品開発
や生産，サプライチェーンの再編をグローバルベースでもたらし，自動車業
界全体の構造を変容させることは必至である，というものであった。このも
のづくりシステムの変化とその背後の論理，部品業界における再編の実態と
動因を解明することが研究の目的であった。具体的には，研究の問題意識
は，第 1 に，メガ・プラットフォーム戦略の合理性や経済性の「論理」がど
こにあり，各社のアプローチの違いがどのような「要因」により規定される
のか，第 2 に，この新戦略を通じて，完成車メーカーとサプライヤーとの関
係がどのように変化し，部品業界がグローバルレベルでどのような再編（集

6 序 章

約化・淘汰）を辿るのか，という点にあった。

　研究プロジェクトは，3つの主要課題と，それらに系統的に属する6つの
分野別課題を設定して，3年間の調査研究に取り組んだ。

　課題1「自動車部品産業の構造変化要因の実態解明」

　　①自動車・部品メーカーの海外シフト，

　　②自動車・部品メーカーのグローバル調達増加。

　課題2「新モジュール戦略・新プラットフォーム戦略の実態解明」

　　③新モジュール／新プラットフォーム戦略（含：部品のグローバル標準
　　規格化)，

　　④次世代自動車。

　課題3「新モジュール戦略・新プラットフォーム戦略の部品産業への影響
　実態の解明」

　　⑤自動車部品の新素材増加，

　　⑥電気・電子部品の増大。

2.1. 問題の所在

　4つの例示図は，「VWグループの新モジュール化戦略（「メガ・プラット
フォーム戦略」）の技術コンセプト図」（図1，2011年現在），「VWグループ
の9ブランド図」（図2，2012年現在），「セグメント・地域・ブランドを越え
たモジュール戦略コンセプト図」（図3），及び，「VWグループの製品レンジ
図」（図4）である。図1は，同グループの従来のPlatform/Module戦略を一
段と進化させた新しい車両開発アプローチ・コンセプトが描写されている。
大手完成車メーカーやそのグループ各様に呼称やアプローチは異なるが，
VWのそれも，車両セグメントを越えた設計思想の共通化と部品（モジュー
ル）の共通化を実現しようとする革新的戦略として登場する。

　VWグループは，図2に示す通り，2012年現在，欧州7か国にそれぞれ
本社を置く9企業ブランド（Volkswagen Passenger Cars, Audi, Škoda, SEAT,
Bentley, Volkswagen Commercial Vehicles, Scania, Bugatti and Lamborghini）か
ら構成された。各ブランドはグループ内の独立企業として複数セグメントや
世界各国の市場ニーズに応える独自ブランドを認知され，生産とサービスを

序　章　7

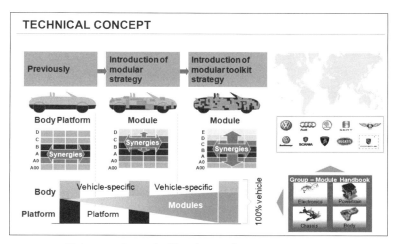

図 1　VW グループの新モジュール化 MQB コンセプト図
備　考　資　料：Volkswagen Aktiengesellschaft: *Experience D[r]iversity. Volkswagen Group - Factbook 2011*. 2011_Factbook.pdf（downloaded from the Volkswagen AG official Website: https://www.volkswagenag.com/presence/investorrelation/publications/factbook/2011/Factbook_2011.pdf, accessed 2018-01-25), p. 50

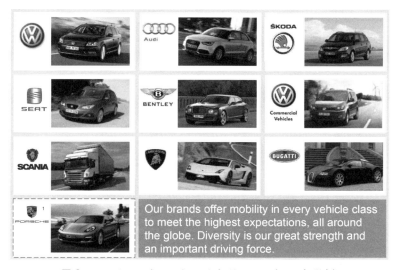

図 2　VW グループの 9 ブランドとポルシェ（2012 年現在）
備　考　資　料：Volkswagen Aktiengesellschaft: *Experience D[r]iversity. Volkswagen Group - Factbook 2011, ibid.*, p. 9

8 序　章

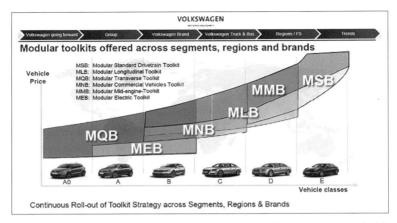

図3　VWグループのセグメント・地域・ブランドを越えたMQBコンセプト図
備考　資料：Volkswagen Aktiengesellschaft: *Moving People*. Presentation of Frank Witter, (Member of the Board of Management, Finance and Controlling, Volkswagen Group), Commerzbank Sector Conference 2016, Frankfurt, 31st of August 2016 (downloaded from the Volkswagen AG official Website: https://www.volkswagenag.com/presence/investorrelation/publications/presentations/2016/08-august/2016.08.31_16zu9_Commerzbank%20Sector%20Conference%20Frankfurt1.pdf, accessed 2018-01-25), p. 38

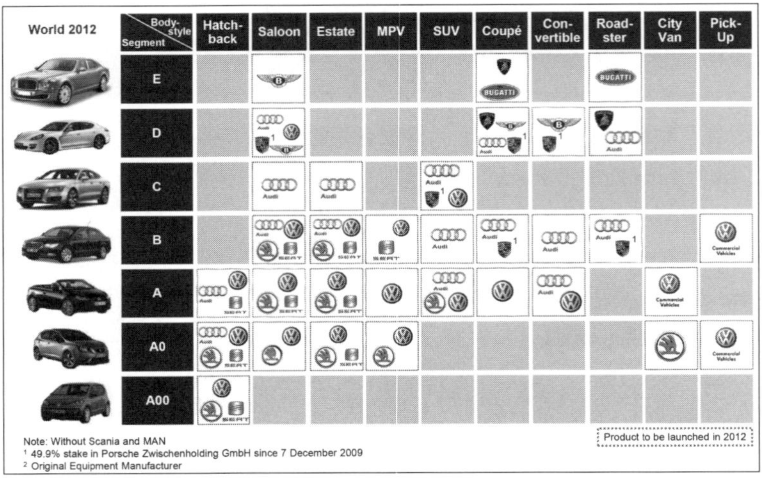

図4　VWグループの製品レンジ
備考　資料：Volkswagen Aktiengesellschaft: *Factbook 2012*. 2012_Factbook.pdf (downloaded from the Volkswagen AG official Website: *ibid.*), p. 10

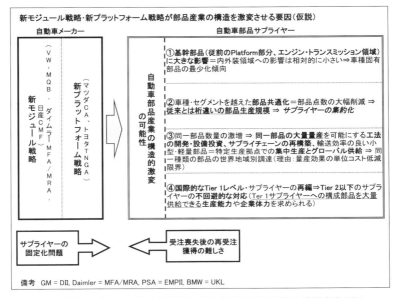

図5 「新モジュール戦略」採用に伴う自動車部品産業の構造変化要因
(資料) 筆者作成。

展開した。さらにVW社はポルシェ中間持株会社 (Porsch Zwischenholding GmbH) に持ち分49.9％で資本参加していた[11]。

　研究の始動時には，新しい車両設計アプローチから，ものづくりシステムの根底的変化を窺うことができた。グローバル・ベースで自動車産業の競争構造の転換が進行すると予想された。我々は，図5に示す通り，自動車部品業界のグローバルな再編を予見して，それを加速させる要因（仮説，検討課題）を挙げて実態調査と研究を進めることとした。仮説に違わず，総合・専業自動車部品メーカー「メガサプライヤー」の出現やグローバルベースでの部品供給ネットワークの進展を垣間見ることができた。

2.2. 研究の学術的背景

　「プラットフォーム戦略を基礎としたモジュール化戦略」(modular toolkit strategy based on a platform strategy[12]) とは，いみじくも言い得て妙である

10 序　章

が，セグメント・地域・ブランドを越えたモジュール化を実現する「メガ・プラットフォーム戦略」が世界の脚光を浴び始めたのは，2011 年初秋から2012 年早春にかけて国際モーターショウで発表されたモジュール化戦略想定コンセプトカーの登場であった[13]。とくに VW はグループ総力を挙げてMQB 戦略を推し進めるために，自動車部品業界から協力を得るための渉外活動を惜しまなかった。

　本研究プロジェクトが立ち上がった2014 年 4 月当時，国内外の研究動向に目を向けてみたとき，当該問題に関する学術的研究は緒に就いたばかりであった。VW グループの MQB 量産車が市場に登場したのは 2012 年であり，ルノーと日産が共同開発した CMF 車は 2013 年であった。「メガ・プラットフォーム戦略」は，1990 年代初頭から本格化した先行の Platform/Module 戦略の殻を破る進化の新潮流であった。先行戦略に関する研究数は国内外に多かったが，新戦略に関しては新鋭研究が論壇を賑わし始めたところであった。日野三十四『実践モジュラーデザイン』(2012) は，技術思想を詳述してサプライヤー技術者の関心を集めていた。本プロジェクトの共同研究者である目代・岩城らの一連の研究論文[14] (2013/9) も最先端の論陣を張った。ドイツでも VW-MQB の概説書[15] (2010) の他，ロジスティックス研究で取り上げられ始めてはいたが，本研究課題を満足させるものではなかった。ベンチマーキングすべき相手は，実は民間調査会社であった。とくに Roland Berger 社（独），Supplier Business 社，Visiongain 社（英）などが手掛けたVW-MQB や Daimer-MFA/MRA の調査報告書などであった。ただし，これらの民間調査は，現象の記述にとどまっており，学術的な論理の究明には至っていなかった。完成車メーカー各社の新しい車両開発戦略を比較検討し，その意味するところを解析して，部品産業再編の要因を学術的に説明する必要があった。

2.3. 研究期間内の解明予定範囲

　産業界の変化スピードは早く，それに追い縋る組織的な学術研究が不可欠であった。そこで，日欧自動車メーカーの新戦略と，それに対応した自動車部品産業界の構造変化について調査研究するという，眼前に聳立する大きな

課題であったが，3年間という短い研究期間を設定した。メガ・プラットフォーム戦略が部品サプライチェーンの構造変化と部品産業のグローバルな再編を惹起していることを検証するために，上述の通り，2つの問題意識・3つの課題（上位）・6つの分野別課題（下位）を設け，設定課題の解明によって研究目的を達成することとした。

部品産業の構造的再編の動きには，メガ・プラットフォーム戦略だけでなく，自動車産業を取り巻く他の要因が作用していると想定された。上記の2つの問題意識・3つの課題（上位）・6つの分野別課題（下位）を解明することで，メガ・プラットフォーム戦略が部品産業の構造的再編を惹起している要因を析出できると考えた。メガ・プラットフォーム戦略（「新車両設計アプローチ」）は，図6の通り，自動車部品産業に多大の影響を及ぼすと想定された。完成車メーカー・グループ間でアプローチが異なっていたので，それぞれについての実態と部品産業への影響を解明する必要があった。主として，5つの完成車メーカー・グループの事例で研究することとした。すなわち，VW Group の MQB（Modulare Querbaukasten/Modular Transverse Matrix），Daimler の MFA & MRA（Modular Front Architecture platform / Modular Rear

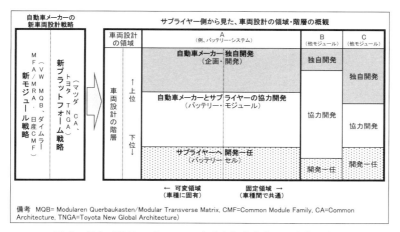

図6　新車両設計アプローチの自動車部品産業への変革的波及
（資料）筆者・目代武史，共同作成。

Architecture platform），Renault-Nissan の CMF（Common Module Family），マツダの CA（Common Architecture），トヨタ自動車の TNGA（Toyota New Global Architecture）を調査研究の対象事例とした[16]。

2.4. 学術的な特色

　研究面では，5つの完成車メーカー間の比較を通じて，メガ・プラットフォーム戦略とサプライチェーンのどこに共通性と差異性が存在するのか，また自動車部品業界再編の行方や日欧米系サプライヤーのどこに戦略の類似や違いが現れているのか，さらにグローバルベースでサプライチェーンの構造変化がどのように進むのか，といった問題が時を移さず浮上した。それらについては，まだ国内外で本格的に研究が始まっていなかったので，その意味で，いち早くそれらの問題の研究に着手する学術的意義は小さくなかった。しかし，本研究の課題に取り組むには，研究のエンドゾーンの広さから，経営学や経済学だけでなく，電子工学や機械工学などの分野の研究者が参加する学際的な組織的連携研究が必要であった。また，そうした取り組みの学術的重要性が認められた。幸いにも我々には，後述の通り学際的連携研究の実績が存在していた。

　すなわち，組織面では，共同研究メンバーの大半が，研究プロジェクトの発足までに，数年来，経済産業省中国ないし九州経済産業局の自動車産業調査ミッションや審議会に学識経験者として協力し，相互に研究協力関係にもあったので，そのことも本研究の推進に有意義に働いた。研究プロジェクトはそうした産官学的連携実績をベースにして学際的な研究組織体制を形成し，各人の専門性と実績を重視して研究分業を行った。また電子・機械工学系のメンバーの大半は自動車メーカーOB というキャリアを経た研究者であったので，自動車業界へのパイプとなって研究に貢献した。それは，この種の調査研究には不可欠の要件であった。

2.5. 独創性

　我々の研究プロジェクトは，メガ・プラットフォーム戦略とサプライチェーンの構造変化を5つの先発完成車メーカー・グループ間で比較研究

し，欧米系メガ・サプライヤーの台頭や日系・地場サプライヤー業界再編の行方を解明しようとしていた。その始動当時，国際的に見てもまだ他に類似の学際的研究プロジェクトとの競合を見なかった。自動車部品サプライヤーの戦略転換やサプライチェーンの変化をグローバルベースで解明する目的で，西日本地域，アジア地域及びメキシコ地域の自動車産業集積地を選択して現地調査を実施し，比較研究することとした。西日本地域の地場自動車業界に明るい地場研究チームだからこそ，そうした取り組みが可能となると考えられたし，深層実態の解明を期待できた。この点に，研究体制の独創性を強調することを許されるであろう。

2.6. 期待結果と意義

　研究プロジェクトの始動のさい，メガ・プラットフォーム戦略がものづくりシステムの通底的進化を示すのか否かを解明し，その成果を先駆的に国際発表する学術的意義は大きいと判断された。また自動車メーカーの同戦略が自動車部品産業に及ぼす影響は必至であると予想された。例えば，ガソリン車に必要な部品点数は3万点を超える。トヨタのような大手自動車メーカーと直接取引する一次部品メーカー（ティア1）は数百社にのぼるといわれる。さらに，次世代自動車を加えて，多様な動力機構の開発・製造にも適用範囲が及ぶ同戦略が裾野の広い自動車部品業界の「再編」・「淘汰」を惹起するとすれば，グローバルな規模においてメガ部品サプライヤーの出現とその傘下への業界再編が進むのか否か，部品サプライチェーンの構造転換が起こる場合，それは如何なる動因に因るのか，などの解明が喫緊の課題となった。その成果を世に問う社会的意義は小さくないと思われた。実際，調査研究の途次，機会あるごとに産官学各界に対して評価を求めてきた。

3. 研究方法

　研究計画では，完成車メーカー各社の「メガ・プラットフォーム戦略」を座標軸にして，日欧自動車メーカーの同戦略とサプライチェーンの相違，日

14　序　章

系完成車メーカーの系列的協業体制の変化と要因，日系サプライヤーのグローバルな再編の動因を解明することとした。さらに，世界的に強化されはじめた環境規制や消費者ニーズの変化に対応して，温度差があるとはいえ自動車メーカー各社が取り組みを加速し始めた次世代自動車，自動運転，電気・電子部品，新素材・高機能素材部品の採用などの動向と，サプライチェーンへの影響についても，調査研究の広いエンドゾーンの中にターゲットを定めた。

　研究方法として，組織的研究の始動時に，「予定研究成果」を想定して，詳細計画と研究工程表を作成し，上述の「2問題意識・3課題・6分野別課題（チーム）」の検証を予定して，グループ・リーダー制，チーム・リーダー制を採用した。さらに，研究推進会議を定期的に開催して，調査研究事項につて研究プロジェクト内で事前に相互確認して合意することを重視した。調査活動については，年度初めに，「国内調査ミッション計画」と「海外調査ミッション計画」を事前に協議し，各グループから研究の必要性に応じてミッションに参加することを合議決定することとした。また研究途上でも，敢えて成果をフォーラムやセミナーやワークショップなどを設け，あるいは応諾して，情報交換の機会とすることとした。

3.1. 研究計画

　我々は，前述の通り，「2つの問題意識」を共有して研究ビジョンを描き，「3つの課題」に属する「6つの分野別課題」にそれぞれ研究チーム（ユニット）で取り組むこととし，3年間の研究計画を策定した。いま一度確認しておくと，課題1「自動車部品産業の構造変化要因の実態解明」については，2つの研究チーム，すなわち「①自動車・部品メーカーの海外シフト」と「②自動車・部品メーカーのグローバル調達増加」（現地調達，アライアンス・M＆Aの増加）が分担した。課題2「新モジュール戦略・新プラットフォーム戦略の実態解明」については，研究チーム「③新モジュール／新プラットフォーム戦略」（含：部品のグローバル標準規格化）と「④次世代自動車（EV, HV, PHV, FCV, CDV, HPV）」が，課題3「新モジュール戦略・新プラットフォーム戦略の部品産業への影響実態の解明」については，研究

チーム「⑤自動車部品の新素材増加」と「⑥電気・電子部品の増大」(欧米系メガサプライヤーの参入)が分担することとした。

分野別課題を設定した理由は,「ものづくり」の範疇を分野別に分けて, メガ・プラットフォーム戦略の実相と, それが起因ないし誘因となる部品産業再編やサプライチェーンの構造変化の要因を解明にすることにあった。それ故に, 本研究プロジェクトは, 5つの完成車メーカー・グループのメガ・プラットフォーム戦略(新モジュール/新プラットフォーム戦略)を取り上げることとしたものである。VW-Audi Group の MQB 戦略, Daimler の MFA/MRA, Renault-Nissan の CMF, マツダの CA, トヨタの TNGA を選定した理由も, そこにあった。

3.2. 研究体制

組織的研究体制として, 図7の通り, 6つの専門分野グループを設け, それぞれにリーダーを置く「分担型リーダーシップ」方式を採用した。各リーダーは担当分野の研究推進を指揮するとともに, 研究プロジェクトの統括を担うエグゼクティブ・チームを構成することとし, 研究代表者がその調整役を担い, 研究全体のバランスを取りながら予定の成果を上げるものとした。

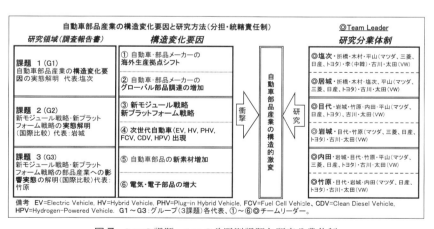

図7　3つの課題・6つの分野別課題と研究分業体制
(資料) 筆者作成。

16　序　章

　研究組織は,「はしがき」で紹介した12名の産官学連携組織の編成となり, 11名の大学研究者と1名の現役シンクタンク研究者をもって構成した（他に通訳・臨時2名, 総勢14名）。大学研究者のうち, 3名は自動車メーカーの車体・エンジン・電気電子部品の設計開発職キャリアの, 1名はシンクタンクの自動車産業研究職キャリア, もう1名は中央政府地方局自動車経済政策担当官吏キャリア（大学出向）の持ち主であった。さらにメンバーの全員が経済産業省中国ないし九州経済産業局の自動車産業政策に学識経験者として協力するとともに, 相互に研究協力関係にあった。また日米自動車業界でキャリアを積んだシニア研究協力者を戦力として得たことも, 研究成果に繋がった。

　製品設計・開発部門に分け入るような本調査研究の場合, 企業の機密性の高い情報やデータに触れることも多かったが, 開発・製造現場に深く入り込むことなしには実相に迫れなかった。我々のメンバーの中には, 国内外自動

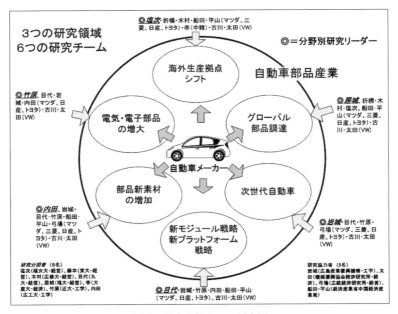

図8　研究分担チーム編成図

車業界に太いパイプを持つものもいたので，テーマに好適な組織として成果を上げることができた。

3.3. 調査ミッション派遣

　日欧自動車メーカーへの調査については，上述の通り，5つのメーカー・グループを選定し，3年間の研究期間において，現地調査を実施し，比較研究することとした。理由は，それらが「メガ・プラットフォーム戦略」の先駆的取組みを競うメーカー・グループであることであった。調査方式については，各社の本社や関係生産拠点等を訪問し，ヒアリングや情報交換や視察を実施する形を採った。また必要と思われる場合は，同じ調査先を再訪することとした。

　日本メーカーについては，主にマツダ，トヨタ，日産を調査対象とし，欧州メーカーについては，ドイツの2つの自動車メーカー・グループ，すなわちVWグループ（主にVW社，Audi社，Skoda社）とダイムラー社を選ん

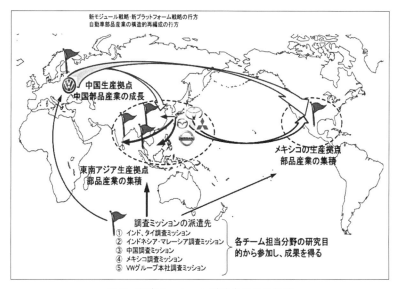

図9　調査ミッション派遣先の世界地域

（資料）筆者作成。

18 　序　　章

だ。図9に示す通り，5つの自動車メーカー・グループへの調査において
は，それらが事業展開する母国内外の生産拠点を訪問し，現地調査を実施し
た。その場合，車両開発戦略の方向性決定に深く関わる技術開発部門や開発
設計部門へのヒアリングを重視した。また新モジュール化戦略について戦略
策定に関わってアドバイザリーを務めるコンサルティング会社や自動車技術
調査会社等[17]からヒアリング調査を行った。

　自動車部品メーカーへの調査については，図9に示す通り，日欧自動車
メーカーや部品メーカーが生産拠点を持つ欧州地域，東南アジア地域，メキ
シコ地域及び中国において現地調査を実施した。日本自動車部品メーカーの
海外生産拠点へのシフトやグローバルベースでの部品調達の増加が予想され
た。とくに東南アジア地域については，タイを新興国・途上国向けの自動車
部品輸出拠点とするサプライチェーンを形成している部品メーカーに注目し
た。

　製品開発に関する情報やデータは，機密性がきわめて高いものが多かった
が，研究にも不可欠であった。自動車メーカーやサプライヤーへの人脈パイ
プは，そうした機密の情報やデータに触れる機会を得て，研究成果を上げる
ために有益であった。しかしながら，本書においては，機密性の高い情報に
ついては，問われるまでもなく，割愛とした。

4. 研究成果

　以上の考察において，本書が，なぜ「自動車メガ・プラットフォーム戦略
の進化」というタイトルを設けたのか，その所以を論及したが，それは，本
書の章別構成においても反映されている。セグメント・地域・ブランドを越
えてモジュール部品の共通化を図るという壮大な戦略を表す用語は，国内外
の業界・学界を問わず多様である。メガ・プラットホーム戦略，新モジュー
ル戦略，メガ・モジュール戦略，メガ・モジュールアーキテクチャー戦略，
モジュールプラットフォーム戦略などが用いられている。欧州の学術研究で
は，モジュールプラットフォーム戦略という用語の使用が見られる。管見で

は，これも妥当な用語と考えるが，本書では，敢えて実相を適格に捉える用語として「メガ・モジュール化」という概念を措定した。

本書は，第1編「メガ・モジュール化戦略とサプライチェーンの変容」と第2編「メガ・モジュール化戦略と競争環境の変容」という2つの編と，両編に所収される専門分野の研究論文をもって構成されている。そこで，読者諸氏に章別構成を示して，研究成果への関心を誘うこととする。

まず第1編，自動車産業における「新モジュール化」の進展とサプライチェーンの変容については，1990年代から2000年代にかけての「第1の波」と2010年代の「第2の波」との2つのフェーズにおいて捉え，後者については日独のアプローチごとに分析を行った（第1章〜第3章，執筆・目代武史）。続いて，自動車メーカー各社における「新モジュール化」の導入が自動車部品のサプライチェーンにどのような影響を及ぼし，その変容を招来しているのかについて，アジア広域やメキシコ地域を調査研究の射程に入れながら，とくにアセアン地域・中国・西日本地域の自動車部品サプライヤーの動向に焦点を絞って分析の光を照射した（第4章「アセアン」，執筆・折橋伸哉；第5章「中国」，執筆・李 澤建；第6章「インドネシア」，執筆・塩次喜代明；第7章「西日本」，執筆・平山智康）。

続いて第2編，「メガ・モジュール化戦略と競争環境の変容」については，自動車業界が熾烈な開発競争を展開している領域，すなわち，世界的潮流となって各国の環境規制強化の下で取り組まれている，環境対応車の開発・製造，新素材・高機能素材の採用，自動運転技術について，業界・学界での白熱議論に一石を投じる最新の知見が論述されている。自動車を取り巻くビジネス環境は急速に変化し，異業種参入が相次ぐなか，自動車業界が戦略の重心を，規模拡大と生産システムの経済的合理性の追求よりも，ビジネスモデルの刷新ないし再構築へ移しており，それらの分野で業界が生き残りを問われている創造的研究力と開発競争力について，我々の研究成果にも，最先端議論への容喙が許されるであろう（第8章「環境対応車開発と電動化」，執筆・岩城富士夫；第9章「中国の環境対応車国策」，執筆・太田志乃；第10章「新素材・高機能素材」，執筆・内田和博；第11章「自動運転」，執筆・竹原 伸）。

20 　序　　章

注

1 ）例えば，トヨタはコネクティッドを取り巻く新しい競争環境に対応して 2016 年 1
月，米国に新会社 Toyota Connected, Inc. を設立した。友山茂樹「トヨタの Connected
戦略」2016 年 11 月 1 日（友山氏：ト ヨ タ 自 動 車 株 式 会 社 専 務 役 員・Toyota
Connected, Inc. の社長兼 CEO，トヨタ自動車株式会社公式 Website：Toyota Global
Newsroom, http://newsroom.toyota.co.jp/ からダウンロード，20161102_01_01_jp.pdf,
accessed 2018-01-25），及び，「トヨタ自動車，マイクロソフトと共同で車両から得ら
れる情報集約，活用に向けた新会社『Toyota Connected, Inc.』を米国に設立」（Toyota
Global Newsroom, Apr. 04, 2016）を参照のこと。

2 ）この用語は，2011～2012 年に自動車メーカー各社が打ち出した「新プラット
フォーム戦略」を総称した業界用語である。「技術ジャーナリスト」の鶴原吉郎は
『日本経済新聞』紙に寄稿した連載記事で，「セグメントを超えて共通化」と表し，
「これにより，派生車種で野放図に部品種類が増えるのを防ぐだけでなく，セグメン
トという枠を超えてモジュールを共通化することで，従来のプラットフォーム共通化
よりも部品の共通化率を大幅に高められるようになる。こうした，従来のプラット
フォーム以上に共通化効果を高めようとする戦略を，日経 Automotive Technology で
は『メガプラットフォーム』戦略と呼んでいる。」とした。また注記して，「メガプ
ラットフォームという呼び方は，100 万台以上を生産するプラットフォームの呼び方
として自動車業界内で使われ始めた言葉だが，本連載ではセグメントを越えて部品の
共通化を図ったプラットフォームのことをこう呼んでいる。」と強調した（鶴原吉郎
「日産もトヨタも VW も突き進む，生き残りの最終兵器 メガプラットフォーム戦略
（1）」（『日本経済新聞 電子版』2012 年 9 月 7 日記事 Website: https://www.nikkei.com/
article/DGXNASFK3103V_R30C12A8000000/, accessed 2018-01-25）。同者「『聖域なし』
の共通化，先頭走る独 VW メガプラットフォーム戦略（2）」（同紙電子版，同月 14
日記事，同者記：『日経 Automotive Technology』2012 年 7 月号記事を基に再構成
Website: https://www.nikkei.com/article/DGXNASFK1100E_R10C12A9000000/, accessed
2018-01-25）。
　1990 年代に車両セグメントごとに取り組まれたプラットフォームの共通化は部品
の共通化（モジュール化）へと進み，やがて 2011～2012 年には自動車メーカー各社
が，複数のセグメントの車種間で共通化された部品（モジュール部品）を導入する
「メガプラットフォーム戦略」（総称）を打ち出すこととなった。

3 ）VW は，公式には，Modular toolkit strategy の呼称を用いた。それは，2012 年段階
では，VW グループ内の複数セグメントで共有するモジュール部品を MQB, MLB,
MSB-Platform とコンセプト分類した（Cf. Volkswagen Golf VII: Launch of a new era.
Presentation of Martin Winterkorn, Chairman of the Board of Management/ Hans Dieter
Pötsch, Member of the Board of Management. Volkswagen Aktiengesellschaft. Sardinia, 8
October 2012）。なお，1990 年代から 2000 年代初頭にかけて VW グループが取り組ん
だ「プラットフォームの共通化」や「モジュール化」については：Cf. S. Furukawa:
The Evolving Strategy of the European Automotive Company and Post-Lean Paradigm: The

序　章　*21*

Case of VW and a Brief Comparison with Toyota, In: S. Furukawa and G. Schmidt（ed.）: *The Changing Structure of the Automotive Industry and the Post-Lean Paradigm in Europe*. Fukuoka: Kyushu University Press, 2008, pp. 41-71.

4 ）「モジュールアーキテクチャー」（module's architecture, module architecture）の呼称もある。欧州では modular platform の用語を用いる向きが多く，例えばドイツ自動車工学研究をリードするアーヘン工科大学の Günther Schuh 等は modular product platforms や modular platform strategy を使う（Cf. Günther Schuh and others: Target Compliant Configuration of Conceptual Structural Features of Modular Product Platforms. In: *2016 Proceedings of PICMET '16: Technology Management for Social Innovation*, 2016, pp. 2626-2635, downloaded from Website: http://www.picmet.org/db/member/proceedings/2016/data/polopoly_fs/1.3250897.1472156771!/fileserver/file/680660/filename/16R0296.pdf, accessed 2018-01-23）。日本でも，業界誌で「VW グループのモジュールプラットフォーム戦略」の用語を散見する（久米秀尚「共通プラットフォーム戦略，VW グループは 5 年越しの目標達成」『日経テクノロジーオンライン』2017 年 3 月 22 日記事参照（Website: http://techon.nikkeibp.co.jp/atcl/feature/15/031700079/032100005/, accessed 2018-01-25）。

5 ） 例えば，トヨタは英国や中国でも TNGA 車の生産を進める。久米秀尚，曹暉「トヨタの TNGA がいよいよ中国へ，2017 年内に工場整備」『日経テクノロジーオンライン』2017 年 4 月 19 日記事参照（Website: 同上）。新型カムリの設計でも TNGA が採用される（「トヨタ セダンてこ入れ」『日本経済新聞』2017 年 7 月 8 日記事参照）。

6 ） 本書は，日本学術振興会科学研究費補助金（基盤研究 A）研究課題：「日欧自動車メーカーの『メガ・プラットフォーム戦略』とサプライチェーンの変容」，領域番号 26245047，研究種目：基盤研究（A），研究代表者：古川澄明（岡山商科大学・経営学部），研究期間（年度）：2014 年 4 月 1 日～2018 年 3 月 31 日の研究成果である。

7 ） 西山悦郎「IIC からの手紙，Industrial Internet Consortium（IIC）とは何か，第 1 回 新規ビジネスを生む "ゆりかご" である」『日経テクノロジーオンライン』2016 年 5 月 19 日記事参照（http://techon.nikkeibp.co.jp/atcl/column/15/051700043/00001/, accessed 2018-01-25）。

8 ） Cf. Markus Fasse: Audi, BMW, Daimler und Nokia Here. Alle gegen Google, In: *Handelsblatt*, Dezem.7th, 2015, downloaded from the Website: http://www.handelsblatt.com/unternehmen/industrie/audi-bmw-daimler-und-nokia-here-alle-gegen-google/12690982.html, accessed 2018-01-23；清水直茂「激変！クルマ× AI 業界地図 60 兆円連合ジャーマン 3，自動車と IT の巨人が頂上決戦 自動車業界編 アウディ，BMW，ダイムラー（前編）」『日経テクノロジーオンライン』2017 年 6 月 6 日記事参照（Website: http://techon.nikkeibp.co.jp/atcl/feature/15/041100089/060300024/?ST=print, accessed 2018-01-23）。

9 ） 清水直茂「激変！クルマ× AI 業界地図 AI 自前主義のトヨタ，5 年で 1000 億円超投資 自動車業界編　トヨタ自動車（上）」『日経テクノロジーオンライン』2017 年 5 月 10 日記事参照（Website: http://techon.nikkeibp.co.jp/atcl/feature/15/041100089/0428000

22 序 章

05/, accessed 2018-01-23）；トヨタ自動車株式会社公式企業サイト：「人工知能技術の研究・開発強化に向け新会社を設立」（テクノロジー・自動運転技術）参照（Website: http://www.toyota.co.jp/jpn/tech/automated_driving/, accessed 2018-01-23）。

10) 鶴原吉郎「クルマのうんテク トヨタがエヌビディアと組むワケ クルマが"走るスーパーコンピューター"に」『日経テクノロジーオンライン』2017 年 6 月 23 日記事参照（Website: http://techon.nikkeibp.co.jp/atcl/column/15/030100101/052500008/, accessed 2018-01-23）。

11) Cf. Volkswagen Aktiengesellschaft: *Factbook 2012*. 2012_Factbook.pdf（downloaded from the Volkswagen AG official Website: https://www.volkswagenag.com/presence/investorrelation/publications/factbook/2012/Factbook_2012.pdf, accessed 2018-01-25), p. 9.

12) Hubertus Lemke: MQB. Die Modul-Baukasten-Strategie des Volkswagen-Konzerns im Zusammenspiel mit globalen Systemlieferanten, 2013, in dem 15. Zulieferertag Automobil Baden-Württemberg vom 12. November 2013, Haus der Wirtschaft Stuttgart. H. Lemke, Leiter der Technischen Projektleitung für die Marke Volkswagen PKW, Volkswagen AG, Wolfsburg.（downloaded from the Website: http://www.rkw-bw.de/rde/pdf/RKW-Organisation-2013/Vortrag-Lemke-VW.pdf, accessed 2018-01-25).

13) 2011 年 9 月のフランクフルトモーターショーでマツダが「CX-5」を，同年 12 月の東京モーターショーでは VW が MQB コンセプトカー「Gross Coupe」を，翌 2012 年 3 月のジュネーブモーターショーでは日産が CMF コンセプトカー「ハイクロスコンセプト」を発表した。それらの新型コンセプトカーは，「3 社の新しいプラットフォーム戦略を体現した最初のモデル」であったという意味で，自動車産業の「生産システムの進化」（シフト）を具現化したエポックメイキングなモデルであった（前掲，鶴原「日産もトヨタも VW も突き進む，生き残りの最終兵器 メガプラットフォーム戦略（1）」（『日本経済新聞 電子版』2012 年 9 月 7 日記事参照のこと）。

14) 目代武史，岩城冨士夫「新たな車両開発アプローチの模索：VW MQB，日産 CMF，マツダ CA，トヨタ TNGA」『赤門マネジメント・レビュー』12（9），613-652 頁，2013 年。

15) L. M. Surhone, M.T. Tennoe, S. F. Henssonow（ed.）*Volkswagen group MQB platform: transverse engine, automobile platform, Volkswagen group, Supermini, Front-Wheel drive*. Betascript Publishing, 2011.

16) 因みに，他の自動車メーカーの Modular Platform を挙げておくと，BMW の UKL platform，General Motors の DII platform，PSA Peugeot Citroen の EMPII platform，Volvo の SPA platform がある。

17) 例えば，「ローランド・ベルガー社」（Roland Berger Strategy Consultants，ヨーロッパで最大の経営戦略コンサルティング会社）や株式会社フォーインなど。前者は，関係者の話では，VW の MQB 戦略策定の際にアドバイザリー・ボードを務めたと言われる。

第1編

メガ・モジュール化戦略とサプライチェーンの変容

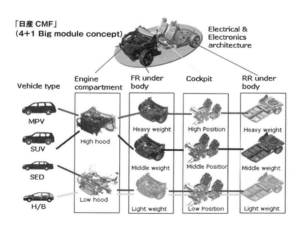

（出所）

Volkswagen Golf VII: Launch of a new era, Presentation of Prof. Dr. Martin Winterkorn, Chairman of the Board of Management/Hans Dieter Pötsch, Member of the Board of Management. Volkswagen Aktiengesellschaft, Sardinia, 8 October 2012, p.20, Website, https://www.volkswagenag.com/presence/investorrelation/publications/presentations/2012/10-october/2012-10-08_Golf_VII_Presentation_Website.pdf, accessed 2018-02-12

日産自動車株式会社「日産自動車，新世代車両設計技術である『日産CMF』（4+1 Big module concept）を導入」，2012年02月27日，website: https://newsroom.nissan-global.com/releases/print/120227-01-j, accessed 2018-02-12

第 1 章
自動車産業におけるモジュラー化第 1 の波

目代　武史

はじめに

　自動車産業では，過去数十年にわたり，個々の車種の性能向上，多様な市場ニーズに応えるための車種展開の多様化，価格競争力を高めるためのコスト低減に取り組んできた。自動車開発に莫大な設備投資と開発工数が必要になると同時に，価格競争力を高めるためのコスト低減も同時に求められてきた。さらに，新興国市場の重要性の高まりとともに，製品ポートフォリオはますます大きくなり，新たなニーズに応える製品づくりをするための開発・生産資源をいかに確保するかも重要な経営課題となった。このように製品高度化と多様化，コスト低減というトレードオフに対応するため，日米欧の自動車メーカーは，さまざまな取り組みをしてきた。

　例えば，1980 年代後半からは，プラットフォーム共通化により，もっとも開発工数とコストのかかる車両プラットフォームを共通化することで，開発リソースや生産設備投資を節約するとともに，個別車種の差異化を図っていった。

　1990 年代にはいると，運転席回りやラジエータ回り，ドア関連部品をひとまとまりのセットとしてあらかじめ組み立てるモジュール生産方式を導入した（岩城・目代，2007）。これらはそれぞれ，「コックピットモジュール」「フロントエンドモジュール」「ドアモジュール」などと呼ばれ，完成車工場のサブラインで自社組み立てされたり，サプライヤーに組み立てを外注したりすることで，仕様バリエーションの吸収，生産負荷の平準化，組み立て品

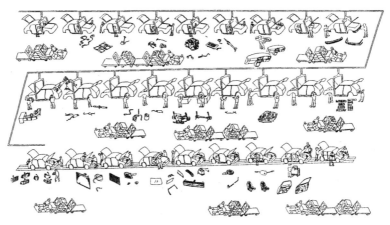

図1-1　メイン組立ラインでの部品のバラ組み
(出所) 田中・絹谷 (1993), p.10

質の向上，メインラインの共通化，コスト低減などを図っていった。

　そして，2000年代に入ると，車両設計そのもののモジュラー化の取り組みが始まった（目代・岩城，2013）。その成果は，2012年に発表されたフォルクスワーゲン・モジュラー・トランスバース・マトリックス（独語MQB），ルノー＝日産のコモンモジュールファミリー（CMF），マツダ・コモンアーキテクチャ，トヨタ・ニュー・グローバル・アーキテクチャ（TNGA）などの形で結実した。これらの新しいモジュラー戦略でも，1990年代のモジュール生産と同じく，「モジュール」という言葉が使われているが，その中身は大きく異なる。本書の狙いの一つは，自動車産業における新たな製品開発戦略にあるが，その意義を正しく評価するためには，それ以前のモジュラー戦略についても理解する必要がある。

　そこで，本章では，1990年代から始まったモジュラー戦略をモジュラー化第1の波として，その意味，取り組み状況，成果について考察していく。

1. モジュラー化第 1 の波

　1990 年代から本格化したモジュール化は，生産および調達領域における
取り組みであった。すなわち，生産におけるモジュールとは，製品レイアウ
ト上もしくは生産工程上近くにある部品群をひとつの単位としてとらえ，サ
ブラインなどであらかじめ組み立てられた状態でメイン組み立てラインに供
給される部品の集合体である（岩城・目代，2007）。典型的なモジュールに
は，「コックピットモジュール」「フロントエンドモジュール」「ドアモ
ジュール」「ルーフモジュール」「燃料タンクモジュール」などがある。

1.1. 生産のモジュール化

　従来は，一本の長いメインラインに単品部品を順番に組み付けていくこと
で車両を組み立てていた（図 1-1）。こうした組立ラインでは，ある工程で作
業の遅れや不良が発生すると，工程間在庫で吸収されない限り，それ以降の
工程すべてに影響が波及していく。また，異なる車種を混流生産する場合，
車種ごとに組み立て部品点数が異なったり，組み立て作業自体が異なったり
する可能性が出てくる。そうした生産車種ごとの作業負荷の変動は，メイン
組立ラインにおける生産管理を複雑にする。

　そこで，車種により組み付け部品のバリエーションが多い工程群やメイン
ラインでの組み立て作業性の悪い部品群を切り出し，サブラインで組み立て
る方式が考案された（図 1-2）。それにより，部品組み付けの難しい工程や車
種により作業負荷の異なる工程をメインラインから切り離すことが可能に
なった。その結果生まれたのが，前述のモジュール部品である。

　こうしたモジュール生産方式には，一般に下記のような効果がある。

　第 1 に，すでに述べた通り，混流生産においてメイン組立ラインの作業負
荷を平準化する効果がある。ライン上を流れる車種により仕様の異なる部分
を，モジュールのサブ組立ラインで吸収することで，メイン組立ラインは標
準化した工程で，一定のペースで生産しやすくなる。

　第 2 に，モジュール組立の作業性が向上する。例えば，内装部品の組み付

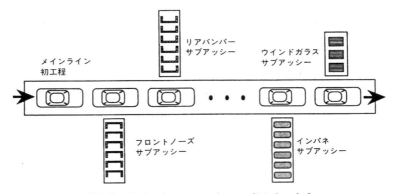

図 1-2　サブラインでのモジュール組み立て方式
（出所）田中・絹谷（1993），p. 13

けでは，メイン組立ラインのコンベアないしハンガー上に設置した塗装済みボディに作業者が乗り込んで，狭い空間の中で組み立て作業をすることになる。この作業をサブラインに移管することで，組み立て時の作業姿勢を大きく改善することができる。サブラインでは，開放的な空間でモジュールを組み立てることができるため，上向き作業や見えない部分に手探りで行うブラインド作業を解消することができる。さらに，ラインサイドの組み付け部品や工具との距離も縮めることができ，作業生産性の向上にもつながる。

　第3に，モジュールの組立品質の向上に寄与する。作業姿勢の改善は，ボルト等の締め付け精度の向上や疲労による誤作業の低減につながる。さらに，サブラインでの機能検査を行うことで，モジュール単位での品質保証が容易となる。

　第4に，モジュール組立のアウトソーシングが行いやすくなる。とりわけ，モジュール単位での品質保証体制の整備は，サプライヤーへの生産移管を容易にする。欧米では，1990年代当時，完成車メーカーとサプライヤーとの間で労務費の差が4割程度あるといわれ，モジュール組立の外注化は，コスト削減に直結した。また，モジュール組立の外注化は，工場のガバナンス方式にも影響を与え，後述するように，サプライヤーパーク方式や構内外注方式といった新たな工場レイアウト形態を生むようになった[1]。

第5に，モジュール組立のサブライン化は，メインラインの単純化，標準化，短縮化に寄与した。それにより，車両組み立て時間の短縮や工場スペースの節約につながった。

1.2. 生産モジュールの製品アーキテクチャ

このように主に生産上あるいは調達上の狙いのもと形成されたモジュール（本章では，これを「生産モジュール」と呼ぶ）は，ひとつのモジュール内に複数の機能を含むか，あるいは複数のモジュールにより一つの機能が実現される構造となっている。

例えば，コックピットモジュールには，メーター表示やオーディオ，空調，安全，車体強度補強などの機能が含まれている。フロントエンドモジュールの場合は，エンジン冷却，空調，衝突安全などの機能が含まれる。これらの機能は，モジュール内で完結しておらず，モジュールの境界をまたぐ形で存在している。例えば，図1-3に示すコックピットモジュール

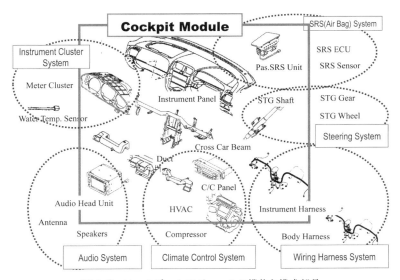

図1-3　コックピットモジュールの機能と構成部品
（出所）岩城・目代（2007），p.619

（CPM）では，空調システムはエンジンルームとコックピットモジュールに
またがっている。また，オーディオシステムは，ドアモジュールやルーフモ
ジュールなどと関わっている。その他にも，エアバッグやワイヤーハーネ
ス，ステアリングなどのシステムも他の部品や車体本体と密接に関わってい
る。

　このように，生産モジュールは，集約化・標準化されたインタフェースを
もつ機能完結型の部品群の集合体とはなっておらず，あくまでも生産上の合
理化を図るための手段としてまとめられた組立単位である。生産モジュール
は，単に単品部品をサブ組み立てしたレベルから，部品構造の統合化を図っ
たレベルまで幅があるが，いずれもサブラインを拡充し，メインラインを短
縮・平準化する点では共通している。その意味で，生産モジュールとは，生
産システムのモジュラー化を起点とし，部品を複合化したものであり，必ず
しも製品設計上の機能完結化やインタフェース集約化を伴うものではない
（岩城・目代，2007；目代，2012）。すなわち，1990年代から始まったモジュ
ラー化第1の波によって登場した生産モジュールは，製品アーキテクチャ論
におけるモジュラー型アーキテクチャとは一線を画するものといえる（武
石，1999；武石・藤本・具，2001）。

2. 欧米における生産モジュール化の状況

　表1-1は，主な欧米メーカーによる1998年と2005年の生産モジュールの
導入状況を示している。
　第1に，コックピット周りは，モジュールの中でも最も構成部品の多い部
位である。CPMの主な構成要素は，インストルメントパネル，クロスカー
ビーム，ステアリングシャフト，メーターセット，オーディオユニット，
ヒートコントロール，ワイヤーハーネスなどである。CPMは，初期のシン
プルな構成から次第に複雑で集積度の高いモジュールへと発展してきてい
る。
　CPMは，1998年および2005年の両時点において，すべての完成車メー

表 1-1　主要欧米メーカーにおけるモジュール部品の導入状況

1998 年

	コックピット	フロントエンド	テールゲート	ドア	Fr/Rr サス	ルーフ
VW	○	○		○	○	
AUDI	○	○		○	○	○
M-Benz	○		○		○	○
MCC	○	○	○	○	○	
GM	○	○		○	○	○
Ford	○	○		○	○	○

（出所）98.10.JAMA/MEMA 協議用データ（幹事会社 HONDA 作成）。

2005 年

	コックピット	フロントエンド	テールゲート	ドア	Fr/Rr サス	ルーフ
VW	○	○	○	○	○	○
AUDI	○	○		○	○	○
Daimler 社	○				○	
MCC	○	○		○	○	
GM	○	○		○	○	○
Ford	○	○		○	○	○

（出所）98.10.JAMA/MEMA 協議用データ（幹事会社 HONDA 作成）を 2005 年時点のデータで岩城・目代（2007）が追加調査，修正。

カーが導入している。完成車メーカーにより，集積度に違いはあるものの，メイン組立ラインでの作業の複雑性や所要時間を低減させるために，より多くの部品をモジュールに組み込む方向に開発が進んでいる。

　第 2 に，フロントエンドモジュール（FEM）は，バンパー，ラジエータ，ラジエータシュラウド，ランプなどで構成される複合部品である。FEM は，2005 年まで Daimler 社を除くすべての完成車メーカーが導入している。しかし，2000 年代半ばになり，採用する完成車メーカーが減少する傾向にある。かつて FEM を採用していた日産やマツダは，フロントエンド周りの部品をメインラインでのバラ組みに戻している。その背景には，CPM に比べもともと部品点数が少なかったために，複合化による組立作業の合理化効果が限られていた点，衝突時のバンパー交換の必要から部品統合化も進めにくく，軽量化にも寄与しにくかった点などがある。

　第 3 に，ドアモジュールは，2005 年まで Daimler 社を除くすべての完成

車メーカーが導入している。ドアモジュールの構成要素は，金属製もしくは樹脂製のキャリアプレート，ウィンドレギュレータ，ウィンドグラス，ドアラッチ，ワイヤーハーネス，スピーカーなどである。ドアモジュールは，ドアとボディとの間で構造面および機能面において密接な相互依存性があり，設計アーキテクチャ自体は，統合寄りである。その一方，ドアモジュールは，塗装後いったんボディから取り外し，別ラインで組み立てられることから，生産アーキテクチャはモジュラー的である。

　第4に，ルーフモジュールも，2005年までダイムラーを除くすべての完成車メーカーが導入している。ルーフモジュールの主な構成要素は，ルーフライナー，ルームランプ，ルームランプハーネス，インシュレータ，オーバーヘッドコンソール，アシストハンドルなどである。メイン組立ラインでのルーフの取り付けは，狭い空間内での上向き作業となるため，作業者の負荷が大きい。ルーフをサブラインで組み立てることで，メイン組立ラインでの作業負荷を大幅に軽減することができる。

3. モジュール工場の操業形式

　自動車のモジュールは，組み立てると体積や重量が大きくなり，遠距離からの輸送効率が悪くなる。そのため，モジュールの生産をアウトソースする場合，完成車工場のできるだけ近くから納入する方が物流効率がよい。モジュール生産のアウトソーシングには，モジュールの物流方式およびサプライヤー立地の観点から，図1-4に示すような4つの類型がある。欧米メーカーの特徴は，部品モジュール化が生産のアウトソーシングを伴って進められている点にある。表1-2は，欧米メーカーの主要なモジュール工場の一覧である。

3.1. ジャストインタイム（JIT）方式
　これは，完成車工場の周辺に立地するサプライヤーの工場からモジュールをジャストインタイムにトラックで搬送する方式である。モジュールは嵩張

第1章　自動車産業におけるモジュラー化第1の波　　*33*

JIT型	サプライヤーパーク型	構内外注型	構内同居型
完成車工場の近くのモジュール工場からジャストインタイムにトラックで搬送	完成車工場に隣接したサプライヤーパークからコンベヤ等で搬送	完成車工場の中でサプライヤーがモジュールを組み立てモジュールの車体組み付けは完成車メーカー	完成車工場の中にサプライヤーがテナントとして入り部品からモジュールまで一貫生産
• Daimler Sindelfingen工場 • PSA Mulhouse工場 • VW Wolfsburg工場 • 日産九州 • マツダ広島工場／防府工場	• Audi Ingolstadt工場 • Ford of Europe Saarlouis工場／Valencia工場 • Volvo Arendal工場	• Skoda Mlada Boleslav工場 • 日産、日産九州	• Daimler Rastatt工場 • Ford Camacari工場 • Smart Hambach工場 • VW Resende工場

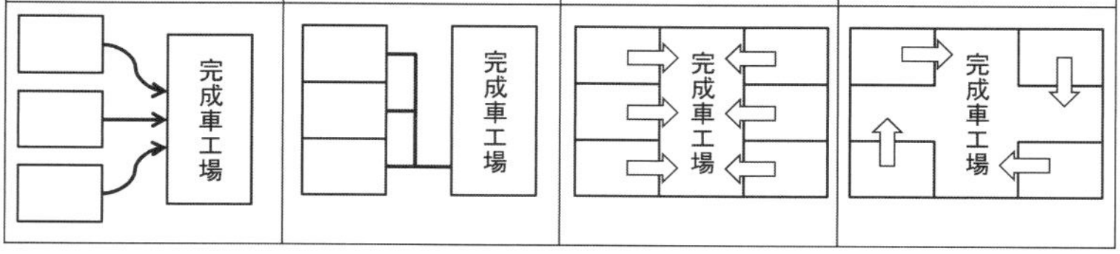

図1-4　モジュール工場の操業形式の分類

(注) Sako (2003) をベースに「構内外注型」を追加。
(出所) 岩城・目代 (2007) をもとに筆者作成。

る上，生産車両の種類や数量の変動にジャストインタイムに対応するために
は，完成車組立工場とモジュール工場との間である程度の近接性が必要とな
る。一般に，交通事情の良い欧米では7〜10km圏内，日本では2〜3km圏
内にモジュール工場が立地することが必要条件となる。完成車工場の内部や
周辺に構内外注やサプライヤーパークを設けるスペースがない場合は，サプ
ライヤーの既存工場からモジュールを供給せざるを得ず，JIT方式がとられ
ることになる。

　例えば，Volkswagen (VW) 社のモーゼル (Mosel) 工場では，JIT方式の
モジュール生産を導入している。同工場は，旧東ドイツ時代にトラバントを
生産していた国営工場をVW社が1991年に買い取り，改装したものであ
る。敷地面積は180万m²で，従業員数は約6,900人である。主要生産車種
は，GolfおよびPassatである。

　モーゼル工場でモジュール生産が導入されたのは1996年末からである[2]。
当時の一次サプライヤー数は約190社で，そのうち13社がモジュールサプ
ライヤーであった。2000年代初めの時点で，約40社のモジュールサプライ

34　第1編　メガ・モジュール化戦略とサプライチェーンの変容

表 1-2　欧米メーカーの主要モジュール工場一覧

自動車メーカー	工場（国）	工場建設年	モジュール導入年	主要車種	操業形式
VW	Emden 工場（ドイツ）	1964 年	2004 年	Passat	JIT 型→SP 型[*1]
	Mosel 工場（ドイツ）	1961 年	1996 年	Golf, Passat	JIT 型
	Resende 工場（ブラジル）	1996 年	1996 年	商用車	構内同居型
	Puebla 工場（メキシコ）	1967 年	1996 年	New Beetle, Golf	SP 型
	Curitiba 工場（ブラジル）	1999 年	1998 年	Golf, Audi A4	--
	Brussels 工場（ベルギー）	1970 年	1998 年	Toledo (SEAT), Golf	--
	Pamplona 工場（スペイン）	1966 年	1999 年	Polo	SP 型
	Blatislava 工場（スロバキア）	1991 年	2001 年	Polo, Colorado (SUV)	SP 型
	Auto 5000（ドイツ）	2003 年	2003 年	Touran	JIT 型
Audi	Ingolstadt 工場（ドイツ）	1949 年	1995 年	A3, A4	JIT 型→SP 型
	Neckersulm 工場（ドイツ）	1873 年	1996 年	A2, A6	SP 型
	Gyor 工場（ハンガリー）	1993 年	1998 年	TT	SP 型
Skoda	Mlada Bolesrav 工場（チェコ）	1905 年[*2]	1996 年	Octavia, Fabia	構内外注型
Ford	Valencia 工場（スペイン）	1976 年	1997 年	Ka, Focus	SP 型
	Saarlouis 工場（ドイツ）	1970 年	1998 年	Focus	SP 型
	Genk 工場（ベルギー）	1964 年	2000 年	Mondeo	SP 型
	Colonge 工場（ドイツ）	1931 年	2001 年	Fiesta, Fusion	SP 型
	Camacari 工場（ブラジル）	2001 年	2001 年	Fiesta	構内同居型
Volvo	Arendal 工場（スウェーデン）	1963 年[*3]	1998 年	S80	JIT 型→SP 型
Daimler	Rastatt 工場（ドイツ）	1992 年	1997 年	A-Class	構内同居型
（Smart）	Hambach 工場（フランス）	1998 年	1998 年	Smart	構内同居型
	Sindelfingen 工場（ドイツ）	1919 年	2000 年	S, C, E-Class	JIT 型+SP 型
	Tuscaloosa 工場（米国アラバマ州）	1997 年	1997 年	M-Class	JIT 型
PSA	Aulnay 工場（フランス）	1973 年	----年	Citroën C2, C3	JIT 型

（注）＊1　SP はサプライヤーパークの略。＊2　VW 傘下入りは 1991 年。
＊3　Torslanda 工場の操業年。Arendal は，Torslanda 工場に隣接する SP。

ヤーがモーゼル工場の近隣に立地しており，29 のモジュールをトラック輸
送による JIT 方式で納入している。
　モジュールサプライヤーの多くは海外の大手企業であり，その多くは現地
の旧東ドイツ時代の部品メーカーを買収して進出している。モジュールサプ
ライヤーは，モーゼル工場の周辺 10〜20km の範囲に分散し，トラック輸送
により 30〜60 分の所要時間でモジュールを JIT 納入している。各サプライ
ヤーには，生産車両がモーゼル工場の塗装工程を出た時点で生産指示が出さ
れ，そこからモジュール組立，トラック輸送，ライン納入までの所要時間は

およそ 360 分となっている。

　モジュールの構成部品の調達先は，VW 社が決定権を持っており，品質認定の権限も同社にあった。後に，モジュールの製造および品質の権限がサプライヤーへ移管され，さらにモジュール構成部品もモジュールメーカーが自ら選定することが容認されるようになっている。

3.2. サプライヤーパーク型

　サプライヤーパーク型は，完成車工場に隣接した専用の工業用地にサプライヤーが工場を建設し，組み立てたモジュールを完成車工場に連結されたベルトコンベアで搬送するモジュール供給方式である。サプライヤーパークの建設は，完成車メーカーが地元行政と共同して行うケースも少なくない。サプライヤーパークでのモジュール工場の建設や機械設備の導入は，基本的にサプライヤーの責任で実施される。サプライヤーパークで組み立てられたモジュールは，専用のベルトコンベアや搬入通路，鉄道などを通じて，完成車工場のメインラインに JIT もしくは JIS（ジャストインシークエンス）で納入される。モジュールの構成部品は，サプライヤーパーク内で加工されるものもあるが，二次サプライヤーからトラックなどで JIT 納入されるケースも多い。

　例えば，VW 傘下の Audi 社の Ingolstadt 工場では，サプライヤーパーク方式を導入している。同工場でモジュール生産方式が導入されたのは 1995 年である。当初 JIT 型として建設されたが，小規模なサプライヤーパークを併せ持つ工場となった。Ingolstadt 工場に隣接するサプライヤーパークは GVZ と呼ばれ，敷地面積は 75 万 m^2，建屋面積は 13.5 万 m^2，従業員数は約 2,500 人（2004 年現在）である[3]。サプライヤーパークには，15 社のモジュールサプライヤーと物流会社が入居している。完成車工場とサプライヤーパークは，一般道により隔てられているが，長さ 415m の連絡ブリッジにより連結されており，サプライヤーパークで組み立てられたモジュールが電動トラクターにより完成車工場の最終組立ラインに直接納入できるようになっている。

　モジュールの構成部品は，トラックや鉄道により，ドイツ国内外からサプ

36　第1編　メガ・モジュール化戦略とサプライチェーンの変容

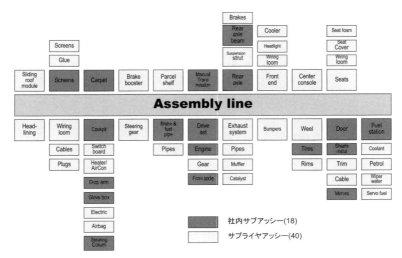

図1-5　アウディIngolstadt工場の最終組立ラインレイアウト
（出所）岩城・目代（2007），p. 632

ライヤーパークに納入される。サプライヤーパーク内には，鉄道の引き込み線があり，DB Cargo社のコンテナターミナルがあるが，これはAudi社やサプライヤーのための専用施設ではないとのことである。サプライヤーパークへの納入資材のおよそ半分は鉄道により搬入されている（Larsson, 2002）。また，サプライヤーパークへの部品納入は，JIT方式ではなく，日単位あるいは週単位でロット納入されている[4]。

図1-5は，2000年代半ばのIngolstadt工場の最終組立ラインのレイアウトである。フロントエンドモジュールやコックピットモジュール，ドアモジュールは，VWグループ共通の構造となっており，したがって最終ラインでの組み付け方法も共通となっている。全58工程のうち，コックピットやドアなどの18工程が社内組立，残りの40工程がサプライヤー組立となっている。

3.3. 構内外注型

構内外注型とは，完成車工場の中で，サプライヤーがモジュール組立ライ

第1章　自動車産業におけるモジュラー化第1の波　　37

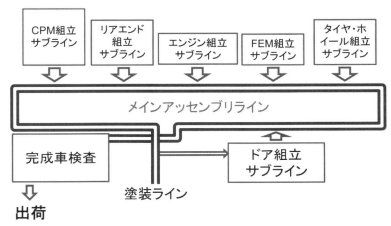

図 1-6　Skoda 社 Mlada Boleslav 工場の組立ラインレイアウト
（出所）岩城・目代（2007），p. 633

ンを作り，組み立てる方式である。サプライヤーは，完成車工場の一部を間借りして，モジュール組立のサブラインを担当する。モジュールを構成する部品は，完成車工場の外から JIT 方式などで搬入される。完成車メーカーは，メイン組立ラインを担当し，構内外注のサプライヤーから供給されたモジュールをメインラインで車体に組み付ける。基本的に，工場内の敷地や設備は完成車メーカーの所有である。

　例えば，VW グループの一つ Skoda 社の Mlada Boleslav 工場は，構内外注型のモジュール生産方式をとっている。同工場は Skoda 社の主力工場であり，Octavia および Fabia を生産している。従業員数は約 1 万 9,000 人，年間生産台数は約 45 万台である。同工場では，1996 年からモジュール生産方式が導入された。

　図 1-6 は，Mlada Boleslav 工場のレイアウトである。同工場では，コックピットモジュール，リアエンドモジュール，フロントエンドモジュール，タイヤモジュール，ドアモジュールなどが完成車組立ラインと直結したサブラインで組み立てられている。これらのモジュールの大部分はモジュールサプライヤーによって組み立てられ，Skoda 社の従業員は最終ラインにおけるモ

ジュールの組み付けを行っている。このようにサプライヤーの作業員と
Skoda 社の作業員が同一フロアで作業している点が Mlada Bolesrav 工場の特
徴である。

3.4. 構内同居型

　構内同居型とは，完成車工場の敷地内にサプライヤーの工場も作られ，部
品加工からモジュール組立まで行い，完成したモジュールをメインラインに
供給する方式である。モジュールのメインライン組付けまでも構内同居サプ
ライヤーが担当するケースもある。工場の敷地や建物は完成車メーカーの所
有が多いが，モジュール工場の機械設備や金型，治具は構内同居サプライ
ヤーが所有するケースが多い。

　構内同居型のモジュール生産方式を導入している典型例は，Smart 社の
Hambach 工場である[5]。同工場の操業開始は 1998 年である。欧州における
最も大胆なモジュール生産方式を採用した工場で，壮大な実験工場ともいえ
る。敷地面積は約 68 万 m^2，建屋面積は約 14 万 5 千 m^2 で，敷地内の総従業
員数は約 1,600 人である。そのうち Smart 社の従業員数は約 800 人（2009 年
現在）で，残りは工場に入居するサプライヤーの従業員である。

　Hambach 工場の最終組立ラインは独特の十字架構造をしている（図 1-7 参
照）。十字架の中央部は，管理棟および補修スペースとなっている。最終組
立ラインを取り囲むようにシステムサプライヤーが立地している。組立ス
テーションは約 120 ヵ所あり，組立所要時間は約 3 時間／台である。7 社の
システムパートナーと呼ばれる部品メーカーが工場の敷地内に立地し，部品
の生産，モジュールの組み立てを行い，完成したモジュールを部品工場と完
成車工場とをつなぐコンベアブリッジを通じて JIS 納入している。

　同工場における生産の流れは次のようになっている。まず，システムパー
トナーの Magna Chassis 社がボディフレームを溶接したのち，Smart 社のペ
イントショップにて塗装を行う。なお，工場設立当時は，塗装は Surtema
Eisenmann 社が構内外注型にて行っている。塗装の終了したホワイトボディ
は，車体組立ラインへと搬入される。ここで Continental 社によって CPM が
車体に組み付けられる。

第1章 自動車産業におけるモジュラー化第1の波 39

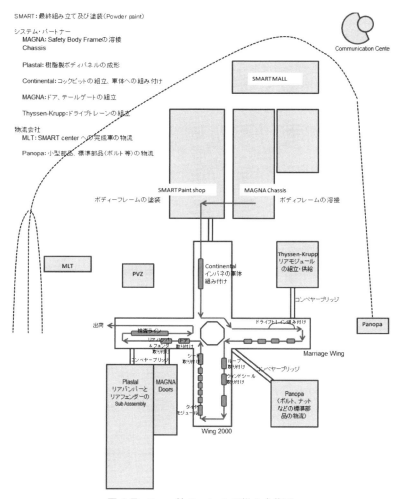

図 1-7 Smart 社 Hambach 工場の全体図
（注）Smart 提供資料および筆者現地調査により作成。
（出所）目代 (2010), p. 66

40 第1編 メガ・モジュール化戦略とサプライチェーンの変容

　続いて，Marriage Wing と呼ばれる東側につきだした組立棟にコンベアにより車体が搬送され，ドライブトレインやリアモジュール，燃料タンク等が組み付けられる。この組立棟の作業はすべて Smart の従業員によって行われる。リアモジュールは，敷地内に立地する Thyssen-Krupp 社によって組み立てられ，コンベアブリッジを通じてライサンドまでジャストインシークエンスで納入される。

　次に，南側の Wing 2000 へと車体が搬送され，ルーフ，ウィンドシール（フロント，リア），アンダーカバー，ホイール＆タイヤ，内装トリム，ランプ，ワイパー，ドアシール材，エンジンカバー，シートが組み付けられる。ルーフおよびウィンドシールは，組立ステーション近くのデリバリードックに JIT 納入される。なお，ルーフのサプライヤーは Webasto 社である。ホイール＆タイヤモジュールのサプライヤーはラットシステム社で，Smart 敷地外にある工場からトラック輸送され，ラインサイドのデリバリードックに納入される。シートモジュールのサプライヤーは，Magana 社であり，Smart 敷地外の工場で生産したシートをトラックにて JIT 納入している。フロントエンドは，旧モデルではモジュール化されていたが，2009 年現在生産中のモデルでは，モジュール構造ではなく，個別の部品をバラで組み付ける方式に変化している。

　シートを取り付けられた車体は，ベルトコンベアにより西側に突き出した最終組立ラインへと搬送される。ここで，左右のドア，リアバンパー＆フェンダが取り付けられる。ドアモジュールは，スチールの構造体にプラスチックのドアパネルを合わせた構造になっている。プラスチックパネルは，Plastal 社が工場敷地内の樹脂成形工場で生産し，ドア構造体をつくる Magna Door 社に供給される。そこで Magna Door 社によりパネルがドア構造体に組み付けられた後，コンベアブリッジを通じて，ラインサイドに供給される。また，Plastal 社はリアバンパーとリアフェンダーの加工も行っており，ドアとは別のコンベアブリッジによりラインサイドへと JIT 納入されている。

　組立が終了した車両は，その後，エンジン点火，ライトとタイヤの調整，ダイナミックテストなどの最終検査が行われる。検査をパスした車両は出荷ヤードへと搬送されるが，修理・調整が必要な車両は補修工程へ持ち込まれ

る。

　Hambach 工場に入居するサプライヤーは，工場敷地および設備への投資をすべて自社の責任で行っている（池田，2004）。また，サプライヤーは，モジュール開発の初期段階から開発に参加しており，設計から生産までを一括して請け負っている。さらに，サプライヤーは，納入部品の品質，コスト，二次サプライヤーの選定・管理についても責任を負うこととなっている。なお，Hambach 工場の土地，建物，設備は Smart 社の所有となっており，サプライヤーは土地および建物については入居料などの支払い義務はないが，設備については使用料を支払うことになっている（Sako, 2005）。また，同じ敷地内にあるため，サプライヤーと Smart 社の給料の格差はほとんどない（下川・武石，2001）。

　このようにモジュール部品の開発・設計，生産，構成部品の調達を大幅にサプライヤーにアウトソースすることにより，Smart 社は経営資源を商品企画，スタイリング，最終組立，販売・アフターサービスといった機能に集中できるようになっている。

表 1-3　サブアッセンブリ型モジュールの外注化によるコスト削減効果
(IP モジュールの事例)

	定量化可能効果		対象	コスト
変動費	製造労務費	製造部門	直接工	低減
			工場内物流	低減
		間接部門	職場管理・検査部門（自動車メーカー）	低減
			職場管理・検査部門（部品メーカー）	増加
	製造経費		製造部門・共通部門	--
	材料費	購入品コスト	部品メーカー	--
			Vender Tooling	--
	物流費	工場間物流	製造拠点〜部品庫	--
	一般管理費	部品管理費		増加
	管理販売費		部品メーカー増分	増加
固定費	設備費	製造部門	組立，治具，検具（自動車メーカー）	--
			組立，治具，検具（部品メーカー）	--
	開発部門費	設計工数	担当設計（自動車メーカー）	--
			担当設計（部品メーカー）	--

（出所）岩城・目代（2007），p. 649

42　第1編　メガ・モジュール化戦略とサプライチェーンの変容

　しかし，Hambach 工場の計画生産台数は，当初は年間 20 万台であった
が，その後 5 年間目標到達できず，年産 13.5 万台に計画変更した。サプラ
イヤーには最低 20 万台分の調達を保証しており，この台数を下回った場合
は補償支払いを約束していたため，2000 年にサプライヤーに対して 5.36 億
ユーロが支払われた（池田，2005）。

4. モジュール生産方式のコスト低減効果

　欧米メーカーによるモジュール生産は，モジュールの組み立てを労働コス
トの低いサプライヤーに大幅にアウトソースすることにより，固定費の削減
を図ることが特徴のひとつといわれている。しかし，30〜40％といわれる完
成車メーカーとサプライヤーの賃金の格差は，完全になくならないまでも，
いずれ縮小していく。とりわけ，構内外注型や構内同居型では，同じ工場内
で類似の作業をしていながら，完成車メーカーとサプライヤーとの間で大き
な賃金格差が存在するということは，労働者にとって受け入れ難い。事実，
構内同居型の VW Resende 工場（ブラジル）では，工場内の従業員の賃金や
福利厚生は同一水準が保証されていること（フォーイン，2000），同じく
Smart Hambach 工場でもサプライヤーと Smart 社の賃金格差はほとんどない
こと（下川・武石，2001）が報告されている。このことはサプライヤーパー
ク型でも同様で，完成車工場とサプライヤー工場の近接性が高まるほど，賃
金格差の縮小圧力は高まると考えられる。
　表 1-3 は，ある欧州自動車メーカーのインパネモジュールのコスト構造を
分析した結果を示している。このモジュールは，いわゆるサブアッセンブリ
型で，モジュールの構成部品の設計には大きな変更を伴わず，サブラインに
おける構成部品のアッセンブリの単位を大きくして，自動車メーカーに納入
するタイプのモジュールである。表 1-3 を見ると，インパネモジュールの外
注化により，製造労務費の製造部門（直接工，工場内物流），同じく間接部
門の職場管理・検査部門（自動車メーカー側）でコストが減少している。し
かし，部品メーカー側の職場管理・検査部門はコストアップする。また，新

第1章　自動車産業におけるモジュラー化第1の波　　*43*

表 1-4　機能統合型モジュールのコスト削減効果（CPM の事例）

	定量化可能効果		対象	コスト
変動費	製造労務費	製造部門	直接工	低減
			工場内物流	低減
		間接部門	職場管理・検査部門（自動車メーカー）	低減
			職場管理・検査部門（部品メーカー）	増加
	製造経費		製造部門・共通部門	低減
	材料費	購入品コスト	部品メーカー	低減
			Vender Tooling	低減
	物流費	工場間物流	製造拠点〜部品庫	--
	一般管理費	部品管理費		増加
	管理販売費		部品メーカー増分	増加
固定費	設備費	製造部門	組立，治具，検具（自動車メーカー）	--
			組立，治具，検具（部品メーカー）	--
	開発部門費	設計工数	担当設計（自動車メーカー）	低減
			担当設計（部品メーカー）	増加

（出所）岩城・目代（2007），p. 650

規の検査具費用や運搬費用といった部品管理費や販売管理費が上昇してしま
う。その結果，コストの低下分と上昇分が相殺され，全体ではコスト削減効
果はほとんど出ていない。

　それに対し，ある日本メーカーの機能統合型のコックピットモジュールの
コスト構造を分析した結果が表 1-4 である。機能統合型とは，サブアッセン
ブリする部品の設計を見直すことにより部品を機能的に統合したり，モ
ジュールの構造を簡略化したりするモジュールである（岩城，2003）。機能統
合化の結果，このコックピットモジュールでは，製造労務費（自動車メー
カー側），製造経費，材料費，開発部門の設計費（自動車メーカー側）が低
減した。それに対し，部品メーカー側の製造労務費の一部（職場管理・検査
部門），部品管理費，管理販売費（部品メーカー増分），開発部門の設計費
（部品メーカー側）が上昇した。結果的に，全体では 10〜15％のコスト削減
を実現している。日本では，自動車メーカーと部品メーカーの間の賃金格差
は欧米ほど大きくないが，機能統合化により部品点数や組立工数が削減され
たことにより，モジュール生産に必要な工数が減少したことが，製造労務費
の低減に繋がっている。

44　第1編　メガ・モジュール化戦略とサプライチェーンの変容

　欧米メーカーのモジュールは，傾向として日本メーカーよりも構成要素が多く，大きなモジュールとなっているが，構造的にはサブアッセンブリ型が主流となっている。これまで，欧米のモジュール生産方式で実現されてきたコスト削減は，サプライヤーの低賃金や地元政府からの補助金に依存した部分が多い。今後，サプライヤーとの賃金格差が縮小していく可能性を考えると，現状のままでのモジュール生産方式では，持続的なコスト削減効果があるかは疑問が残る。

おわりに

　1990年代半ばから日米欧の自動車メーカーが進めたモジュール化は，生産や調達の効率化を目指した取り組みであり，本書ではこれを「モジュラー化第1の波」と位置付けている。この時期のモジュール化の最大の特徴は，統合的な製品アーキテクチャはほとんど変更せず，組立の単位を生産モジュールとして部品の塊として取りまとめている点である。部品レイアウト上あるいは工程順序の上で隣接した部品群を一つの組立単位として，メインラインから切り出すことで，作業性の向上や組立サイクルタイムの平準化を図るとともに，組立生産性の改善や工場スペースの節約を実現している。

　欧米自動車メーカーは，部品群の複合化と併せて，大胆なモジュール生産のアウトソーシングを図るとともに，工場ガバナンスの在り方も見直しを図っていった。サプライヤーパーク方式や構内外注方式，構内同居方式の導入である。それに対し，日本の自動車メーカーのモジュール生産は，従来のJIT生産方式を踏襲する形で進められた。日産は，構内外注方式を導入したが，その他の自動車メーカーは基本的にモジュール組立を自社で行う方式が中心であった。

　こうした生産レベルないし調達レベルのモジュール化は，工場オペレーションの合理化をもたらしたが，製品開発レベルでの開発効率向上や開発車種拡大の柔軟性上昇にまで踏み込んだものではなかった。そこで2000年代半ばに入ると，価値連鎖の上流領域におけるモジュラリティを目指す取り組

みが始まった。それが第2章でとりあげる「モジュラー化第2の波」である。

注

1）こうしたモジュール生産のアウトソーシングに対応するため，サプライヤーには幅広い部品技術を取り込むとともに，また完成車メーカーの世界各国の車両組立工場へモジュールを供給する能力が求められるようになった。その結果，M&Aなどを通じて，独Continental社や仏Faurecia社，米Johnson Controls社，加Magna International社といったメガサプライヤーが台頭するようになった。また，完成車メーカーからのスピンオフによってもメガサプライヤーが登場した。例えば，GMから分社化した米Delphi社や米Fordから独立した米Visteon社，現代自動車の現代Mobis社などがある。

2）モーゼル工場の概要は，主に池田（2004）による。

3）なお，サプライヤーパークの建設はIngolstadt市によって行われ，所有権も同市が保有している。

4）そのため，サプライヤーパークから完成車工場へは，完成モジュールがJIT納入されているが，モジュール工場内部では巨大な倉庫にモジュールの構成部品が大量に在庫されている。

5）Smart社Hambach工場に関する記述は，目代（2010）による。なお，現地調査は2009年9月21日に実施した。

参考文献

フォーイン（2000）『グローバルサプライヤーの世界再編とモジュール／システム化動向』フォーイン。

池田正孝（2004）「欧州におけるモジュール化の新しい動き」『豊橋創造大学紀要』8，19-41.

池田正孝（2005）「欧州自動車メーカーにおける新しい部品政策の展開とサプライヤーの対応」池田正孝，中川洋一郎編著『環境激変に立ち向かう日本自動車産業』中央大学出版部。

岩城富士大（2003）「自動車業界におけるモジュール化の現状とマツダの機能統合型モジュールへの取り組み：VEと軽量化を目指して」『バリュー・エンジニアリング』215, 1-7.

岩城富士大，目代武史（2007）「自動車産業におけるモジュール戦略の成果と課題：欧米を中心とした比較研究」『赤門マネジメント・レビュー』6巻12号，611-654.

Larsson, A. (2002). The development and regional significance of the automotive industry: Supplier parks in Western Europe. *International Journal of Urban and Regional Research*, 26 (4), 49-63.

目代武史（2010）「欧州自動車メーカーのモジュール戦略の実態調査：VW，Smart,

PSA，Daimler，BMW，Audi」『東北学院大学経済学論集』第 172 号，61-80.

目代武史（2012）「モジュール生産の工程アーキテクチャ分析」『赤門マネジメント・レビュー』11 巻 10 号，633-663.

Sako, M.（2003）. *Governing supplier parks: Implications for firm boundaries and clusters*. Paper presented at the Auto Industry Symposium: The 2003 RIETI - HOSEI - MIT IMVP Meeting. Retrieved April 3, 2004, from http://www.rieti.go.jp/jp/events/03091201/report.html, accessed 2004/04/03

Sako, M.（2005）. Governing automotive supplier parks: Leveraging the benefits of outsourcing and co-location?（Working Paper, May）. International Motor Vehicle Program. Retrieved June 12, 2006, from, http://imvp.mit.edu/pub05.htm, accessed 2006/06/12

下川浩一，武石彰（2001）「世界的業界再編の渦中にある欧州自動車産業の基本動向とその実態調査」『経営志林』37（4），121-150.

武石彰（1999）「自動車産業におけるモジュール化，システム化の動向について」（Working Paper No. 99-05）一橋大学イノベーション研究センター。

武石彰，藤本隆宏，具承桓（2001）「自動車産業におけるモジュール化：製品・生産・調達システムの複合ヒエラルキー」藤本隆宏，武石彰，青島矢一編『ビジネス・アーキテクチャ』有斐閣。

田中義三，絹谷博（1993）「多種混流ラインにおけるモジュール組立」『オートメーション』第 38 巻第 11 号，10-19.

第 2 章
モジュラー化第 2 の波：フォルクスワーゲン MQB

目代　武史

はじめに

　フォルクスワーゲン（以下，VW 社）は，2012 年 2 月に，従来のプラットフォームに代わる新たな車両開発コンセプトを公式に発表した[1]。このコンセプトは，MQB（Modularen Querbaukasten；英語では Modular Transverse Matrix）と呼ばれ，エンジンを車両前方に横向きに搭載する前輪駆動車（FF車）の設計のベースとなるものである[2]。

　1990 年代から進められた生産・調達領域におけるモジュラー化第 1 の波では，第 1 章で説明した「生産モジュール」に生産や発注の単位がまとめられたが，製品アーキテクチャ自体には大きな変化はなかった。製品設計自体は，いわゆる統合型アーキテクチャであり，部品機能と部品構造が多対多に対応した車種専用の擦り合わせ設計であった。モジュラー化第 1 の波においても，車種間でモジュール（およびその構成部品）の共通化の取り組みはあったが，車種ごとに異なる統合型アーキテクチャを与件として，その許容範囲内でボトムアップ的に部品の共通化が図られていった。

　それに対し，VW 社は MQB により，高度に統合的であった乗用車の製品アーキテクチャをモジュラー的な製品アーキテクチャへと変革しようとしている。詳細については後述するが，このモジュラー化第 2 の波では，車種群レベルで共通の設計思想に基づき，複数の車種に適用可能な設計モジュールや部品が製品設計の上位の階層からトップダウンで定められている点に特徴がある。それにより，設計モジュールの組み合わせを変えることで，多様な

48　第1編　メガ・モジュール化戦略とサプライチェーンの変容

車種を柔軟に開発することが目指されているのである。この新たな車両開発アプローチは，製品開発の在り方ばかりでなく，生産戦略，調達戦略，サプライチェーンへ多大な影響を与える可能性がある。

　そこで本章では，VW MQB に焦点を当て，その設計思想，適用範囲，生産との連携の状況を整理したうえで，製品開発戦略における意義を考察していく。

1. MQB に至る背景

　VW 社が MQB を導入した背景には，車両の多様化や複雑化によるコストアップと共通化によるコストダウンのトレードオフをいかに解くかという問題があった。車両に対する安全性能や環境性能への要求の高まりや製品ポートフォリオの多様化は，車両自体の設計や車両開発マネジメントの複雑性を高めてきた。一方で，収益性確保のためには商品力の向上とともに，コスト削減もより一層進める必要があった。

　そこで日米欧の自動車メーカーは，1990 年代からプラットフォームの共通化を積極的に図っていった。VW 社の場合，Audi 社に加え，1990 年にスペインの SEAT 社，1991 年にチェコの Skoda 社を傘下に収め，乗用車ブランドのポートフォリオが大幅に拡張された時期でもあった。その結果，グループ内の乗用車のプラットフォームは 17 にまで膨らんだ。そこで乗用車のプラットフォームを 4 つに統合し，同一セグメント内であればブランドをまたいでプラットフォームを共通展開する戦略をとった。それにより，プラットフォーム当たりの生産台数は増加した。VW グループにおけるプラットフォーム当たりの生産台数は，1991 年には約 110 万台であったが，2000 年には約 162 万台へと大きく伸びた（大鹿，2015）。

　しかし，プラットフォームという大きな塊を単位とした共通化は，スタイリングデザインが似通ってしまうなど個別車種の商品力向上にとっては大きな制約要因ともなった。共通プラットフォームの設計は，多様な車種の機能・性能要件を満たすために，機能的・構造的に十分な余裕が求められる。

第 2 章　モジュラー化第 2 の波：フォルクスワーゲン MQB　　49

典型的には，そのセグメント内でもっとも重量の大きな車種を想定して，設計仕様を決める必要があった。いわゆるプラットフォームの上位統合である。

　こうした制約を緩和する手段として，1990 年代半ばごろからプラットフォームよりも小さな単位で共通化を図る取り組みが始まった。それが，第 1 章でも論じたモジュール戦略である。共通化したプラットフォームに加え，多様に組み合わせ可能なモジュールを車種に合わせて搭載することで，車種ごとの差異性を生むことが意図された（Wilhelm, 1997）。しかし，結果的には，このモジュール化は，生産領域あるいは調達領域における共通化にとどまった（岩城・目代，2007）。

　こうした経験を踏まえて，VW 社が打ち出したのが Modular toolkit という新たな車両開発コンセプトである。Modular toolkit は，従来のプラットフォームにあたる部分を細かく分割し，それを設計モジュールとして定義し，その組み合わせにより多様な車種を創出しようとする製品開発アプローチである。

　この取り組みは，まず VW グループの高級車ブランドである Audi 社で始まった。開発を指揮したのは，研究開発部門のトップを務めていた Ulrich Hackenberg 氏であった[3]。2004 年に発売予定であった新型の A6 の開発時に，その後開発予定の A4 と設計構造を共通化することを目指した。すなわち，車両設計を共通の設計要素（積み木方式）で構成するコンセプトであり，これが後の MLB（エンジン縦置きの中大型車用アーキテクチャ）となった。当時は，車種ごとに設計構造が大きく異なり，その結果，その生産工場も車種専用となっていた。そこで，MLB では，製品のアーキテクチャと工場のアーキテクチャを同期させ，どの工場でも MLB ベースの車種を生産できるようにすることを追求した。具体的には，A6 を生産する Neckersulm 工場と A4 を生産する Ingolstadt 工場を同じ生産アーキテクチャで構成することを目指した。

　この積み木方式に VW 社が興味を示し，大衆車ブランドについても導入を図ることを決めたのが，MQB の始まりであった。2007 年に Hackenberg 氏が VW 社へ転籍し，MQB の開発が本格的に始まった。

2. VW MQB の設計思想

　前述したように MQB とは，エンジンを車体前方に横向きに搭載する FF 車用の設計要素のセットを意味する。すなわち，従来のプラットフォームという大きな塊をより細かな設計要素（つまり設計モジュール）に分解し，各モジュールの組み合わせを取りまとめたもの（モジュールのセット＝ "Modular Matrix"）が MQB である。これらの設計モジュールの組み合わせを変えることで，様々な車種を柔軟かつ効率的に創出することを狙いとしている。

　それ以前の製品開発では，特定の製品市場セグメントに適用するプラットフォームを開発し，そこから複数の車種を派生させていく方式が一般的であった。例えば，VW グループでは，サブコンパクトカー（C セグメント）については，PQ35 プラットフォームをベースとして，VW Golf，VW Jetta，VW Touran，VW Tiguan，Audi A3，Audi TT，Audi Q3，Skoda Octabia，Skoda Yeti，SEAT Leon，SEAT Altea といった多様な車種を開発してきた。しかし，同じセグメント内とはいえ，1 種類のプラットフォームで車重や車型の異なる車種をカバーしようとすると，プラットフォームを構成する部品を最も要求水準の厳しい車種に合わせて設計することになる。そのため，車重の軽い車種からすると，重い車種に合わせて設計されたプラットフォームでは過剰設計になり，価格競争力に支障をきたす。また，プラットフォームの共通化は，車両のスタイリングに制約をもたらし，ブランドごとの差異化の妨げとなる。

　こうした反省から，MQB では，共通化の粒度をプラットフォームよりも小さな単位（すなわち設計モジュール）とした。この設計モジュールの多様な組み合わせを可能とするには，当該モジュールを利用する車種群で共通の設計ルールを共有していなければならない。VW では，この設計ルールを「ビークルアーキテクチャ」と呼んでいる。また，設計モジュールについても多様な車種への展開を前提として，様々なモジュールの開発や修正，更新を体系的に管理する必要がある。さらに，車種開発の段階でも，モジュール戦略を効果的に実行するために，設計ルールを順守させるマネジメントが必

要となる。
　そこで以下では，MQB の基本構造とモジュールおよび車種開発の過程について，順を追って説明していく。

2.1. ビークルアーキテクチャ

　MQB は，図 2-1 に示すように，大きく 3 つの設計階層からなる。
　最上位の階層は，ビークルアーキテクチャ（Vehicle Architecture）と呼ばれるものである。これは，長期的な市場ニーズ予測，製品展開計画，技術ロードマップに基づき，VW グループが目指すべきクルマの運動性能や居住性，安全性などを定めるもので，車両設計のハードポイントを定義している。
　例えば，MQB では，前輪車軸からエンジン隔壁までの寸法を固定としており，MQB ベースの車種すべてで共通に適用される（図 2-2 参照）。これは，

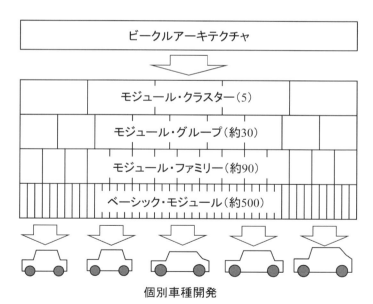

図 2-1　MQB の設計階層
（出所）筆者作成。

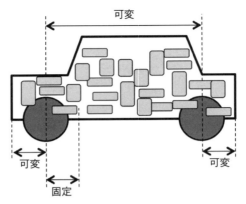

図 2-2　MQB のビークルアーキテクチャ
（出所）VW 資料を基に筆者作成。

この領域にエンジンやトランスミッション，空調，アクスル，ステアリングシステムなど車の付加価値の 6 割が集中しているためである。

　一方，これ以外のボディ骨格は，車種により変更できる構造としている。例えば，フロント・オーバーハングやリア・オーバーハング，ホイールベース，トレッド，シート高，タイヤ径は，可変要素として定義されている。ただし，これらの変更には規則があり，リミットが設けられている。例えば，ホイールベースは 4 種類，フロント・オーバーハングは 2 種類，リア・オーバーハングは 3 種類にまとめられている。フロアを構成するパネル部品同士を接続する部分が，車種により寸法が変わっても同じジオメトリとなるように設計ルールを定めることで，一つの金型で対応できるようにしている。

　また，エンジンの搭載方法も統一された。従来，同じ車種でもエンジンが異なれば，搭載方法も異なっていた。例えば，第 6 世代の Golf では，ガソリンエンジンは，後方吸気・前方排気で前方に傾けて搭載する一方，ディーゼルエンジンは，前方吸気・後方排気で後方に傾けて搭載されていた。その結果，排気管類やドライブシャフト，トランスミッションなど周辺の部品レイアウトも変わり，共通化の大きな妨げとなっていた。それを MQB では，ガソリンエンジンの搭載向きを 180 度回転させ，前方吸気・後方排気に統一した。さらに，天然ガスエンジン，バイオフューエルエンジン，電気自動車

モーターも同じ搭載方法に統一することで，多様なパワーユニットがMQBベース車に搭載できる構造とした。

このほかにも，乗員のドライビングポジションなど，乗用車設計の大枠となる要素がビークルアーキテクチャとして定義されている。例えば，シートは3種類（セダン，スポーティー，SUV）の高さが選べるようになっている。シート高に合わせて，ステアリングの高さ，ペダル位置なども決定されるようになっている。

2.2. モジュール

第2の階層は，モジュールである。前掲の図2-1に示すように，モジュール自体も階層的に定義されている。まず，モジュール化の対象となる領域が，モジュール・クラスターとして，パワートレイン，シャシー，電気・電装系，内装，外装の5つについて定義された。これがさらに，約30のモジュール・グループ（ベースエンジン，排気系モジュール，トランスミッション・モジュール，フロントアクスル・モジュール，HVACユニット，サンルーフなど），約90のモジュール・ファミリー（マニュアル・トランスミッション，オートマチック・トランスミッション，トランスミッション・クーリングなど），約500のベーシック・モジュール（高重量車種向けリアアクスルなど）へとブレークダウンされている。

ブレーキやサスペンションなどのシステムは，モジュール・マトリックス

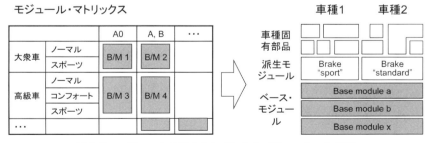

図2-3　モジュールの組み合わせによるバリエーション創出
（出所）筆者作成。

から適切なモジュールを選択し，階層的に組み合わせることで開発される（図2-3参照）。例えば，ブレーキシステムでは，ベースモジュールの上に，車種ごとの違いを生む派生モジュール（例えば，標準タイプ，スポーツタイプなど）を組み合わせ，それに車種固有の部品を加えることで開発される。それによりベースモジュールに規模の経済が生まれ，車種間では範囲の経済を享受することができる。

モジュールは，将来の車種展開を勘案して，車種開発に先行して，あらかじめ開発される。各モジュールは，車種開発のサイクルとは別のサイクルで定期的に更新されていく。更新のタイミングは，モジュールごとの技術変化の速さに応じて，それぞれ設定されている。例えば，技術進歩のペースが速いInfotainment系は頻繁にモジュールが更新される一方，シート骨格などのモジュールの更新頻度は緩やかとなっている。

モジュールの新設や更新は，モジュール統括組織によって行われている。モジュールの階層ごとに管理者が割り当てられており，モジュール・クラスターのレベルでは，5つの領域ごとに1名の総責任者（モジュール・マネジャー）が存在する。そのもとに，各モジュールを管理する責任者（モジュール・オーナー）が任命されている。モジュール・オーナーは，各自が担当するモジュールについて，ブランドを超えて適用可能なモジュールの企画，機能部門や車両開発部門との調整，モジュールの開発目標の達成などに責任を負っている。モジュール・マネジャーは，自分が担当する領域全体のモジュール開発戦略やモジュールの整合性の維持に責任を負う。各モジュール領域におけるモジュールの新設や更新の意思決定は，各モジュール領域の作業部会で行われる。その上位にモジュール管理委員会が設けられており，モジュール管理のガイドラインや車両開発におけるモジュールの使用状況などの評価を行う体制となっている。

2.3. 車種開発

第3の設計階層となる個別車種の開発は，VW社によると，モジュールの組み合わせにより，約6割が完了する（長島，2013）。基本的に，乗員が直接触れる部分や見える部分は，ブランドや車種の個性を決めるものであるた

め，車種固有の設計領域となる。具体的には，内装部品や外装部品の多くが車種固有の設計となる。それ以外の乗員からは見えない内側のハードウェアや電気・電子システムは，モジュールにより標準化し，様々な車種で共通化している。車種開発では，採用するモジュールの選択，車種固有部分の設計，車両としてのまとまりの検証が行われる。

　車種開発のプロジェクトリーダーは，技術領域を担当するチーフエンジニアと開発予算や市場性の評価を担当するマネジャーの2名体制となっている。MQBでは，従来に比べ，車種開発のチーフエンジニアの権限は相対的に弱まっている。モジュールの利用にあたっては，車両設計エンジニアは，モジュールを車種側の都合で勝手に設計変更しないように制限を受けている。モジュールの設計変更が必要な場合は，モジュール・オーナーに要望を出し，前述したモジュール管理組織を通じて，その妥当性が検討されたうえで，当該モジュールの変更結果は，ブランド横断的に展開されることになる。

　車両開発の重要な役割の一つは，開発車種の商品としてのまとまりの検証である。モジュールを実際に開発車種に組み込んだレベルで統合検証を行うのである。この時，ベースモジュールの段階ですでに基本的な検証は済んでいるため，モジュールそのものの検証を車両開発の段階で改めて行うことはない。

　VW社は，MQBによる定量的効果として，部品コスト20％低減，投資支出20％低減，車両開発時間30％短縮を見込んでいる[4]。さらに，開発の効率化および共通部品の量産効果により得た原資をもとに超ハイテン鋼などの高価な素材を活用することで，車重を40kgから60kg削減できるとしている。また，定性的効果として，ニッチなセグメントへの新型車種を低コストで迅速に開発し，投入できるようになるとしている。

3. MQBの適用範囲

　MQBは，Bセグメントの小型車（Poloクラス）からDセグメントの中型

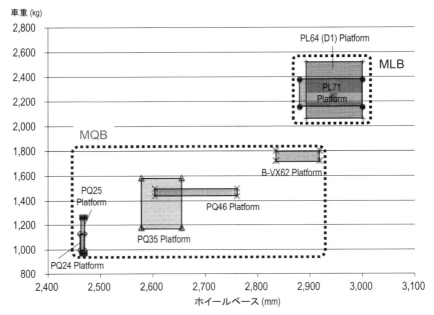

図2-4 VWグループにおけるプラットフォーム群のカバー範囲
(注)『Motor Fan Illustrated』68, pp. 48-49 のデータを基に作成。
(出所) 目代・岩城 (2013), p. 623

車 (Passat クラス) までをカバーする。最初の適用車種は, 2012年9月に欧州市場で発売が開始された Audi 社の A3 である。その後, 欧州市場にて2013年に発売された7世代目 VW Golf, Skoda 社の Octabia, Seat 社の Leon などに展開されていった。このように MQB は VW グループの全ての中小型車に複数ブランドに亘って展開される点に特徴がある。当初の計画では, 約40車種に展開する予定としていたが, その後適用範囲は60車種程度に拡張された[5]。

　これ以外のセグメントについては, それぞれ別の Modular Matrix が適用される。すなわち, up! クラスの小型車のセグメントは NSF (New Small Family), 大型車のセグメントは MLB (Modular Longitudinal Matrix), スポーツカー・セグメントは MSB (Modular Standard Drivetrain Matrix) がそれ

第2章　モジュラー化第2の波：フォルクスワーゲン MQB　　57

それカバーする。各 Modular Matrix の開発責任（リード・ブランドと呼ばれる）は，NSF および MQB は VW 社，MLB は Audi 社，MSB は Porsche 社が担っている。

　図 2-4 は，従来の VW グループの旧プラットフォーム群と MQB の関係をまとめたものである。横軸はホイールベースであり車のサイズを表す。縦軸は車重である。図中の四角で囲まれた領域は，それぞれのプラットフォームがカバーする車種の最小／最大の寸法と最軽量／最重量の組み合わせを示している。VW はこれまでグループ全体で PQ24，PQ25，PQ35，PQ46，B-VX62，PL64，PL71 の 7 つのプラットフォームを持っていた。このうち最初の PQ24 から B-VX62 までが横置きエンジン車，残りの PL64 と PL71 が縦置きエンジン車のプラットフォームであった。

　VW グループのプラットフォーム群の構成には，日本メーカーに比べ，際立った特徴がある。第 1 に，各プラットフォームのカバー範囲はかなり狭い。これは，プラットフォームを共有する車種が厳密に標準を守っている結果ともいえるし，プラットフォームの柔軟性が低い結果ともいえる。どちらの理由によるものなのかは現時点では判断できない。第 2 に，各プラットフォームのカバー範囲が離れており，重複する部分が少ない。このような離散的なプラットフォーム構成としているのは，車形が類似することを避けるためとも考えられるが，詳細は不明である。

　MQB は，Polo クラスの小型車（PQ24 プラットフォーム）から Passat クラスの中型車（PQ46 あるいは B-VX62 プラットフォーム）までの幅広い車種群に適用される予定である。2017 年 11 月現在，MQB ベースの車種として，VW Polo（第 6 世代），VW Golf（第 7 世代），VW Passat（第 8 世代），VW Touran（第 2 世代），VW Tiguan（第 2 世代），Audi A3（第 3 世代），Audi TT（第 3 世代），Skoda Fabia（第 3 世代），Skoda Octavia（第 3 世代），Skoda Leon（第 3 世代），Skoda Superb（第 3 世代），Skoda Yeti（第 2 世代），SEAT Leon（第 3 世代），SEAT Ateca（第 1 世代）が発売されている。

4. MQB に対応した生産システム MPB

　VW グループは，MQB の開発と合わせて，MPB（独語 Modularen Produktionsbaukasten; 英語 Modular Production System）と呼ぶ生産システムを展開している。これは，生産システムもモジュラー化することで，多様な車種を同一のラインや治工具で生産可能とするものである。

　従来，VW グループにおいては，一つの工場の生産ラインや設備は，事実上一つのプラットフォームに対応しており，他のプラットフォームの車種は生産できなかった[6]。プラットフォームは，ブランドごとに別々に開発されていたうえ，同じプラットフォームでも時の経過とともに，各車種の要求事項に応えていくうちに，生産設備側のバリエーションも増えていった。その結果，各工場がプラットフォーム専用になり，工場を超えた車種の振り替え生産が事実上不可能となった。

　そこで，MQB の開発を機に，工場の柔軟性の向上，部品共通化による品質の向上，生産効率の向上を目指して，MPB の開発が始まった。基本方針としては，MQB という統一の製品アーキテクチャに対応して，一つの工場アーキテクチャとすることが目指された。具体的には，MQB に対応した一つのボディ生産工程や組立工程が構想された。工場ごとに変更してよいのは，ジオメトリや素材に限定し，溶接順序や組立順序などは工場を超えて固定とした。

　車体溶接では，溶接順序を車種によらず同じにしているため，設備も共通化できる。例えば，生産工程において車両を搭載するパレットや治具を車種専用とはせずに，柔軟に組み替えられるようにして多様な MQB ベースの車種に対応可能なものとしている[7]。同様にボディ溶接工程でも溶接ロボットを柔軟に増設できる工程設計とし，ロボットもあらかじめ MQB ベースであればどの車種にも対応できるものにすることで，車種別に分かれていた溶接ラインをひとつに統合するなどしている[8]。車種によりジオメトリが異なる部分は，フレーマー（underbody framer）と呼ぶ治具を用いて対応している。

　組立工程も同様に，組立順序が標準化された。第 1 章で説明した生産モ

ジュールの考え方は維持されており，各種のユニットを事前にサブ組立し
て，最終組立ラインで組み付ける方式としている。この時，モジュールの最
終ラインでの組み付けを，一つの工程で共通の設備でできるようにしてい
る。従来は例えば，コックピットモジュール（CPM）の搭載は，車種ごと
に別々の搭載ステーションが必要だった。設備がそれぞれに必要になるう
え，スペースもそれぞれ必要であった。混流生産の場合，車種ごとに素通り
するステーションが出るなど無駄があった。MPB では，CPM 搭載のハンド
リングを統一することで，一つの工程ですべての CPM を搭載可能とした。
また，CPM を車体に組み付けるときのブラケットも車種に応じて様々な形
状があったが，MQB/MPB では 1 種類に削減している。

　MQB や MLB の開発は，それぞれリードブランド（MQB は VW 社，
MLB は Audi 社）が責任を負うが，MPB の開発も新規車種の立ち上げの際
にリードブランドが担う。リードブランドが確立した生産システムを他の工
場に横展開する体制となっている。MQB と同様，MPB においても各工場で
勝手に生産順序や設備を変更することは許されていない。生産方法を変更す
る場合は，リードブランドが変更を管理する。その際，リードブランドは，
自社工場だけでなく，他のブランドの工場にとっても有効な変更かを検証す
る責任を負っている。これにより，MQB ベースの車種を生産している工場
であれば，基本的に他のどの MQB ベースの車種も生産できるとしている[9]。

5. 設計思想としての MQB の意義

5.1. 生産モジュールと設計モジュール

　VW グループの MQB には，「モジュール」という言葉が使われているが，
これは第 1 章で論じた「コックピット・モジュール」や「フロントエンド・
モジュール（FEM）」といった従来の生産モジュールとは，次元の異なる概
念である。図 2-5 は，生産プロセスと車両開発プロセスの相対的関係を描い
ている。

　VW グループにおける従来のモジュール戦略は，主に生産および調達プロ

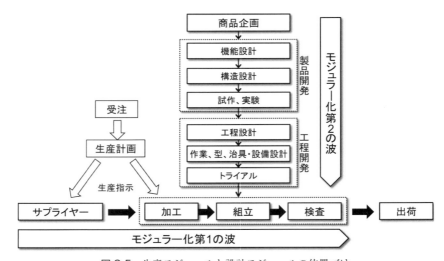

図 2-5　生産モジュールと設計モジュールの位置づけ
（出所）『自動車技術ハンドブック〈第 8 分冊〉生産・品質編』（社）自動車技術会，p. 190 を参考に筆者作成。

セスの合理化を図るものであり，図 2-5 の水平方向に関わる取り組みであった。第 1 章で論じたように，従来のモジュールは，製品レイアウト上もしくは工程上近くにある部品群をひとつの単位として捉え，サブラインなどであらかじめ組み立てられた状態でメイン組立ラインに供給される部品の集合体であった。しかし，これらの CPM や FEM の設計自体は，周辺部分と機能上あるいは構造上の相互依存を多く抱えており，車種に固有な設計要素が多く残されている。そのため，従来のモジュール戦略の効果は，生産工程の合理化やアウトソーシングによる工数や工賃の節約に限定される傾向があった。

　それに対し，MQB における設計モジュールは，企画・製品開発に関わるものであり，図 2-5 では垂直方向の取り組みといえる。MQB は，車両の多様化や複雑化が進む中，個別車種ごとにその都度車両開発するのではなく，複数セグメントに投入する車種を一括企画した上で，ブランドをまたいで複数の車種群に適用される設計ルール（ビークルアーキテクチャ）を定義した

うえ，あらかじめ開発したモジュールの組み合わせにより，多様な車種を少ない開発工数で創出することを意図するものである。すなわち，先行開発の段階で，車両システム全体をエンジンやシャシー，ボディなどの要素に切り分けていき，それらのバリエーションもあらかじめ開発している。このように，様々な車両の設計に利用できる設計要素としてモジュールを定義しているのである。

MQB が従来の部品共通化と異なるのは，実際にどの程度実現できるかは別として，意図としては，車両システムの上位の階層から下位の階層へとトップダウン的（図 2-5 の垂直方向）に共通化を進めようとしている点である。それに対して，従来の部品共通化は，既存の部品構成や生産プロセス（図 2-5 の水平方向）を起点としてボトムアップ的に共通化が図られてきたといえる。

5.2. 車種バリエーション創出の柔軟性

MQB においては，個別車種開発の柔軟性は，細かい粒度で定義されたモジュールの多様な組み合わせにより実現される。約 500 種類ものベースモジュールについて，スタンダードやコンフォート，スポーティーといったバリエーションが設けられており，これらを積み木のように組み合わせることで，多様な車種を派生させる手法をとっている。

各モジュールは，車両設計側からはブラックボックスとなっており，モジュールそのものを開発車種に合わせて設計変更することは許されていない。車両設計から見えているのは，モジュール・マトリックスにどのようなモジュールが用意されており，そのインタフェースがどのようになっているかである。このモジュール・マトリックスとインタフェース・ルールが，Baldwin & Clark（2000）の言うところの可視情報（visible information）であり，モジュールの中身は隠された情報（hidden information）となっている。それにより，車両開発エンジニアが車種最適化のために部品仕様を際限なく増やしていくことを抑制している。

このようにモジュールの内部構造自体は固定的であることから，車種開発の柔軟性は，組み合わせ可能なモジュールの細かさに依存する。モジュール

の粒度が細かくなればなるほど，その組み合わせ可能性も広がるからである。一方で，モジュールを細かな粒度に切り分けるほど，クルマを構成する機能システムとの断面も増えることになる。そのため，先行開発段階におけるモジュール間のインタフェース設計には，非常に高度で膨大な検証作業が求められることになる。従来の車種ごとの都度開発における設計最適化が事後擦り合わせだとすると，MQB は先行開発段階において非常に高度な事前擦り合わせを図っているといえる。

こうした事前擦り合わせにより，組み合わせのできるモジュールとできないモジュールもあらかじめ定義されている。例えば，シートポジションは，本章第 2 節で説明したように，セダン，SUV，スポーティーの 3 種類あるが，そのいずれかを選択すれば，組み合わせ可能なステアリング・モジュールやペダル・モジュールも特定のタイプに限定されることになる。こうしたルール化により，ベースモジュールを組み合わせた状態における基本的な機能性を保証することができる。車種開発の段階では，商品としての全体のまとまりの検証に注力でき，モジュールレベルでの検証の手間をかけずに済む仕組みとしているのである。

5.3. 長期一括企画の功罪

このように柔軟な車種開発を可能とするためには，多様な車種に適用可能な設計ルール（ビークルアーキテクチャ）が長期にわたり安定していなければならない。そのために，MQB は，VW グループの乗用車ブランド（VW，Audi，Skoda，SEAT）が今後 10 年にわたり投入する車種を一括企画している。

長期にわたる市場ニーズの予測に基づき技術ロードマップを作成するとともに，VW グループの考える将来像へとサプライヤーを巻き込み，いわば自己成就的予言となるような戦略的な取り組みもしている（長島，2013）。

しかし，およそ 10 年にもわたる長期一括企画にはリスクも伴う。MQB が想定していなかったような大きな市場ニーズの変化や技術動向の変化が生じると，膨大な開発工数と時間をかけて開発した MQB が埋没原価と化す恐れがあるためである。

第 2 章　モジュラー化第 2 の波：フォルクスワーゲン MQB　　*63*

　2015 年 9 月に発覚した VW 社によるディーゼル車の排ガス不正問題は，そのような深刻なリスク要因となった（目代，2015）。この排ガス不正は，ディフィート・デバイス（無効化装置）と呼ばれる車載ソフトウェアが車両の走行状態を判断し，試験走行時と通常走行時でエンジンや排ガス処理システムなどの機能を切り替えるというものであった。米国では，このようなディフィート・デバイスの搭載は禁じられており，米環境保護庁（EPA）が摘発した。VW 社には制裁金や罰金として計 43 億米ドル（約 5,000 億円）が科されるとともに，不正に関与した幹部が起訴されるに至った。さらに，車両所有者への補償や買戻しのために約 170 億米ドルを支払うことでも合意しており[10]，大きな代償を支払うこととなった。

　VW 社は，当面はクリーンディーゼルやダウンサイジングターボを環境対応車の主力とし，中長期的にはプラグインハイブリッド車（PHEV）や電気自動車（EV）などの電動化車両に徐々にシフトする戦略であった。このことは MQB にも織り込まれており，多様なパワーユニットが統一されたインタフェースで搭載可能な設計構造としていた。

　しかし，ディーゼル車排ガス不正問題を受け，VW 社は PHEV や EV への転換を大幅に前倒しする方針に切り替えた。MQB は，電動化車両を想定していたとはいえ，ディーゼルエンジン車やガソリンエンジン車が中心であり，必ずしも PHEV や EV に最適な製品アーキテクチャとは言い難い。そこで VW 社は，新たに電動化車両専用のアーキテクチャを開発する決定を下した。それが MEB（独語 Modularen Elektrifizierungs-baukasten，英語 Modular Electric Drive Kit）である。車両の床下全面にリチウムイオン電池を敷き詰める構造とし，電動走行の航続距離の延長と室内空間の拡大を図っている。さらに，すでに大規模な投資を行っている MQB ベースの車種と混流生産することを目指している模様である。今後 MEB により 2025 年までに電気自動車を約 30 モデル市場投入し，総売上に占める電動車両の比率を 20〜25% にまで高める目標を掲げている[11]。

6. サプライヤーへの影響

　MQB は，サプライヤーシステムにも影響を及ぼす。従来，部品サプライヤーは，新型車の開発段階で開発コンペなどを通じて選定され，部品開発と量産を担うのが通例であった。しかし，モジュールが新車開発に先立って開発され，かつ複数の車種にまたがって共通利用されるようになると，車種ごとにサプライヤーを選定する必要がなくなる。サプライヤーは，車種ごとに選ぶのではなく，モジュールごとに選ぶことになる。そうなるとサプライヤーは，ある車種で失注しても，別の車種で挽回するという機会を失うことになりかねない。また，MQB ベースの車種は，VW グループの世界中の生産拠点で統一的な方法（MPB）で生産されることから，サプライヤーにはグローバルな供給能力も求められる。

　このようにモジュラー化第 2 の波は，サプライヤーの選別を強め，メガサプライヤー独り勝ちを促す可能性がある。しかし，必ずしもメガサプライヤー一辺倒になるとも限らない。自動車メーカーによる外注先の決定は，モジュール化以外にも部品調達の安定性や安全性，グローバルオペレーションへの対応など様々な要因を加味して行われるためである。

　第 1 に，新たなモジュラー型アーキテクチャの形成期には，部品システムへの造詣が深く，かつ多少無理の利くサプライヤーが選ばれる傾向がある。例えば，VW MQB では欧州系のサプライヤーが，トヨタ TNGA では系列サプライヤーが立ち上げ期のパートナーとして選ばれている。これは製品アーキテクチャの形成期には，システムの将来像や設計ルールの策定に多くの不確実性が伴うために，取引経験の長いサプライヤーのほうが融通が利きやすいためと考えられる。ひとたび製品アーキテクチャが確立すれば，部品自体の品質やコスト，納入信頼性の優れたサプライヤーが系列にかかわらずセカンドソースとして選ばれる可能性が高まる。

　第 2 に，モジュール設計の影響は，個別車種の個性にかかわる内外装系とクルマの骨格やパワートレインといった共通性の高い領域とで違いがある。筆者が行ったインタビュー調査でも，内外装系では日欧のサプライヤーとも

設計モジュール化の影響はほとんどないと回答した企業が多い。一方，顧客の目に見えない部分はできる限り共通化を進めていく方向にある。例えば，MQB では，Golf 7 のエンジン搭載のバリエーションは，Golf 6 に比べ88％も削減された。それにより，エンジン補器類やコックピット回りの部品種類は大幅に削減されると予測される。種類が多いゆえに，調達先が分かれていたような部品は，共通化に伴い発注先の選別が進む可能性がある。

　第 3 に，部品の共通化は，部品の生産規模を大きくするが，必ずしも独占発注につながるわけではない。共通部品とはいえ，一つの生産ラインあるいは生産拠点における生産能力にはおのずと物理的な限界があり，すべての部品需要を賄えないためである。また，規模の経済を享受するためには，特定拠点での集中生産が望ましいが，逆に物流距離や納入リードタイムは長くなる。一社発注によるサプライチェーン途絶のリスクもある。集中発注・集中生産のメリットと物流コストの上昇とを勘案して，リージョナルに発注先を使い分ける可能性が高いと考えられる。

おわりに

　VW グループは MQB を通じて，乗用車における製品アーキテクチャのモジュラー化に先鞭をつけた。車種群全体に適用される設計ルール（ビークルアーキテクチャ）を定めたうえで，モジュール群をあらかじめ設計し，車両開発の段階ではモジュールを組み合わせることにより，車両設計の約 6 割を構成する体制とした。それによる開発体制や調達への影響はすでに本章で述べた。

　MQB は，現在進行中の取り組みであり，最終的な評価にはなお時間を要する。MQB の成否を判断するうえで考慮すべき要因には以下のものがある。第 1 に，開発コスト低減や開発リードタイム短縮の効果である。これは MQB の直接的効果といえる。

　第 2 に，MQB ベース車の商品力の評価である。いかに開発が効率化されようとも，その結果生み出される商品に魅力がなければ意味がない。乗用車

の製品アーキテクチャが統合型とされてきたのも，3万点にも上る部品群を最適設計しなければ顧客の求める運動性能，快適性，安全性，燃費を実現できないと考えられてきたためである（MacDuffie and Fujimoto, 2010）。VW社は，MQBベース車のGolf 7で2013-14日本カー・オブ・ザ・イヤーを，Passatが2015 European Car of the Yearを受賞するなど，商品力においても競争力を示している。これが，特定の車種のみに該当するのかMQBベースの車種全体にもみられる特徴なのか検証が必要である。

　第3に，MQBのもつ戦略的柔軟性の評価が必要である。モジュラー型アーキテクチャはある種のリアルオプションとなる（Baldwin and Clark, 2000）。市場において新たに有望な顧客セグメントが発見された際，一から製品を開発するのではなく，あらかじめ用意されたモジュールの組み合わせにより素早く車両開発を行うことができれば，市場不確実性を最小化しつつ，利益機会を現実化できる。これは，MQBによる個別の車種の開発効率の向上に留まらず，MQBが全体としてもたらす戦略的特性であり，さらなる研究が求められる。

注
1）VW社ニュースリリース（2012年2月1日）http://www.volkswagenag.com/content/vwcorp/info_center/en/themes/2012/02/MQB.html, accessed 2012/12/15
2）このコンセプト自体は，以前から小出しに提示されていた。例えば，"VOLKSWAGEN AG Strategy Meeting: Status Report"（2005年8月24日）で，Product Strategyの一環としてMQBにつながるModular Strategyのコンセプトがすでに開示されている。
3）この段落の記述は，Hackenberg氏の講演による（2016年9月13日，東京大学ものづくり経営研究センター）。
4）MQBの効果に関する記述は，VW社資料"Volkswagen: Driving Forward"（2011年5月19日），http://www.volkswagenag.com/content/vwcorp/info_center/en/talks_and_presentations/2011/05/PPT_FFM.bin.html/binarystorageitem/file/Deutsche+Bank+Presentation+Handout.pdf（accessed 2011/11/16）および『日経Automotive Technology』（2012年7月号），p. 57による。
5）Ulrich Hackenberg氏の講演（2016年9月13日，東京大学ものづくり経営研究センター）より。
6）同上。
7）VW社資料"Volkswagen Golf VII: Launch of a new era"（2012年10月8日）http://

第 2 章　モジュラー化第 2 の波：フォルクスワーゲン MQB　　67

www.volkswagenag.com/content/vwcorp/info_center/de/talks_and_presentations/2012/10/
Volkswagen_Golf7_Launch.bin.html/binarystorageitem/file/2012-10-08+Golf+VII_
Presentation_Website.pdf, accessed 2012/12/15

8 ）同上。

9 ）"VIAVISION," No. 2, 2012 および VW 社インタビュー（2012 年 12 月 11 日）による。

10）「5,000 億円で和解，VW 不正，幹部 6 人起訴」時事（2017 年 1 月 12 日）

11）VW 社資料 "Goldman Sachs 8th Annual Global Automotive Conference"（2016 年 12 月 9 日）https://www.volkswagenag.com/presence/investorrelation/publications/presentations/2016/12-december/Final%20Handout%20GS.pdf, accessed 2017/02/19

参考文献

Baldwin, C. Y. and Clark, K. B.（2000）. *Design rules: The power of modularity*. Cambridge, MA: MIT Press.

岩城富士大（2003）「自動車業界におけるモジュール化の現状とマツダの機能統合型モジュールへの取り組み：VE と軽量化を目指して」『バリュー・エンジニアリング』215, 1-7.

岩城富士大，目代武史（2007）「自動車産業におけるモジュール戦略の成果と課題：欧米を中心とした比較研究」『赤門マネジメント・レビュー』6（12），611-654.

MacDuffie, J. P. and Fujimoto, T.（2010）. "Why dinosaurs will keep ruling the Auto industry." *Harvard Business Review*, 88（6），23-25.

目代武史（2015）「視点　VW 排ガス不正問題が加速させる車両電動化」『日本物流新聞』2015 年 10 月 10 日号。

目代武史，岩城富士大（2013）「新たな車両開発アプローチの模索：VW MQB，日産 CMF，マツダ CA，トヨタ TNGA」『赤門マネジメント・レビュー』12（9），613-652.

長島聡（2013）「欧州 OEM のモジュール戦略」『自動車技術』67（9），14–20.

大鹿隆（2015）「グローバル製品・市場戦略論：日本自動車産業のケース研究（5）世界自動車企業のプラットフォーム生産性」東京大学ものづくり経営研究センター Discussion paper, No. 474.

Wilhelm, B.（1997）. Platform and modular concepts at Volkswagen: Their effects on the assembly process. In K. Shimokawa, U. Jurgens, & T. Fujimoto（Eds.）, *Transforming automobile assembly: Experience in automation and work organization*. Berlin, Germany: Springer.

第 3 章
日本の自動車産業におけるモジュラー化第 2 の波

目代　武史

はじめに

　第 1 章で論じたように，モジュラー化第 1 の波は，生産や調達の最適化を目指して，運転席周りやラジエータ回り，ドア周りなどの部品群をひとまとまりのユニットとしてあらかじめ組み立てるモジュール生産方式であった。日本の自動車メーカーでは，日産とマツダが積極的にモジュール生産に取り組んだ[1]。

　例えば，日産はコックピットモジュールやフロントエンドモジュール，ドアモジュール，ルーフモジュールなどを導入し，その組み立てをカルソニックカンセイなどのサプライヤーに外注した。カルソニックカンセイは，日産の完成車工場内にモジュール組立スペースを確保し，日産の生産計画に応じてモジュールを組み立て，最終組立ラインにジャストインタイムに順序納入を行った。いわゆる構内外注方式である。マツダも日産と同様の生産モジュールを導入したが，モジュールの組み立ては自社で行った。マツダの場合，モジュール構造の最適化を重視し，モジュールを構成する部品の統廃合を通じて，部品点数の削減や軽量化，組立工数の削減を図った。

　こうしたモジュラー化第 1 の波は，基本的にボトムアップ的な発想に基づいている。すなわち，車種設計の製品アーキテクチャを変更しない範囲で，生産や調達における部品のまとめ方や組み立て方，発注の単位を「モジュール」として括りなおすことで，効率化を図ろうというものであった。マツダの機能統合モジュールのように，設計変更によりモジュール構造の最適化を

図る例はあるが，あくまでも製品の設計階層の下位レベルにおける局所的な最適化といえる。

しかし，車種展開の多様化，安全性能および環境性能，快適性能の高度化にともなう開発費の高騰，開発リソースの逼迫，価格競争力を高めるためのコスト低減といった複合的な課題の解決に向けて，より源流に遡ったレベルの対応が求められるようになった。それがモジュラー化第2の波の引き金となった。詳細については後述するが，モジュラー化第2の波では，複数の車種をまたいで適用される設計ルールを定めたうえで，多様な車種に利用可能な設計モジュールをあらかじめ開発し，モジュールの組み合わせを変えることで多様な車種の開発を可能にするものである。モジュラー化第1の波が，生産や調達を起点としてボトムアップ的にモジュールをまとめていったのに対し，モジュラー化第2の波では，製品アーキテクチャのレベルからトップダウン的にモジュールを開発していく点に違いがある。

モジュラー化第2の波に対しては，欧州ではVWがいち早く取り組みを始めたが，日本においてもほぼ同時期に対応を始めている。それが日産コモンモジュールファミリーとマツダ・コモンアーキテクチャ構想である。

日産は2012年2月に，コモンモジュールファミリー（CMF: Common Module Family）を発表した[2]。日産CMFは，車両を4つの物理的な部位とひとつの電気／電子的な部位に分け，それぞれに2から3のバリエーションをあらかじめ設定し，その組み合わせを変えることで多様な車種を開発しようというものである。この取り組みは，提携パートナーである仏ルノーとも共同展開することとなった。

マツダの「コモンアーキテクチャ構想」（CA構想）は，2006年から同社が全社的に取り組み始めた「モノ造り革新」活動の柱の一つで，車格やセグメントを超えて共通な設計思想に基づく車両開発戦略である。これは必ずしも部品の共通化にこだわらず，設計思想の共通化により車種の多様化と開発の効率化を図ろうとするものである。

欧州におけるモジュラー化第2の波については，すでに第2章でVW MQBの事例を詳細に検討した。そこで本章では，日本側の取り組みとして，ルノー＝日産のCMFおよびマツダのCA構想について説明し，日欧各

第3章　日本の自動車産業におけるモジュラー化第2の波　　*71*

社の戦略の共通点と相違点について考察を行う。

1. ルノー＝日産 CMF

1.1. コモンモジュールファミリー以前

　日産は，ルノーの支援のもと経営再建を図るべく，多大な開発コストのかかるプラットフォームの整理統合を図ってきた[3]。日産においてプラットフォームは，車体から上屋と呼ぶ上部の構造を除いたアンダーボディをさす[4]。具体的には，エンジンコンパートメントやストラットハウジング，サイドメンバーからフロアにかけての部分，さらにはサスペンションメンバーやサスペンション，アクスル，ブレーキ，タイヤ，燃料タンクまでの一連の部品からなる構造体をプラットフォームと位置付けている。

　日産は，2010年代初めまでに，プラットフォームをV，B，C，D，FR-L，PM，F-Alpha の7つに集約するとともに，ルノーとの共用化を進めた。これらのプラットフォームは，コンパクトカーやサブコンパクトカー，後輪駆動車など製品市場の各セグメントに対応しており，各プラットフォームをベースに多様な車種を効率よく開発することが目指された。

　1つのプラットフォームが幅広い車種群をカバーするほど，部品の共通化が進むことが期待される。例えば，中型車を対象とするCプラットフォームは，比較的重量の軽いハッチバックから重量が重いミニバンやSUVまでをカバーする。衝突時の荷重は，車重に大きく影響を受けることから，共通プラットフォームは重い車種に合わせて設計されることになる。しかし，走行性能や燃費のためには車重は軽いほうが望ましい。とくにハッチバックやセダンでは，ミニバンやSUVに合わせたプラットフォームでは重すぎるため，商品性を確保するために，軽量な部品を再設計する必要も出てきた。結果的に，部品種類数が増え，共通化が期待したほど進まず，コスト削減の効果は限定的になった。

　こうした反省から開発されたのが，コモンモジュールファミリーであった。

1.2. コモンモジュールファミリーの導入

2012年2月,日産は大型車の開発に適用されるCMF-C/Dを発表した[5]。その後,2013年6月に小型車を対象とするCMF-Aを発表した[6]。中型車よりも一回り小さい車種向けには,CMF-Bの開発が進められている。

CMFは,車両を大きく4つの物理的領域に分割し,さらに電気・電子領域をE/Eアーキテクチャとして1つのまとまりとし,これらの組み合わせにより多様な車種を柔軟に開発する設計戦略である。図3-1に示すように,4つの物理的領域は,エンジンコンパートメント,コックピット,フロントアンダーボディ,リアアンダーボディからなり,それぞれ2から3のバリエーションを持たせている。これらはビッグモジュールと呼ばれ,その組み合わせを変えることで,理論上54種類（2×3×3×3）の車型を創出することができる。

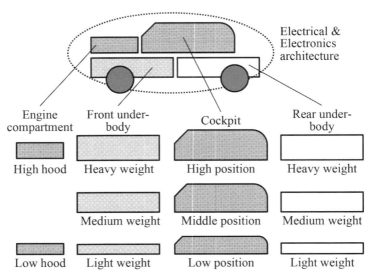

図3-1 日産CMFの概念図
（出所）日産ニュースリリース「日産自動車,新世代車両設計技術である「日産CMF」(4+1 Big module concept) を導入」(2012年2月27日発表) を基に筆者作成。

各ビッグモジュールには，車両を構成する基本的な機能が割り当てられている。エンジンコンパートメントは，エンジンの搭載位置やフード高などを決め，コックピットは座席の位置などを定義する。フロントアンダーボディは，車両の重量や衝突安全性に関わっており，リアアンダーボディは車両の動性能や車型に対応する。

　物理的領域を担うビッグモジュールは，適用対象とする車種群を柔軟にカバーするために，あらかじめ軽い車種用，重い車種用，中間の車種用など複数のバリエーションが設けられている。これらのバリエーションは，ビッグモジュールのレイアウトの共通化や構成部品の共用化を促進する手段として定義される開発管理単位となっている。各バリエーションの内部には，これを採用するすべての車種が守るべき固定部分と車種によって変化させてもよい可変部がある[7]。固定部は，軽／中間／重のようにバリエーションの分かれる設計パラメータを定義するもので，例えば，ある車種である寸法以上のリアアンダーボディが必要ならば，一つ上のバリエーションを選択することになる。ビッグモジュールのバリエーションは，一見，軽／中間／重といった具合に離散的に定義されているように見えるが，バリエーション内で統一される固定部分と車種によって変えることのできる可変部分を含むことにより，一定の柔軟性を持たせている。言い換えると，各ビッグモジュールは，設計ルールを定めたものであり，実際の図面は，個別車種の設計段階においてはじめて生み出される。

　また，車両の骨格が2から3のバリエーションに整理されることで，これに組み付けるユニットや部品群の共通化も進めやすくなる。例えば，空調ユニットは，温度調節すべき室内空間の大きさやエンジン出力などの関係で，同じプラットフォーム内でも複数の種類が開発されてきた。それがCMFでは，空調ユニットを従来のプラットフォームを超えて，類似した車重の車種で括り直すことにより，従来の6種類から4種類に削減することができた。

　ユニットや部品についても，車種にかかわらず共通とする固定部分と車種によって取り付け寸法などの異なる可変部分とに切り分けを行っている。これにより，部品を共用化できる，できないといった二者択一になることを避け，より柔軟に部品の共用化を進められるように工夫されている。それによ

り部品共用化の適用範囲は，従来の 40% から CMF では 80% にまで拡大したとしている[8]。

　ルノー＝日産は，CMF ベースの車種を 2013 年から 2020 年までの間に段階的に導入していき，2020 年には全体の 70% の車両が CMF ベースになるとしている[9]。まずは，小型車と大型車から導入をはじめ，14 モデル（ルノーグループ 11 モデル，日産 3 モデル）で年間 160 万台の車両を販売する予定である。CMF-C/D ベースの車種は，すでに 2013 年にローグ（北米），エクストレイル（日本），2014 年にキャシュカイ（欧州）が発売されている。また，ルノーからは 2015 年以降，エスパス，セニック，ラグナの後継車種が発売される予定である。新興国向けの小型車を対象とする CMF-A は，2013 年に開発が開始され，2015 年にルノー＝日産の合弁工場であるインドのチェンナイ工場で量産が開始された。さらに，中型車向けの CMF-B は，現在開発が進行中で，対象車種の発売時期は現時点では公開されていない[10]。CMF による効果は，ルノー＝日産全体で，車両開発と工程開発に必要なエントリーコストは 30〜40% の削減，部品コストは 20〜30% 削減されることが見込まれている。

1.3. 生産・サプライチェーンとの関係

　CMF の開発段階において，生産要件は当然織り込まれている。しかし，日産によると，CMF によって既存の生産システムを大きく変えることはないとしている[11]。これは，ルノーと日産がそれぞれ 16ヵ国 37 拠点，14ヵ国 26 拠点の生産工場を有しており[12]，これらの既存資産をできる限り有効に活用するためである[13]。

　一方，CMF を機に共通化される部品の生産規模は飛躍的に大きくなり，サプライヤーへの発注のあり方も大きく影響を受けると考えられる。例えば，シートフレームは，CMF を通じて種類を削減し，日産車とルノー車の両方をカバーできるようにした。それにより従来 1 タイプで 8〜10 万台程度の生産規模が，一気に 370 万台にまで拡大するとしている[14]。

　もともとルノーと日産は，共同購買組織 RNPO（Renault-Nissan Purchasing Organization）を 2001 年 4 月に立ち上げており，部品のグローバル調達には

熱心であった。CMF の導入により，従来の個別車種ごとの部品購入から，車種群単位での部品開発・部品調達とすることにより，部品発注の単位を飛躍的に大きくすることが可能になった。その結果，1 次サプライヤーには，これまで以上の部品開発能力に加え，ルノーと日産の両方の生産拠点に部品を供給できる生産能力あるいは生産拠点展開が求められるようになった。

　ただし，必ずしも部品調達がグローバル調達一辺倒になるとは限らない。一つには，同じ部品であっても，どの素材でどのように加工するのがよいのかは，地域により得手不得手があるためである。一般に，欧州では樹脂素材の価格が安く，樹脂成型技術に優れたサプライヤーも多い。一方，日本では板金加工に秀でたサプライヤーが多く，金属加工で生産した方がコストも品質も有利になるケースが多い。もう一つの要因は，調達・生産の集中化による物流コストの増大とリスク上昇の問題である。こうしたことから，単純にグローバルに共通化し，集中購買するばかりでなく，リージョナルな調達に留める可能性も考えられ，この点についてはルノー＝日産グループ内で検討が続いている。

1.4. コモンモジュールファミリーの実現過程
　CMF は，従来のプラットフォームベースの開発を改め，プラットフォームを跨いだ部品の共用化やビッグモジュールの柔軟な組み合わせを可能にする取り組みであったことから，その実現にはこれまでにない大がかりな開発作業が必要になった。

　CMF 実現に向けた取り組みが始まったのは，2009 年半ばからであった[15]。まず，車両計画や車体，電子，部品設計などの関係部署が集まって，プロジェクトの事務局が立ち上げられた。ビッグモジュールの構成とモジュール間のインタフェースに関する構想を事務局が示した。ビッグモジュールごとにモジュール長が任命され，各モジュール長はレイアウトやインタフェースの策定に取り組んだ。CMF は，ビッグモジュールの組み合わせにより柔軟に車種を生み出すコンセプトであるため，組み合わせた後の車両としての統一性も保証する必要がある。車両としての目標性能を設定し，ビッグモジュール間のインタフェースの境界条件や合成条件などをどのよう

に設定すれば，モジュール間の干渉が抑制され，初期の目標性能が達成されるかシミュレーション技術を活用しながら解析していった。

これと並行して，部品の共通化案の検討も進められた。プロジェクトの事務局が中心となり，部品の共通化を阻む原因について各部門の担当エンジニアへ聞き取り調査が行われた。プロジェクトが始まった2009年5月から同年11月までに約850件の課題が抽出された。この問題を解くために形成されたのがUSFT（Upstream Functional Team）であった。1つのUSFTは約20名のメンバーで構成され，76のUSFTが組織された。

部品共通化を阻む課題は，部品そのものの技術的要因ばかりでなく，車両の基本構成や市場要件などといったより上位の問題も関わってくる。そこで，これらの問題を調整するために，JSC（Joint Steering Committee）が組織された。JSCは，問題領域に応じて，部品そのものに関する課題を担当するJSC #1，メカニカルアーキテクチャに関する課題を担うJSC #2，電気・電子アーキテクチャに関する課題を扱うJSC #3，市場要件や商品要件に関する課題を管轄するJSC #4に分けられた。JSCは，ルノー側と日産側からそれぞれ3名の部長クラスが参画し，部品レベルでは解決のできない車両レイアウトやテクニカルポリシーの統一，市場要件の整理などを行った。このJSCとUSFTが相互に問題解決の調整を行うことで，2010年末までには部品共通化を阻む要因が解消されていった。これにより，CMFの設計ルールが確立され，実際の車種開発を始める態勢が整えられたのである。

2. マツダ・コモンアーキテクチャ構想

2.1. コモンアーキテクチャ以前
マツダは，もともとモデル数が少なく，1セグメントに1～2車種程度であった。プラットフォームの考え方は存在したが，ある製品市場セグメント内で同じホイールベースをもつセダンやワゴン，クーペなどの異なる車型を生み出すためのベースという位置づけであった。あるいは，既存のプラットフォームを後ろに伸ばして派生車種を開発するケースもあった。前者の例と

しては，デミオとプラットフォームを共有するベリーサがあり[16]，後者の例としてアクセラのプラットフォームを延長して開発されたプレマシーがある[17]。マツダにおける車種間でのプラットフォーム共通化に関しては，フォードやボルボカーとの共同開発も行われた。例えば，中型車カペラのプラットフォームは，フォードのモンデオに応用され，一定の成功を収めた。また，アクセラのプラットフォームは，欧州フォードのフォーカス，ボルボカーのS40と共通であった[18]。

　しかし，安全規制や環境性能の達成に向けた開発負荷が増大するなか，100万台強の少ない販売台数のもと，セグメントごとにプラットフォームを開発する手法は限界を迎えつつあった。小規模メーカーとして商品力を向上しつつ，コストを合理的に抑える必要があった。ただし，単純な部品共通化の追求は，個別の車種にとっては必ずしも最適な部品とならないため，商品力の低下を招きかねない。1セグメント1車種という製品構成のマツダとしては，1車種でも失敗すれば，経営全体が傾く恐れがあった。過去マツダは，1990年代に5チャンネル戦略で多くの派生車を開発したが，個々の車種に商品力がなく失敗したとの反省もあった。また，2000年代に入り徐々にフォードとの関係が薄れつつある中，独自の製品開発路線を追求する必要も生じつつあった。

　こうしたことから，部品そのものの共通化ではなく，設計思想や生産思想といった考え方の共通化をより系統立って追求する方向が目指されるようになった。

2.2. コモンアーキテクチャ構想の導入

　CA構想は，マツダが2006年から取り組んでいる「モノ造り革新」の二本柱の一つである。モノ造り革新は，(1)多様化する顧客ニーズに応える柔軟性と(2)規模の経済を実現するための共通化の2つを両立することを目指した取り組みである。その設計領域での柱がCA構想であり，生産領域の柱となるのがフレキシブル生産構想である。

　CA構想は，車格やセグメントを超えて共有された設計思想に基づき，多様な車種を開発する開発アプローチである。CA構想は，10年先までに市場

投入する商品群を計画する一括企画，車種を超えて適用する一貫した設計思想，それを具現化した標準構造からなる。具体的には，車両を構成する主な領域ごとに，車種を超えて共有する設計思想を定めたうえで，目標とする機能・性能水準を達成する標準構造を開発していく。そして，この共通の設計思想と標準構造を，異なる車種に相似形で転写していくことで，個々の車種を開発していくのである。

　設計思想は，パワートレイン（エンジン＋トランスミッション），ボディ構造，シャシー，トップハット（客室やサイドボディ，ルーフなどの上屋部分）ごとに定められた。設計思想を具現化する標準構造は，車種を超えて共通とする固定要素と車種により変えることができる可変要素とに切り分けられ，それぞれ設計パラメータが定義されていった。可変要素も自由に図面を起こすのではなく，一定の設計ルールに基づき設定されたパラメータを変化させることで，車種ごとの違いを生むようにされている。

　例えば，ボディ構造領域では，衝突コンセプトを車種を超えて共通化する最上位の設計思想としている。従来は，セダンやSUVなどの車格により異なる衝突コンセプトのもと，異なる骨格構造が採用されていた。そのため，車種ごとに衝突安全の検証が必要であった。また，生産条件にもばらつきが生じるため，生産設備や生産プロセスの共通化を阻害する要因となっていた。

　そこでCA構想では，衝突コンセプトを車格を超えて統一し，ストレートなボディ骨格，ボディ骨格の連続構造，マルチロードパス構造，加工方法などを固定要素として定義した。この設計思想に基づいたボディ構造は，CA構想のもと最初に導入される中型車（C/Dクラスセダン）の開発時に設計された。これを標準構造として，後続の車種に相似形に転写することで異なる車格の車種を開発していった。車格によりボディ寸法は異なるため，オーバーハングや床の高さ，ホイールベース，板厚などは可変要素として，車種ごとに最適化することとした。

　また，車両を構成する機能要素は，コモディティと呼ばれる単位で管理される。コモディティは，開発が自己完結する機能の単位で，各コモディティは標準化され入れ替え可能な部品群からなり，周辺部品とのインタフェース

も標準化するとしている。これまでに空調システムやコックピットなど約100個のコモディティが定義されており，それぞれ独自のサイクル（コモディティ・サイクル・プラン）で開発を進める形とした。

　これにより，開発体制も変化した。車種ごとに車両設計と工程設計を行う従来のやり方に代わり，一括企画に基づいて，いったん統一的な設計思想と標準構造を開発したうえで，これを相似形に複数の車種群に展開するプロセスに改められた。開発組織は，一括企画のもと，CA 軸と商品軸が交差するマトリックス組織となった。車両領域ごとにパワートレイン主査やプラットフォーム主査，トップハット主査といった具合にユニット主査が任命され，コモンアーキテクチャの構築や改良，一貫性の確保を担っている。一方，商品軸では，車種ごとに，CX-5 主査やアテンザ主査，アクセラ主査のように商品主査が指名され，個別車種ごとの商品力の実現に責任を負っている。ここで例えば，ある車種の開発において，設計上の不具合が生じた場合，従来であれば当該車種の枠内で問題解決が図られたが，CA 体制になってからは，他の車種との整合性も加味したうえで問題解決が図られるようになった。

　マツダはすでに，CA 構想に基づいて，2012 年 2 月にクロスオーバーSUVの CX-5 を，2012 年 11 月には中型セダンのアテンザ，2013 年 11 月にはサブコンパクトカーのアクセラ，2014 年 9 月に小型車のデミオを市場投入している。2015 年には，小型クロスオーバーSUV の CX-3 が発売され，これで CA 構想に基づいて開発される車種は一巡した。

2.3. 生産・サプライチェーンとの関係

　マツダの CA 構想は，部品そのものの共通化を目指さないために，そのままでは部品種類の増加，部品当たり生産個数の減少，生産段取り替えの増加などにより，生産効率を低下させる恐れがある。そのため，生産との連携がこれまで以上に求められた。

　フレキシブル生産構想は，マツダのモノ造り革新のもう 1 つの柱であり，CA 構想とは不可分の関係にある。フレキシブル生産構想とは，生産車種の切り替えと生産量の変化に柔軟に短期間で，かつ高効率に対応することを目

指す生産方式である[19]。フレキシブル生産構想も，CA 構想と同様に，生産領域ごとに統一した生産思想による一括企画を図り，車種が異なっても同じ扱いができるように加工方法や生産ラインを同体質化するものである。具体的には，生産領域ごとに統一的な工程設計思想を掲げ，これを具現化する標準生産工程を開発していく。この標準生産工程は，車種にかかわらず共通とする汎用要素と車種に固有な専用要素を定義している。とくに，加工や組立では汎用化を追求する一方，車種に固有な形状や素材になるのが自然な部品領域は，専用要素とする生産体制を目指した。

　フレキシブル生産の実現は，CA の実現と同時並行で進められた。例えば，混流生産の実現のためには，生産の段取り替えの必要性を極力少なくすることが重要になる。そこで，CA 構想の側で，加工標準を固定要素として定めることで，車種により部品形状などが異なっていても，生産段階で同じハンドリング，同じ設備，同じ生産順序が適用できるようにした。

　例えば，エンジン生産工程では，シリンダーヘッドやシリンダーブロックの加工を専用のトランスファーマシンではなく，汎用のマシニングセンターで行うようにした。エンジンタイプにより，ボア径やボアピッチ，クランク穴径などの主要寸法は異なるが，加工の基準点を統一するとともに，エンジンの基本構造を共通とすることで，ガソリンエンジン（総排気量 1.5L，2.0L，2.5L）やディーゼルエンジン（同 1.5L，2.2L）を同じラインで生産できるようにした。これにより，シリンダーブロックの加工ラインは，従来45 の工程があったが，フレキシブル生産では 4 工程に集約された。

　同様の取り組みは，マツダ向け部品専用の生産ラインを持つサプライヤーにも展開されている。フレキシブル生産構想に基づき，サプライヤーにおいてもまず理想の生産工程が構想され，それを実現する生産ラインの開発がすすめられた。その結果，メータークラスターを生産するサプライヤーでは，マツダ向けの全ての製品が 1 種類のラインで組立できるようになった。サプライヤーにおいては，最初の車種の立ち上げ時に，生産設計思想と標準生産工程を開発する必要があるが，後続車種向けの部品については，工程開発工数と投資が大幅に省略でき，大きな成果を上げている。現在，空調ユニットや天井など 29 社 36 品目を対象にフレキシブル生産構想の実現が進められて

いる。

2.4. CA 構想の実現過程

　CA 構想に向けた検討は，2004 年から設計企画部門を中心に始められた。マツダは，90 年代における販売チャネル拡大により開発工数がひっ迫し，個々の車種の商品力低下を招いた苦い経験があった。限られた販売台数のもと，部品の共通化を進めて規模の経済を追求しても，商品力の低下を招いては結局失敗するとの反省があった。部品の共通化ではなく，考え方の共通化を目指す方向性は，この時期に定められた。

　また，企画〜開発〜生産までの流れの中で，もっとも効果的な共通化は何か検討された。従来から長期的な商品企画は存在したが，商品仕様が定まるのは量産の直前であった。発売までの期間が短いほど，市場ニーズを商品に反映させる精度が高まるからである。しかし，これでは部品種類の増加や生産条件の不統一を生むため，より合理的な企画の在り方が模索された。その結果，一括企画の考え方が固められていった。例えば，寸法の標準化は，デザインを制約してしまうために，一定のレンジを持って企画する方針がとられた。そこから，固定要素と変動要素を切り分けていく構想につながっていった。

　こうした約 1 年半の検討期間を経て，2006 年に CA 構想のプロジェクトが立ち上げられた。CA 構想実現に向けて，次のような推進体制がとられた。まず，CA 構想の全体に責任を負う統括リーダーが任命され，その下に設計企画，コスト，開発（設計，実験），デザイン，生産，購買の本部長が参謀として参画した。さらに，CA 実現の実務を担うユニット主査がまずプラットフォームについて任命された。その後，パワートレインとトップハットについてもユニット主査が任命された。各ユニット主査には，実務レベルの専任者を 30〜40 人貼り付け，ベンチマークや目標設定，レイアウト検討に取り組んだ。これらのチームが CA 構想の全体をまとめる役割を担った。

　また，車両を構成するさまざまな機能単位であるコモディティの開発は，機能部門が取り組んでいった。各機能の設計担当部門からコモディティ担当の設計者が約 100 名選出された。コモディティ担当者は，籍を置く機能部門

長だけでなく，統括リーダーともつながるマトリックス体制をとった。具体的には，CA 構想のプロジェクト組織が定めた車両全体のレイアウト条件に基づき，各コモディティ担当がコモディティ構想を取りまとめていった。その結果が，ユニット主査に渡され，CA 構想の観点から全体の整合性が検討したうえで，不具合があればさらにコモディティ担当にフィードバックされていった。コストの視点，生産の視点，購買の視点，デザインの視点を入れながら，CA プロジェクト軸と機能部門軸とで相互調整のサイクルを繰り返すことで，設計思想，固定／可変の定義といった CA 構想の実現が図られていった。

3. VW MQB，ルノー＝日産 CMF，マツダ CA の比較

3.1. 車両開発アプローチの比較

　図 3-2 は，VW グループ，ルノー＝日産，マツダの製品開発アプローチを模式的に表している。製品開発は，商品企画，要素技術の先行開発，製品設計，工程設計，量産へと進んでいく。3 社ともに，10 年程度先まで見越した商品展開を一括企画し，先行開発の段階で多くの開発工数を投下して，複数セグメントの車種に適用可能な技術基盤を構築している点は共通している。図 3-2 の上部で表示されたマトリックスが各社が先行開発するモジュール群である。マトリックスの横方向はモジュールの種類を表し，縦方向はモジュールごとのバリエーションを示している。これを見ると，車両システムの切り分け方と事前に用意するバリエーションの考え方に違いがあることが分かる。

　VW MQB では，車体骨格のうち前輪車軸からペダル位置までを車種を超えて共通とし，それ以外の部分（ホイールベース，フロント・オーバーハング，リア・オーバーハング，トレッドなど）は開発車種に応じて変更できる設計構造としている。また，車両システムを約 500 ものベーシック・モジュールに分割し，それぞれに複数のバリエーションを設けることで，大規模なモジュール・マトリックスを事前に用意している。このマトリックスか

第 3 章　日本の自動車産業におけるモジュラー化第 2 の波　　83

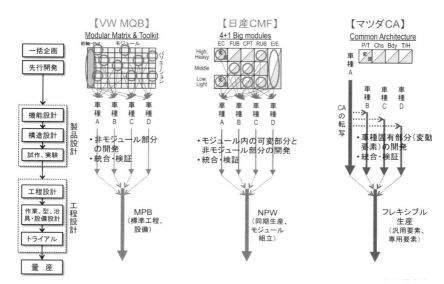

図 3-2　日欧 3 社の製品開発アプローチの比較
（出所）筆者作成。

ら適切なモジュールを選択し，組み合わせることで多様な車種を創出するコンセプトである。

　ルノー＝日産の CMF は，車両を大きく 4 つの物理領域と 1 つの電気・電子アーキテクチャに分け，前者はさらに 2～3 のバリエーションを用意している。アンダーフロアを前後に分割するとともに，エンジンコンパートメントとコックピットを別に定義し，これらの組み合わせで，最大 54 種類の車型を生み出すことができる。このように，CMF のモジュール・マトリックスは，VW グループの MQB と比べると，目が粗いことが分かる。

　マツダの場合は，個別車種開発に先立って，プラットフォームやパワートレインのバリエーションをあらかじめ設ける方式はとっていない。そのため，図 3-2 のマトリックスは，1 列のみのシンプルな構造になっている。具体的には，アンダーフロアを MQB や CMF のように前後に分割したりせず，一体の構造体として開発しているが，その中に固定要素と可変要素を定義することで，異なる車格や車型の車種を相似形に設計するコンセプトになって

いる。パワートレイン（エンジンとトランスミッション）やトップハットも同様に，固定要素と可変要素を定義し，統一の設計思想と標準構造を相似形に展開する構造としている。

個別車種の製品設計段階では，ルノー＝日産のCMFは，まずビッグモジュールの組み合わせを選択する。次に，ビッグモジュール内の可変部分と非モジュール部分を設計していく。基本骨格のバリエーションがあらかじめ2～3に集約されているために，そこに組み付けるユニットや部品の共通化も進めやすくなっている。さらに，ユニットは，共通にする部品と可変とする部品に切り分けることで，共用化領域は80％にまで引き上げられている。

一方，マツダのCA構想は，モジュールの組み合わせにより製品設計する方式とはなっていない。図3-2に示すように，統一の設計思想と標準構造を相似形に転写したうえで，車種に固有な部分，すなわち可変要素の設計を行うことで，個別の車種を設計する考え方である。コモディティサイクルプランに基づき開発されたユニット類も，固定要素と可変要素から構成され，柔軟に共通化を図る取り組みがされている。

生産段階では，VWグループとマツダは，車両設計の製品アーキテクチャの再編に伴い生産アーキテクチャも大きく変更した。VWグループは，MQBベースの車種であれば，ブランドを超えてどの工場（MPB）でも生産できる構成としている。マツダのCA構想の場合，部品そのものの共通化は目指さないことから，寸法の異なる部品でも同じ加工方法や組立方法で生産できるように，あらかじめ車両側のCA構想と生産側のフレキシブル生産構想が調整を行った。その結果，従来の車種別の生産ラインから，複数の車種に対応した汎用的な生産システムへと大きく変更された。一方，ルノー＝日産では基本的に既存の生産資産を踏襲すべく，CMFから生産システムへの影響は最小に抑えられている。

以上を要約すると，VW MQBとルノー＝日産CMFは，先行開発の段階で，車両システムをモジュールに切り分け，モジュール・マトリックスを構築し，その組み合わせによりモデル開発の多くの部分を賄うアプローチをとっている。一方のマツダは，先行開発段階では，共通の設計思想と標準構造を形成するにとどめ，バリエーションは個別車種の製品設計の段階で後か

ら生じさせるアプローチを選択している。

3.2. 開発コンセプトの相違を生む前提条件の違い

このように VW グループ，ルノー＝日産およびマツダは，同じ時期に類似の課題に対して異なった開発アプローチを選択した。

その背景にある前提条件として，第 1 に，展開すべき車種数に大きな違いがあった。図 3-3 は，3 社の保有車種について，車の大きさを表すホイールベース（前輪と後輪の距離）と車重の分布を示している。VW グループでは，パワートレインなどの違いを含めると，全体で 500 車種以上のバリエーションが存在する。また，ルノー＝日産は，グループ全体で 60 車種以上（ルノーグループ 21 車種，日産 40 車種）を保有する。同社は，ホイールベース 3,700mm ×車重 3,000kg を超える大型車からホールベース 1,700mm ×車重 600kg 未満の小型車まで，非常に幅広い車種をグループとして有していることが分かる。それに対し，マツダは 15 車種に過ぎない。マツダの製品ラインナップは，ホイールベースが 1,960mm〜2,950mm，車重 690kg〜1,958kg に収まる中小型車となっている。このことから，VW グループとルノー＝日産には，グループとして非常に幅広い車種を効率的に開発する強い動機付けが存在していることが推測できる。

第 2 に，3 社の販売台数にも大きな違いがある（図 3-4 参照）。VW グループが MQB を発表した 2012 年の世界販売台数は，約 870 万台に達している。ルノー＝日産は，2013 年にグループ全体で 700 万台以上を販売している。それに対し，同時期のマツダの販売規模は約 120 万台にとどまる。MQB や CMF のようにモジュールとそのバリエーションで構成されるマトリックスを先行開発するには，莫大な開発工数を要すると考えられる。そのような多大な開発工数をかけてでも，個別の車種の開発工数を抑制でき，かつグループ全体で大きな販売台数を期待できるならば，MQB や CMF を実現するための先行開発投資負担を正当化することができる。一方，マツダの販売台数は 130 万台に満たない規模であり，莫大な先行開発投資を伴う開発アプローチには多大なリスクが伴う。とりわけマツダは，少数の車種が販売の大部分を担うために，過度の共通化が商品力の低下につながれば，他の車種による

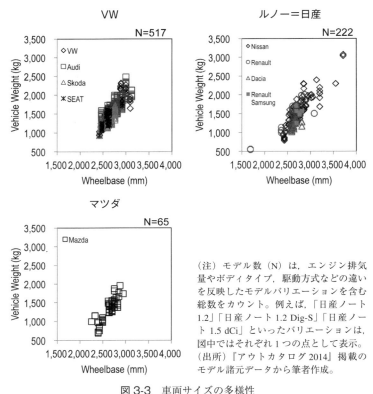

図 3-3 車両サイズの多様性

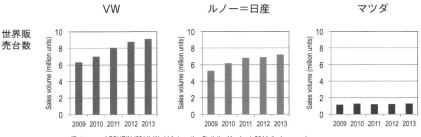

図 3-4 車両販売台数の推移
（出所）Fourin『世界自動車統計年刊 2014』より筆者作成。

第3章　日本の自動車産業におけるモジュラー化第2の波　87

挽回が難しいだけに，経営を揺るがしかねない事態に陥る。

第3に，生産面での既存資産の重みが両社で大きく異なっている。VWグループの生産拠点は，22ヵ国90ヵ所以上に点在する。ルノーは，世界37ヵ所，日産は同26ヵ所の生産拠点を有している。一方，マツダの生産拠点は9ヵ所にとどまる。しかも，マツダは国内生産が全体の8割に達し，生産体制の改編を集中的に行うことができる。そのため，マツダは，車両設計において部品そのものの共通化をある程度犠牲にしても，生産側の対応で吸収する設計アプローチをとりやすい環境にあったと考えられる。

以上を，車両開発の損益分岐点として模式的に表したのが図3-5である。MQBやCMF，CAの先行開発は，個別車種の開発件数にかかわらず発生する費用という意味で，開発の固定費とみなせる。個別車種開発にかかる設計工数は，車種を開発した分だけ発生するという意味で，開発変動費ととらえると，累積開発工数は，先行開発の工数と個別車種の開発工数の総和として表される（目代・岩城，2013）。

先行開発の段階で，車両システムの詳細なマトリックスを構築するMQBとCMFの先行開発工数は，CAよりも大きくなると想定される。一方，個

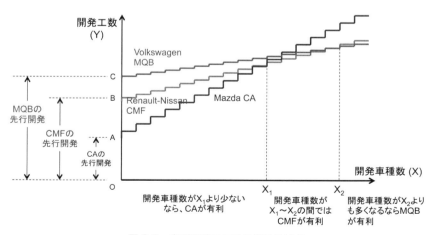

図3-5　車両開発における損益分岐点

（出所）筆者作成。

別車種開発では，先行開発したモジュールの組み合わせで，車両設計の大半を済ませることができるため，MQB や CMF をベースとする個々の車種の開発工数は低く抑えられると推察される。それに対し，CA ベースの車種は，相対的に個別車種の開発において設計すべき変動要素が多く残ると考えられるため，追加的な開発工数は CMF よりも高くなると推定される。

その結果，CMF は，設計固定費は大きくなるものの（図 3-5 の OB），開発車種追加に伴う変動費の増加（階段の高さ）は緩やかになると考えられる。一方，マツダの CA は，先行開発費（OA）は相対的に小さいが，変動費の階段は比較的大きくなる。したがって，CMF は，開発車種が多くなるほど（X 軸の X_1 以上で）有利となり，逆に CA は X_1 未満の車種数では，総開発費が相対的に小さくなるといえる。

このように，開発車種数，販売台数，生産拠点の数といった前提条件の違いが，経済合理性を生む開発アプローチに違いをもたらし，ルノー＝日産グループとマツダとで CMF と CA という異なる開発アプローチへと導いたと考えられる。

おわりに

これまで検討してきたように，ルノー＝日産とマツダとでは，開発アプローチの細部やその背後にある前提条件には違いがある。しかし，車種ごとの都度開発から，一括企画をベースとした車種群開発へと向かっている点は共通している。このように長期の一括企画に基づき，複数の車種群に適用する設計ルールとモジュールを先行開発し，トップダウンの設計思想で，開発車種の多様性とモジュールの共通利用を図ろうとする点にモジュラー化第 2 の波の特徴がある。

すでに動き出した VW グループの MQB や 2015 年に最初の車種が登場したトヨタの TNGA（Toyota New Global Architecture）も同様の流れにある。市場や社会の要請と企業同士の競争，相互学習の結果，同時多発的に類似した，しかしそれぞれに特徴のある開発アプローチが生み出されている点は興

味深い。

　車両システムをどこでどう切り分け，いかにインタフェースを定義するか
は，車に対する深いシステム知識と長年の試行錯誤によって得られた設計ノ
ウハウに依存する。ルノー＝日産とマツダは，これまで長年にわたり部品共
通化やプラットフォーム共通化，モジュール生産，バーチャル開発手法の改
良を積み重ねてきており，両社の新たな車両開発アプローチは，こうした努
力の累積進化の結果と見るべきだろう。

　マツダのCA構想は車種開発がすでに一巡し，一定の成果を収めている
が，ルノー＝日産のCMFはこれから成果が現れてくる段階に入る。これ
は，VWグループのMQBやトヨタのTNGAも同様であるが，5〜10年にわ
たる一括企画と幅広いモデルを対象とする車種群開発が前提であるがゆえ
に，各社の新たな取り組みの成果の評価には，車種群が出揃うまで一定の時
間を要する。VW MQBに関しては，国内外のメディアにおいてコスト削減
効果が十分に出ていないとの批判もあるが[20]，莫大な先行開発費を将来開発
する車種群で相殺していく車両開発アプローチに対して，現時点の車種数と
販売台数で財務的成果の評価を下すのは時期尚早である。

　当面注視すべきは，CMFやCA（さらには，MQBやTNGA）が設定する
固定／可変部分の定義が，個別車種の設計自由度を制約し，商品力を損なう
兆候が見られるかどうかである。ルノー＝日産CMFやVW MQBは，第1
弾の車種が出てきた段階であり，現時点では一定の成功を収めているが，新
たな車両開発アプローチによって設計される後続車種の商品性がどの程度保
たれるかが今後の成果を占う試金石となろう。

　また，両社の車両開発アプローチは，10年程度先までに投入する車種の
一括企画が基礎となっている。将来ニーズの予測精度に加え，CMFやCA
で定めた設計ルールの変更を迫るような技術変化が生じた際に，どのように
対応を図っていくかも注目される。一例をあげれば，欧州メーカーは，車載
電動システムの電圧を従来の12Vから48Vへ昇圧する方針を表明してい
る[21]。これは，欧州の完成車メーカーだけでなく，欧米系大手サプライヤー
も巻き込んだものであり，CMFやCA（さらには，MQBやTNGA）のE/E
アーキテクチャに大きな影響を及ぼす可能性がある。個別の技術の動向であ

れば，企業ごとに採否を判断すればよいが，48V 化のように業界レベルで新たな技術的標準が出現するような場合に，先立って定義した設計ルールをどのように対応させていくべきかは，実践的にも学術的にも重要な検討課題になってこよう。

注
1) トヨタや本田技研工業，富士重工もそれぞれモジュール生産を導入している。トヨタは，モジュールという言葉を使わず，「インストルメントパネル・ユニット」「リアサスペンション・ユニット」「リアアクスル・ユニット」と呼んでいるが，最終組立ラインとは別に自社工場内の別ラインでサブアッセンブルしており，事実上のモジュール生産である。トヨタは，モジュールの組み立てを丸ごとサプライヤーに外注することに否定的であり，「モジュール」という言葉には特に欧米においてサプライヤーへの外注を前提とするニュアンスがあることから，モジュールという呼称を避けていると考えられる。
2) 日産ニュースリリース（2012 年 2 月 27 日）http://www.nissan-global.com/JP/NEWS/2012/_STORY/120227-01-j.html, 2012/07/06
3) 日産が 1998 年 5 月に発表した経営計画では，1997 年時点で 25 種あったプラットフォームを，2000 年度までに 14 種に，2002 年度までに 10 種に削減するとした（日本経済新聞，1998 年 5 月 21 日）。さらに，2001 年には，当時 15 種あったプラットフォームを 2006 年度に 8 種に統合することを発表している（日本経済新聞，2001 年 10 月 21 日）。
4) *Motor Fan Illustrated*, Vol. 68, p. 34.
5)「車種超え設計共通化，日産，開発費 27％削減」日本経済新聞，2012 年 2 月 28 日。
6) Renault-Nissan ニュースリリース（2013 年 6 月 19 日）。
7) 日産へのインタビュー（2012 年 10 月 17 日）より。
8) 赤石永一「シナジー拡大に貢献する Renault・日産グループの『CMF』」日経 Automotive セミナー講演（2015 年 1 月 15 日，東京）より。
9) 以下の情報は，日産ニュースリリース（2013 年 6 月 19 日），ルノーニュースリリース（2014 年 7 月 2 日）による。
10)"How Renault is cutting costs through more synergies with Nissan," *Automotive News Europe*, November 10, 2014.
11) 日産へのインタビュー（2012 年 10 月 17 日）および自動車技術会九州支部・関西支部　2013 年度合同例会での日産の講演による。
12) Fourin（2014）『世界自動車メーカー年鑑 2015』による。
13) 赤石（2015），前掲講演より。
14) *Motor Fan Illustrated*, Vol. 68, p. 41 による。
15) 以下，本項の CMF 実現過程に関する記述は，柴田（2014）および *Motor Fan Illustrated*, Vol. 68, pp. 40-41 による。

16）「マツダ，新型車『ベリーサ』発売，幅広い年齢層を狙いに」日刊自動車新聞，2004 年 6 月 29 日。

17）「マツダ，10 車種投入へ，4 車台ベース，コスト抑制」日本経済新聞，2003 年 10 月 16 日。

18）「フォード・マツダ，ボルボ加え車台共通化」日本経済新聞，2001 年 8 月 1 日。

19）唐澤正人「マツダのモノ造り革新の取り組み：構造と工程の最適化を目指して」第 56 回 西日本 VE 大会講演資料，2012 年 10 月 19 日。

20）例えば，"VW denies it may miss profit goals on slow growth, higher MQB costs" *Automotive News*, September 20, 2013, "New manufacturing platform headaches add to VW cost worries" *Reuters*, July 29, 2014, "In push for top spot, Volkswagen hits labor, robot problem" *Reuters*, September 24, 2014,「世界一狙う VW に死角，主力車の利益率低下，設計共通化，効果に時間」日本経済新聞（2014 年 8 月 19 日）。

21）「48V 電源，2016 年に実用化へ，燃費改善効果 15 ％を狙う」日経 Automotive Technology，2014 年 1 月号，pp. 68-73.

参考文献

目代武史（2015）「ルノー＝日産コモンモジュールファミリーとマツダ・コモンアーキテクチャの設計思想」『研究 技術 計画』30（3），179-191.

目代武史，岩城富士大（2013）「新たな車両開発アプローチの模索：VW MQB，日産 CMF，マツダ CA，トヨタ TNGA」『赤門マネジメント・レビュー』12（9），613-652.

長島聡（2013）「欧州 OEM のモジュール戦略」『自動車技術』67（9），14-20.

柴田友厚（2014）「モジュール化の開発プロセスの構築：日産 CMF でのデザイン・ルール策定過程」『赤門マネジメント・レビュー』13（12），477-498.

謝辞

　本章の執筆にあたり，日産自動車，マツダ，関連部品メーカー各社の経営者，技術者，管理者の皆さんには長時間にわたるインタビューにご協力いただいた。ここに記して感謝申し上げる。また，本章の一部は，『研究 技術 計画』30 巻 3 号の内容を再構成したものとなっている。転載を許可いただいた同誌編集部に御礼申し上げる。

第4章
日本の自動車メーカーの海外生産とサプライチェーン戦略[1]
——アセアン地域を事例として——

折橋　伸哉

はじめに

　日本自動車メーカーにとってアセアン地域は，1960年前後に海外展開を開始した当初からの進出先であり，欧米メーカーと比較しても長い事業展開の歴史を有する。それもあって，日本メーカーに対する現地の消費者のブランドロイヤルティは高い。国によっては，日本国内市場をも上回る高い市場シェアを確保している。

　さらに，ここ20年来，経済成長に伴って市場規模も順調に拡大してきていることから，各社のグローバル戦略上も重要な市場になってきている。

　本章では，こうしたアセアン地域における日本の自動車メーカー各社の海外生産，そしてサプライチェーン戦略について概観していく。

1. 日本自動車関連メーカーの生産戦略

　進出経緯から，メーカーによって異なる戦略をとっている。まず完成車組立メーカーについてみていく。

　先発メーカーは，域内主要各国に，各国が採用していた輸入代替工業化政策に対応して，ノックダウン（KD）生産を行う小規模生産拠点を展開してきた。進出当時は，当然域内貿易を自由化することを目指した関税スキームはなく，各国市場はそれぞれ閉じていた。その後，1980年代以降，段階的

94　第1編　メガ・モジュール化戦略とサプライチェーンの変容

に域内貿易に課せられる関税を低減させる関税スキームが導入されてきたが，一度開設した生産拠点を引き払うことは，現地国市場における販売に著しいダメージをもたらしかねない[2]。そのため，撤退はせずに各拠点を活かして，各モデルの生産をいずれかの国に集中させ，互いに融通しあうといった域内分業体制の構築を志向した。

　後発メーカーは，域内貿易が自由化した後に進出したため，AFTA を活用して裾野産業の充実したタイに生産機能の主力を集中する傾向である。加えて，一部メーカーは，人口規模において域内最大で，市場規模もこれまで域内最大であったタイを近年凌駕したインドネシアにも生産拠点を構えてい

表4-1　BBC，AICO，CEPT スキームの概要と比較

スキーム名		BBC	AICO	CEPT
特典	輸入関税	既存輸入関税の50%減免	0〜5%	2003年以降0〜5%
	国産化率加算	輸入国において国産化品目としての取扱	輸入国において国産化品目としての取扱	各国の国産化義務制度は撤廃
	非輸入関税障壁	なし	あり	非関税特典制度の撤廃
条件	ASEAN域内コンテンツ率	50%	40%	40%
	現地資本の参加	条件なし	現地資本が30%出資している企業	条件なし
対象		自動車メーカー（ブランドオーナー）による部品相互供給	全製造業種（自動車産業では、完成車、部品、半製品、材料全て）	全製品（自動車部品は1993年のAFTA発効時には対象外）
開始時期		1988年〜1996年	1996年〜2003年	1993年〜2003年に順次実施

（出所）折橋（2005）を一部改変。

る。

　部品メーカーについても，完成車組立メーカーと概ね同様の戦略をとってきた。先発組立メーカーに請われて進出した先発部品メーカーは，同様に域内主要各国に拠点を展開してきた。自動車部品の域内貿易については，いち早く BBC という関税スキームが 1990 年代前半に導入されたこともあり，それ及びその後継の関税スキームを活用した域内分業体制構築を目指してきた[3]（各関税スキームの概要については，表 4-1 を参照）。その一方で，後発の部品メーカーは，裾野産業が域内では最も集積しているタイに集中し，インドネシアにも必要に応じて第 2 の拠点を設けるといった傾向がある。

　以下では，各メーカーのアセアン域内における生産戦略について概観する。

1.1. 先発完成車メーカー

　先述の通り，域内分業体制の構築を志向している。

トヨタ自動車

　アセアン域内において最も存在感を示しているのは，トヨタ自動車（以下，トヨタ）である。トヨタは，各国が採用していた輸入代替工業化政策に対応して，域内主要国であるタイ，インドネシア，マレーシア，フィリピン，そして 1990 年代にはベトナムに車両組立工場を展開した。進出当初から直接出資で生産拠点を展開してきており，マレーシア，フィリピンを除いてその出資比率はマジョリティを確保している。

　同社は，各国が次いで導入した国産化規制に対応するため，「トヨタ系列」の自動車部品メーカー（一次）などに進出要請した。それを受けて，デンソーをはじめとするトヨタグループの主要メーカーは，トヨタと同様に各国に工場を展開した。

　各国での生産車種は，各国の市場ニーズに合わせている。アセアン地域では，折橋（2005）で指摘したように，各国の自動車市場で中心となる車種は，それぞれの国における物品税などによって決定づけられている。タイでは 1 トンピックアップトラックおよび乗用車，インドネシアでは MPV および小型乗用車，そして，タイとインドネシアの間では，完成車の相互補完を

96　第1編　メガ・モジュール化戦略とサプライチェーンの変容

表4-2　トヨタ自動車のアセアン域内完成車組立拠点

国	出資比率	工場名	年間生産能力	生産モデル
タイ	86.4%	Samrong	23万台	Hilux
		Ban Pho	22万台	Hilux, Fortuner
		Gateway No.1	22万台	Corolla, Vios, Camry, Camry HV
		Gateway No.2	8万台	Yaris
	TMT 36%、トヨタ車体63%	Thai Auto Works	2万台	Hiace Commuter
インドネシア	95%	Karawang No.1	13万台	Innova, Fortuner
		Karawang No.2	12万台	Etios Valco, Vios, Yaris, Limo
マレーシア	39%	Assembly Services	8.5万台	Vios, Innova, Hiace, Hilux, Fortuner, Camry, Camry HV
フィリピン	34%		5万台	Innova, Vios
ベトナム	70%		5万台	Vios, Corolla, Camry, Innova

（出所）Fourin（2017）を基に筆者作成。
（注1）下線を引いている生産モデルは，IMV プラットフォームを採用している[4]。
（注2）マレーシアの Assembly Service 社は，トヨタ 39％出資の UMW Toyota Motor 社 100％出資。

行っている。フィリピンなどその他周辺国においては，完成車組立拠点がある国については小型乗用車など一定の需要が見込まれるモデルはタイから部品の供給を受けながら KD 生産を行う一方で，その他のモデルはタイまたは日本から完成車を供給している。完成車組立拠点のない国へは，タイから完成車を供給している。

　重要かつ内製している機能部品については，ディーゼルエンジンはタイで，ガソリンエンジンはインドネシアで，マニュアルトランスミッションはフィリピンで集中生産し，アセアン域内外の各国に供給している。

　アセアンでの事業拡大に伴い，域内最大の生産拠点を持つタイに，地域統括会社を設けた。同社は地域統括機能だけではなく，エンジニアリング機能も持っており，いわゆるモディファイ程度の開発作業は担えるだけの機能を備えている。

第4章　日本の自動車メーカーの海外生産とサプライチェーン戦略　　97

本田技研工業

　トヨタと同様に，各国の輸入代替工業化政策に対応して，車両組立を開始した。ただし，当初は現地資本の KD 組立工場への委託生産からスタートし，生産規模が一定水準に達してから直接出資の車両組立工場を展開したケースが多い。また，創業時からの二輪車事業を強みとしていることから，二輪車ビジネスで事業基盤（とりわけ，ブランドイメージ）を確立したうえで，満を持して四輪車の生産に乗り出した。こうした事業展開が可能であるのも，本田技研工業（以下，本田）の強みである。

　本田は全世界においてラダーフレーム構造の自動車の生産を一切行っていない。したがって，アセアン地域でも，ピックアップトラックの需要が多いタイも含めて，モノコック構造の乗用車のみを生産している。

　タイ法人がこの地域の中核拠点であり，タイ国内向けだけではなく，アセ

表 4-3　本田技研工業のアセアン域内完成車組立拠点

国名	出資比率	工場名	年間生産能力	生産モデル
タイ	88.99%	第 1 （アユタヤ）	15 万台	2017 年初頭に休止
		第 2 （アユタヤ）	15 万台	Brio, Brio Amaze, Accord, Mobilio, BR-V, HR-V, CR-V, GE
		第 3 （Prachinburi）	12 万台	Jazz, City, Civic, GE(1.5L, 1,8L)
インドネシア	51%	カラワン第 1	8 万台	CR-V, HR-V, Freed, Mobilio
		カラワン第 2	12 万台	Mobilio, Jazz, Brio RS, BRIO Satya, BR-V
マレーシア	51%		10 万台	Jazz, City, Civic, Accord, BR-V, HR-V, CR-V
フィリピン	74.2%		1.5 万台	City
ベトナム	42%、加えてアジア統括 28%		1 万台	City, Accord, CR-V

（出所）Fourin（2017）を基に筆者作成。

アン域内周辺国への供給も担っている。アセアン域内最大の市場であるインドネシアにも，主に内需向けにまとまった生産能力を有している。加えて，マレーシア，ベトナム，フィリピンにおいて KD 組立拠点を維持し，各国市場における量販車種を生産している。

本田の「系列」部品メーカーは，直接出資の組立工場建設に合わせて進出した（一部，二輪車の部品も併せて手掛けているメーカーの中には，それ以前から進出したところもある）。

三菱自動車工業

三菱重工業（以下，三菱重工）の自動車部門を前身とする三菱自動車工業（以下，三菱自工）は，1970 年に三菱重工とクライスラーとの合弁事業として三菱重工から独立した。その際の合弁契約によって，進出先が制限されていたため，進出が認められていたアセアン地域および台湾を含む東南アジアに注力した。そのためにかつては，日本メーカーとしてはトヨタ自動車に次ぐ規模の拠点網を，この地域に持っていた。

とりわけ，マレーシアでは，マレーシア政府系企業が設立した国民車メーカーであるプロトン社に対して，三菱商事と合同でマイノリティ出資ならびに技術提供し，最盛期には同国の自動車市場において支配的な地位を占めた。それもあって，プロトン社の本社工場のレイアウトは，三菱自工岡崎工場のコピーともいえるくらい酷似していた。ただ，2004 年にプロトンとの資本提携は解消しており，現在は現地資本の組立工場において，小規模にKD 組立生産を行っているのみである。

その他の国でも，同社の経営資源面での制約などから，現地資本や日本の総合商社とのマイノリティ出資合弁または現地資本の KD 組立工場への委託生産の形態をとってきた。アセアン域内最大の市場であるインドネシアについても，執筆日現在（2016 年 10 月）に至っても委託生産のままであったが，ようやく直接出資に移行した（2018 年 1 月現在）。タイだけは例外的に，アジア通貨危機の際に，旧・現地パートナーが苦境に陥ったために，その保有全株式を買い取って完全子会社とした[5]。

タイでは，タイサミットなど，華人系の地場資本メーカーを一次部品メーカーとして多用していた。ラムチャバン貿易港の隣接地に立地する第 1・第

第 4 章　日本の自動車メーカーの海外生産とサプライチェーン戦略　　*99*

表 4-4　三菱自動車工業のアセアン域内完成車組立拠点

国	出資比率	工場名	年間生産能力	モデル名
タイ	100%	第 1	7.5 万台	Pajero Sport
		第 2	18.4 万台	Triton, Pajero Sport
		第 3	16.5 万台	Mirage, Attrage
インドネシア	51%（日本側91%）		16 万台	Pajero Sport, Expander, Colt L300
	委託生産		7 万台	Colt L300, Outlander
フィリピン	51%（日本側100%）		5 万台	Mirage G4, Mirage, L300, Adventure
マレーシア	委託生産			ASX
ベトナム	41%（日本側82%）		5000 台	Pajero Sport

（出所）Fourin（2017）を基に筆者作成。

2 工場の周辺に，そうした地場資本メーカーに進出を促し，ピックアップトラックのキャブやシャシーフレームの溶接などの重要基幹工程をも含む，多くの工程を担当させていた（折橋，2005）。そして，三菱自工系の部品メーカーが，それら現地資本メーカーに対して技術者の派遣も含む技術支援を行っていた。三菱自工自体の投資を抑制したかったのに加え，系列部品メーカー各社に海外展開するだけの経営体力がなかったことも背景にあったと推察できるが，こうした措置が，結果的にタイの地場資本部品メーカーの育成に大きく寄与したといえる。

いすゞ自動車

　小型商用車が依然として一定のシェアを維持しているタイをはじめ，東南アジア地域で一定の存在感を示している。1960 年代半ばと進出時期は古く，トヨタ自動車に続く形で，タイおよびインドネシアにおいて KD 組立生産を開始した。

　タイにおいては，2000 年頃より，当時資本提携関係にあった GM と，1トンピックアップトラックの共同開発を行ってきたが，次期モデルからは提

100　第1編　メガ・モジュール化戦略とサプライチェーンの変容

表 4-5　いすゞ自動車のアセアン域内完成車組立拠点

国	出資比率	工場名	年間生産能力	生産モデル
タイ	アジア統括 71.1%、Tri Petch Isuzu Sales 27.3%	Samrong	20 万台	D-Max
		Gateway	3 万台	中大型トラック、バス
		Gateway 第 2	10 万台	D-Max, MU-X
インドネシア	50%	Isuzu Astra Motor	5.2 万台	N シリーズ、F シリーズ
	委託生産	Gaya Motor	6.5 万台	Panther, BMW 3 シリーズ、5 シリーズ、X1, X3, X5 など
マレーシア	アジア統括 51%		1.2 万台	D-Max, N シリーズ、F シリーズ
フィリピン	35%（日本側 70%）		1.5 万台	Crosswind, D-Max, N シリーズ, F シリーズ, バス
ベトナム	35%（日本側 70%）		9.4 万台	Q シリーズ、N シリーズ, F シリーズ

（出所）Fourin（2017）を基に筆者作成。
（注）N シリーズ：小型トラック，日本名エルフ。F シリーズ：中型トラック，日本名フォワード。

携を解消するという。代わって，マツダに次期モデルから OEM 供給することを発表した。

1.2. 後発完成車メーカー

日産自動車

　同社はタイでの生産開始こそ 1973 年と早かったが，従来はアセアン地域を重視してはこなかった。

　しかし，タイ政府のエコカー政策を機にタイ工場を大幅に拡張し，マーチを日本向けも含めて供給するようになった。1 トンピックアップトラックも，隣接地に工場を新設して引き続き生産している。併設しているエンジン工場からは，インドネシアなど周辺国にも輸出を行っている。

第 4 章　日本の自動車メーカーの海外生産とサプライチェーン戦略　*101*

表 4-6　日産自動車のアセアン域内完成車組立拠点

国	出資比率	工場名	年間生産能力	生産モデル
タイ	75%	第一	22 万台	March, Almera, Sylphy, Teana, Pulsar, Note, X-Trail
		第二	15 万台	Navara
インドネシア	75%	第一	10 万台	Grand Livina, X-TRAIL, Juke, Serena, Evalia
		第二	15 万台	Datsun GO+ Panca, Datsun GO Panca
マレーシア	委託生産 (Tan Chong)	第一	1.7 万台	NV200 Urvan
		第二	5.4 万台	Grand Livina, Livina, Teana, Almera, Serena, X-Trail
フィリピン	委託生産	UMPI	1.8 万台	Sentra, X-TRAIL, Grand Livina, Almera
		UMC	1.2 万台	Urvan, Navara, Patrol
ベトナム	委託生産 (Tan Chong)		6500 台	Sunny, X-Trail
ミャンマー	委託生産 (Tan Chong)		1000 台	Sunny

（出所）Fourin（2017）を基に筆者作成。

　1995 年にインドネシアにも現地資本との合弁で進出した。2014 年には，第 2 工場を新設し，LCGC 政策対応のモデルを，新興国向け格安ブランドとして立ち上げた「DATSUN」ブランドで生産・販売している。

　両国以外については，フィリピンの乗用車工場は台湾で合弁を組んでいる裕隆汽車が主導して運営しているほか，マレーシア，ベトナム，ミャンマーの各工場は，マレーシアで委託生産している華人資本 Tan Chong Motors が主体で運営しているようである。この他，台湾の裕隆汽車とうまくタイアップして，中国ビジネスを順調に推進するなど，華人パートナーとの連携を通じて，そのネットワークをうまく活用している点は，日産自動車のアジア戦略の巧みな点として特筆できる。

102 第1編　メガ・モジュール化戦略とサプライチェーンの変容

表4-7　マツダのアセアン域内完成車組立拠点

国名	出資比率	工場名	年間生産能力	生産モデル
タイ	50%	第1	14万台（うちマツダ分4万台）	BT-50, Ford Ranger, Ford Everest
		第2	10万台	Mazda2, Mazda3, CX-3
マレーシア	70%		2万台	Mazda3, CX-5
ベトナム	委託生産		1万台	Mazda2, Mazda3, Mazda6, CX-5

（出所）Fourin（2017），マツダ株式会社ホームページ（2017/12/27アクセス）。

マツダ

　日本からの完成車輸出をメインとしてきた同社は，この地域においても生産拠点をおいてこなかった。ただ，タイにおいてはKD生産を小規模に1970年代後半から実施してきたが，1990年代半ばに資本提携先のフォードと折半出資合弁でAATを設立し，生産開始と同時にKD工場は閉鎖した（稼働開始は，アジア通貨危機後の1998年7月）。当初は，1トンピックアップトラックのみを生産していたが，2000年から乗用車の生産も追加した。生産車は，マツダ・フォードの両社ブランドでそれぞれの販売店で販売されてきた。

　2014年にフォードブランドの乗用車の生産を中止して自社ブランドに特化すると報じられた[6]。一方で，ピックアップトラックについては，引き続き両ブランドでの生産が行われている。しかし，2016年7月には，次世代ピックアップトラックについて，いすゞからOEM供給を受けることを発表し，数年後とみられるモデル切り替えと同時に，AATでのマツダブランドのピックアップトラックの生産は終了し，近年力を入れているSUVの生産に切り替えるとみられている[7]。

　タイ以外では，2010年代初頭からマレーシアにおいて，CX-5の組み立て生産を開始し，マレーシア国内の他，タイにも輸出している。

ダイハツ工業

　ダイハツ工業（以下，ダイハツ）は，日本の乗用車メーカーで唯一北米に

第4章　日本の自動車メーカーの海外生産とサプライチェーン戦略　*103*

表4-8　ダイハツ工業のアセアン域内完成車組立拠点

国名	出資比率	工場名	年間生産能力	生産モデル
インドネシア	61.75%	Sunter	33万台	Terios, Xenia, GrandMax, Luxio, Hi-Max, Toyota Avanza, Toyota Rush, Toyota Townace, Toyota Liteace
		Karawang	20万台	Alya, Sigra, Xenia, Toyota Agya, Toyota Calya, Toyota Avanza
マレーシア	間接出資	PMSB	23万台	Myvi, Axia
	間接出資	PGM	20万台	Axia, Bezza
	委託生産	Assembly Service	5万台	Delta
	委託生産	Swedish Motor Assembly	8000台	ピックアップトラック

（出所）Fourin（2017），ダイハツ工業株式会社ホームページ（2016/09/26アクセス）。

生産拠点を設けなかったなど，海外での生産拠点展開には消極的であり，専ら日本から完成車を輸出してきた。ただ，東南アジアのインドネシア，マレーシアは例外で，インドネシアにおいては，1979年にP.T.ダイハツ・インドネシアの操業を開始した。マレーシアでは，マレーシア政府系企業との合弁でPeroduaを設立し，「第2国民車」として生産してきている。そして，それぞれの国内市場向けに小型車を展開してきている。

　マレーシアでは，「第1国民車」のプロトンを抜き，最近10年以上にわたって市場シェアトップの座を維持している。

　インドネシアでは，親会社であるトヨタと共同開発したU-IMV，およびLCGCを，アストラ財閥との合弁会社で生産し，両社のブランド・モデル名で販売している。トヨタブランドでの販売台数も含めれば，U-IMVのXenia（トヨタ名Avanza）は，発売以来当地での最量販車種であり，トヨタグループの当地での高市場シェアの，まさに立役者となっている。

104 第1編 メガ・モジュール化戦略とサプライチェーンの変容

表4-9 スズキのアセアン域内完成車組立拠点

国名	出資比率	工場名	年間生産能力	生産モデル
タイ	100%		10万台	Swift, Celerio, Ciaz
インドネシア	94.94%	タンブン	14万台	Futura, Mega Carry, APV, Karimun Wagon R
		チカラン	12万台	Ertiga
ベトナム	100%		5000台	Super Carry, Swift
ミャンマー	100%		1800台	Super Carry, Ertiga, Ciaz

(出所) Fourin (2017), スズキ株式会社ホームページ (2016/09/26 アクセス)。

スズキ

　言うまでもなく, インドにおいて大成功を収めているが, インドに次ぐ海外市場として, ここ数年アセアンを重視してきている。

　同社にとって最大の拠点は, 1976年から組立を行ってきたインドネシアである。インドネシアでの生産能力は, 2015年現在, 2工場の合計で年産35万台に達している。

　一方, タイ政府のエコカー政策へ参加し, タイにも2012年に年産10万台の能力を持つ100%出資の生産拠点を設け, 世界戦略車スイフトやセレリオの生産を行っている。

　そして, インドネシアとタイとの間で相互供給を実施している。スイフトをタイからインドネシアへ, Ertigaをインドネシアからタイに供給している。アセアン域内であっても, 完成車輸入規制の残る, マレーシア, ベトナム, ミャンマーでは, 小規模にKD組立生産を行っている[8]。

2. 自動車部品産業の概況

　2000年前後に, アセアン域内各国においては, WTO違反とされたことなどから国産化規制は撤廃されたものの, 撤廃以前の規制効果および各社の自

主的な意思決定などにより，タイおよびインドネシアに集積が偏って進んで
きている。アセアン域内のもう１つの工業国であるマレーシアはやや取り残
されているものの，1970年代後半以来，日系を中心に電機メーカーの集積
が進んできたこともあり，カーエレクトロニクス関連にやや強みがある。ま
た，フィリピンにマニュアルトランスミッションの生産を集中させるメー
カーが多いことも特筆できる。

　アセアン域内の自動車部品産業においては，完成車メーカーと同様に進出
時期に起因する戦略の違いがあること，それから日本国内の「系列」にとら
われずに取引が行われているといったことが特徴としてある。また，進出当
初は最終の組み立てだけを現地で行い，構成部品は日本から持ち込んでいた
ものの，段階的にそれらについても現地生産に置換され，いわゆる「真の現
調化」が徐々に進んでいることがかねてより指摘されている（新宅，2016な
ど）。しかし，既存モデルについては一定程度域内で調達できるようになっ
てきている一方で，より高度な技術や一段の設備投資を求められて逆に日本
からの調達に戻るケースもみられている。また，アジア通貨危機以降，急速
に集積が進んできたタイにおいて，状況がかなり変わってきている。

　以下では，これらの諸点について，より詳しく見ていきたい。

2.1. 進出時期による戦略の違い

　自動車部品メーカーについても，進出時期によって戦略が異なる傾向がみ
られる。

　第１に，1990年代半ばまでの「輸入代替期」に，主に組立メーカーの要
請で各国に生産拠点を設けていた場合（いわゆる随伴進出）。この類型の
メーカーは，各国拠点を活かしつつ，適宜生産を集約して域内分業体制構築
を目指す傾向がある。次項にて，その代表格であるデンソー（旧・日本電装）
の事例を紹介する。

　第２に，域内貿易の自由化が進んでから進出した場合。この場合は，タイ
あるいはインドネシアに進出し，そこで集中生産して域内に供給することが
多い。

事例：デンソー

　同社は，トヨタグループ最大の部品メーカーであり，ドイツのロバート・ボッシュ社に次ぐ，売上高世界第2位の自動車部品メーカーである。トヨタの求めに対応するなどして，早い時期からアセアン域内主要国に生産拠点を展開してきた。

　進出当初は，各国において同社の製品ラインナップ全般を小規模に生産していた。しかし，1990年代以降，BBC，AICOといった関税スキームの登場を受け，量産効果の享受を主目的に，域内分業体制構築を目指してきた。この動きは，アセアン域内市場を著しく収縮させたアジア通貨危機を契機にしてさらに加速した。

　ただ，インドネシアの市場規模拡大に伴い，インドネシア拠点を域内分業から外して自己完結させ，その他の国についてはタイをハブに域内分業させる方向に方針を転換しつつあるのが現状である。

2.2. 系列を超えた取引が多い

　海外では決して珍しくはないのだが，アセアン各国でもまた，日本国内での「系列」の垣根を超えて調達するケースが少なくない。系列メーカーすべてが進出するとは限らないからである。実際にあったケースとしては，以下のようなものがある。

　例1：トヨタの初代IMV導入時には，大幅な増産のためにトヨタ系メーカーだけでは賄えず，ホンダ系メーカーなどに幅広く納入を働きかけた。当時，ホンダ系某部品メーカーを訪問する機会があったが，トヨタ向けの大口受注に対応するために工場の増床・従業員の追加採用を行っていた。

　例2：トヨタ以外のメーカーでは，系列メーカーが必要最小生産規模を確保するのが困難であることを敬遠して進出せず，やむなく進出済みのトヨタ系などから調達しているケースが少なくない。

2.3. タイに見えつつある成長限界

　タイ国内の自動車市場低迷と，世界経済の変調に伴う輸出の伸び悩みとで，一時期よりは緩和してはいるが，依然としてタイ国内の労働市場は一時

期ほどではないものの依然として人材不足（完全雇用状態）である。とりわけ，アジア通貨危機の前から言われてきたエンジニア層の不足は，泰日工業大学の設立など，様々な取り組みにもかかわらず，深刻なままである。そのため，賃金は上昇しており，周辺国に労働集約的な生産工程を移す動きがみられる。例えば，矢崎総業が一部工程をカンボジアやラオスに移したり，デンソーの子会社であるアスモがミャンマーに工場を開設したりしている。エンジニアリング人材の供給およびその質という面では，インドネシアの方が勝っているといい，この状態が続けば，現在はタイに集中している各社の開発機能のタイからインドネシアへのシフトが現実のものとなるかもしれない。

2.4. 技術革新による影響

　自動車の電子化などの機能向上，そして世界的に進む自動車の安全保安基準の高度化などに伴い，より高度な生産技術や多額の追加投資を必要とすることとなり，地場資本を中心に対応できないケースが出てきている。そのため，日本からの調達への切り替え（特に二次サプライヤー以下において）や再び日本からの技術移転を受けるケースもみられる。ある日系自動車メーカーは，新機構を採用した新機種を導入するにあたり，取引先の地場資本メーカーに対し，同社が関連技術を持っていないことから，それを持っている日本の部品メーカーとの技術支援契約締結を取引の条件として課している。

2.5. 地場資本の特徴

　タイ・インドネシア共に華僑資本が幅広い分野を手掛ける傾向がある。例えば，タイではタイサミットグループ，サミットグループなどが，インドネシアでは，アストラグループ（トヨタやダイハツと合弁で車両組立も手掛ける）などが該当する。彼らは，各分野について，日本の一次メーカーをはじめとする外資と技術援助契約または合弁を組んで技術を導入し，この業界に参入してきた。

　彼らも，ご多分に漏れず，華僑資本の特徴とされる商業資本的経営思考で

あり，短期的思考で，ものづくりの本質についての理解には欠けるところがある。例えば，良い設備を入れれば品質・競争力も自動的に付いてくるとの考えから，設備投資には積極的である。また，ある社は，日本の大手金型メーカーO社を買収し，技術を直接かつ迅速に取り込もうとした。買収しさえすれば，その保有技術も自動的に自社のものになると考えたのであろう（もちろん，そう一筋縄でいくわけはないのだが）。その反面，地道なものづくり組織能力の構築という思考は相対的に希薄である。

おわりに

　以上みてきたように，自動車組立メーカー，自動車部品メーカー共に，進出時期によって，メーカー間における生産戦略の違いが顕著に表れている。
　ここで，アセアンにおける自動車部品産業がどのように変化してきたのかを概観しておきたい。アジア通貨危機に伴う市場の急速な縮小，そして危機からの回復期における市場の急回復・拡大，アセアン域内における自由貿易体制の段階的な構築，域内の物流ルートの整備といった環境変化が，メーカー各社の戦略はもちろん，域内各国における自動車部品産業にも大きな変化をもたらしてきた。アジア通貨危機以前は，主に当時各国が実施していた国産化率規制に対応する形で，各国においてそれぞれ自国内のKD生産拠点向けの部品供給体制が漸進的に充実してきていた。アジア通貨危機に伴って，急速に市場が縮小した結果，日系部品メーカー各社においても生き残り策を講じる必要性に迫られた。そのうち，各国にそれぞれ自己完結的に生産機能を配置していたメーカーにおいては，域内拠点間で分業体制を構築することによる効率化を図った。アセアン域内で段階的に進みつつあった域内自由貿易体制がそれを後押しした。アジア通貨危機を克服しつつあった2000年前後から再びアセアン地域が注目され始め，地理的にアセアン地域の中央に位置し，かつ政情が比較的安定して外資誘致にも積極的であったタイに，多くの自動車メーカーの投資が集中し，それは多くのサプライヤーのタイへの追加投資，ならびに新規進出を誘うこととなった。それは同時に，KD生

第 4 章　日本の自動車メーカーの海外生産とサプライチェーン戦略　*109*

産時代から少しずつ力を付けてきていた．地場の華僑資本のサプライヤーにも飛躍の機会を提供した．他産業においてもタイへの直接投資が急増した結果，慢性的な人手不足に陥り，労働コストの急上昇も生じた．それに伴い，労働集約的な工程を担うメーカーを中心に，ラオス，カンボジア，ミャンマーといった周辺国への生産工程移転が見られるようになった．これを可能にしたのが，東西経済回廊をはじめとする域内の物流ルートの整備である．加えて，2000 年代半ばより，政情の安定したインドネシアの急成長，タイにおける政情の悪化と大規模災害などにより，サプライヤーによるタイへのさらなる投資は下火になっている．反面，インドネシアの自動車部品産業は，同国での自動車生産・販売の増加と共に急成長しており，短期的には調整局面もあり得るものの，今後さらなる成長が期待される．ただ，その位置づけは，タイのそれとは異なり，巨大化しつつあるインドネシア国内市場向けとなるであろう．

　執筆日現在は，まだ輸入規制が許容されているベトナムなど，相対的に経済発展が遅れている国でも，2018 年にはアセアン域内で生産された完成車の輸入関税が撤廃されることになっている（無論，マレーシアが実施しているように，国内税制などを活用して国内組立車両を優遇する可能性は残っているが）．そうなると，現在は辛うじて残存している小規模 KD 生産拠点が淘汰されていく可能性がかなりある．また，そう遠くないうちに帰趨が明確になってくるであろう次世代自動車の規格間競争の行方も，この地域の自動車関連産業のあり方全般に，先進諸国とは若干のタイムラグはあるにせよ，大きなインパクトを与えることは疑いない．今後の動向からは目を離せない．

注

1 ）本章は，文部科学省科学研究費補助金・課題番号 26245047（研究代表者：古川澄明・山口大学名誉教授）および課題番号 26301024（研究代表者：馬場敏幸・法政大学経済学部教授），そして学校法人東北学院共同研究助成（研究代表者：村山貴俊・東北学院大学経営学部教授）による成果の一部である．なお，本章は，折橋（2016）をベースとして，その後の研究・調査を踏まえて，加除を加えたものである．

2 ）折橋（2008）でふれたように，1992 年に日産自動車がオーストラリアでの完成車組立を中止した際，これに反発した多くの現地販売店の離反を招き，その結果，市場

占有率が著しく低下した。

3）BBC とは，Brand-to-Brand Complementation の略。自動車部品の域内での取引について，二国間の貿易額が均衡する条件で，関税を半減するというものであった。

4）IMV は International Innovative Multinational Vehicle の略。このプロジェクトは，海外で生産するピックアップトラック，MPV の世界規模での新供給体制であった。その狙いは，海外の生産拠点を有機的に結びつけ，世界最適開発・調達・生産を進めて競争力向上を図ることにあった。当初計画では，タイが中核拠点（いわゆる親工場）となり，CKD 拠点をアルゼンチン，南ア，インド，インドネシアなど9ヵ国に，完成車を 90ヵ国に供給することになっていた。トヨタ自動車が，世界向けの戦略車を日本でのベース車生産なしに日本以外で生産するのはこれが初であった。併せて，部品・生産設備の相互補完体制が整備された。

5）なお，タイ最大の国際貿易港ラムチャバン港の隣接地という超一等地に立地できたのは，旧・パートナーの力に拠るものといわれている。

6）日本経済新聞電子版 2014/07/29 付「マツダ，フォードと協業解消　タイ合弁の設備取得」（2016/09/26 アクセス）。

7）マツダ株式会社・いすゞ自動車株式会社共同リリース「マツダといすゞ，いすゞ製次世代ピックアップトラックの OEM 供給で合意」2016 年 7 月 11 日参照。日本経済新聞電子版 2016/7/12 付「マツダ，ピックアップトラックの開発・生産撤退」参照。

8）マレーシアには，国内組立車への優遇税制が残存している。

参考文献

折橋伸哉（2005）「自動車産業の国際的再編とアセアン自動車産業」，上山邦雄・塩地洋・産業学会自動車研究会編『国際再編と新たな始動―日本自動車産業の行方―』，第 8 章，日刊自動車新聞社。

折橋伸哉（2008）『海外拠点の創発的事業展開―トヨタのオーストラリア・タイ・トルコの事例研究―』白桃書房。

折橋伸哉（2016）「日本の自動車メーカーの海外生産とサプライチェーン戦略」，『東北学院大学経営・会計研究』，第 21 号，49-61 頁。

新宅純二郎（2016）「日本企業の海外生産における深層の現地化」，『赤門マネジメント・レビュー』15 巻 11 号，523-538 頁。

Fourin（2017）『アセアン自動車産業　2017』。

第5章
メガ・プラットフォーム戦略とアーキテクチャ定義能力競争
——中国民族系自動車メーカーが参戦する意義——

李　澤建

はじめに

　本章では，新興国市場の勃興を背景に，新興国民族系自動車メーカーの模索に光を当てることで，メガ・プラットフォーム戦略の潜在的波及効果及びその経路について基礎的な分析を試みることにする。新興国民族系メーカーをあえて取り上げる理由は，技術キャッチアップ段階中が故に，製品アーキテクチャが先進国メーカーほど強い経路依存性に規定されておらず，より広範に進化経路を選択できるからである。それに，直近の新興国の市場構造の変化（とりわけ中国市場）は，既存先進国自動車メーカーの意思決定のほか，民族系メーカーの選好がたびたび決定な影響を及ぼしたことも無視できない[1]からである。

1. メガ・プラットフォーム戦略の出現

1.1. 新たなフロンティアの広がり

　2000年代に入り，グローバル自動車市場は新たな兆しを示した。全世界新車販売台数が2001年以降の15年間には年率3.04%の平均成長速度で順調に拡大している中，従来では中心的な存在であった日米欧市場の比重が減少し，代わりにBRICsといった新興国の増勢が続いている。図5-1でわかるように，2001年に全世界新車販売台数に1割しか占めないBRICsがわず

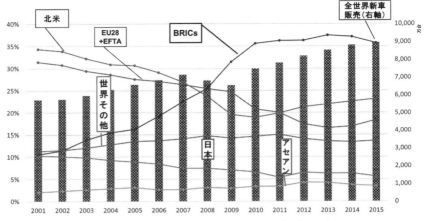

図 5-1　地域別自動車販売台数の推移（万台・％）

（注）2001〜2004 年のデータは Automotive news で，2005〜2014 年のデータは OICA である。なお，アイスランド，マルタ共和国，ブルネイ，ラオス，カンボジアの 2001〜2004 年分のデータが欠ける。

（出典）OICA, World Motor Vehicle Sales by Country and Type 2005-2015.
(http://www.oica.net/category/sales-statistics/sales-statistics-2005-2015/2017 年 2 月 06 日閲覧）；
Automotive news, Global Market Data Book 2003, 2005（2015 年 6 月 20 日閲覧）。

か 10 年で全体の 35％ を超える存在となり，現在でもその程度にて推移している。2000 年以前の世界自動車市場と比べ，フロンティアの拡大が続く。

　今回のフロンティアの広がりにおいて，勃興する低価格車需要に牽引される中国市場は異彩を放つ。2000 年代に入り，概ね順調に拡大する BRICs 市場がリーマンショックを機に，2 つの異なる展開に分かれた。勢いを増す中国に対して，残り 3 ヵ国の販売台数が鈍化し始めたのである。勢いを失った 3 ヵ国と対照的に，中国は 2009 年に米国を抜き，世界最大の自動車市場へ躍り出たのである（図 5-2）。その背景に，モータリゼーション進行＝内的成長（中国）と所得改善による既存市場の外延的拡大（印露伯）による成長の持続性に明暗が分かれたことがある（李，2016）。

　このような新興国市場の台頭及びそれに伴って高まった需要の多様化が，既存自動車会社各社のアーキテクチャ・デザインに新たな課題をもたらした。先進国市場向けのラインナップからローエンド商品もしくはハイエンド

第5章　メガ・プラットフォーム戦略とアーキテクチャ定義能力競争　　113

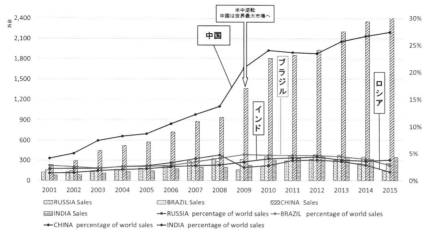

図 5-2　BRICs 国別自動車販売台数の推移（万台・％）
（注）2001～2004 年のデータは Automotive news で，2005～2014 年のデータは OICA である。
（出典）OICA, World Motor Vehicle Sales by Country and Type 2005-2015.
(http://www.oica.net/category/sales-statistics/sales-statistics-2005-2015/2017 年 2 月 06 日閲覧）；
Automotive news, Global Market Data Book 2003, 2005（2015 年 6 月 20 日閲覧）。

　商品を低機能化（Defeaturization）した製品をそのまま途上国市場へ持ち込む既存商品戦略が早くも限界を迎えたからである（新宅・天野，2009）。需要の多様化と細分化に確実に対応するために，製品のアーキテクチャがよりいっそう複雑となり，車種数も増え，生産マネジメントの困難度が高まると同時に，単位収益性が下がる局面が次第に顕在化する。
　上記局面のもと，注目が次第に集まったのは，メガ・プラットフォームと称されるアーキテクチャ戦略である。自動車製品のアーキテクチャを可変部と不変部に分け，あらかじめ決められたインターフェース（不変部）に従い，構成単位＝サブ・アーキテクチャ（可変部）ごとのモジュラリティの向上を通じて，従来に比べより広範囲にわたる構成単位の流用性を追求する設計思想である。実現すれば，サブ・アーキテクチャの優位性継承を前提に，モジュラー部品を多様に積み上げることによって，高商品性と，マス・プロダクションの柔軟性と集約性を同時に達成できる。その草分け役は，独 VW が提唱したバウカステン（積み木方式のモジュラー・アーキテクチャ）戦略

である。その詳細については別章に譲るが，VW の「MQB（モジュラートランスバースマトリックス）」[2] を皮切りに，日産「CMF（Common Module Family）」[3]，マツダ「CA（コモンアーキテクチャ）構想」[4]，トヨタ「TNGA（Toyota New Global Architecture）」[5] などに見られるように，類似構想が多く提唱され，多様に展開されている。これらの戦略の根本を成すのは，既存製品群のアーキテクチャの整理と再構築である。他方，既存製品のアーキテクチャはこれまでの各社の発展歴史に強く規定されている側面があり，強い経路依存性が存在する。それがゆえに，各社の構想が類似性を見せるものの，収斂せずに，やや発散性を保ちながら，並行に進行しているのである。そのため，現段階において，自動車産業に対してメガ・プラットフォーム戦略の展開がもたらす実質的なインパクトについて，上記のような共通性がやや欠ける先進国メーカーの事例だけでは，判断しづらい状況にある。

1.2. メガ・プラットフォーム戦略の歴史的位置づけ

　近年，脚光を浴びているメガ・プラットフォーム戦略はプラットフォーム戦略に依拠するが，決してその延長線上にあるものではない。「アーキテクチャ戦略」である点がプラットフォーム戦略との本質な相違点である。その進化は，構成単位の共通化範囲の相違に従い，主に下記の形態がみられる。

1.2.1. 従来型のプラットフォーム戦略

　同一セグメント内に限って，できるだけ多くの固定部分（すり合わせ済みの技術パッケージ）をそのまま異なる車種間に流用させる考え方である。極端に言えば，そのコンセプトは T 型フォードまで遡ることができる。共通性を持つアンダーボディに，異なるアッパーボディを載せて，多様な製品を演出したのは通常形態である。現在では，同一モデルのセダン仕様とハッチバック仕様の開発はこの範疇にある。同一セグメント内での流用のため，ホイルベースや，トレッド幅などの既存寸法に，搭載するパワートレインなどの基本組み合わせがパッケージごとに容易に流用できることは利点である。他方，走行性能や操舵性などの商品性に細かい差別化ははかりにくくなるデメリットも忘れてはいけない。後述する 2010 年までの奇瑞汽車はおおよそこの段階に位置する。

1.2.2. 複数セグメントを跨いで共通性を持たせる技術へ進化

　プラットフォームの新規開発は決して容易なものではない。莫大な投資の
ほか，定評を得られるのに長い年月（しばしば10年以上）を要する。資源
効率の観点から，新規需要を満たすためにしばしば目が向けられたのは，利
用可能な既存のセグメントの製品群から，成熟した技術を流用する方法であ
る。すなわち，セグメントを跨いで部品の共通性をはかれる開発戦略であ
る。たとえば，好評を得ている乗用車のシャシーに基づき，同系列のSUV
を開発すれば，販売上には高い確実性で成功するであろう。

　後述する吉利のFEプラットフォームはこの類に属するが，セグメントを
跨いだため，同一セグメント内での流用の場合よりも，部品の共通化率が下
がる点が問題になる。セグメントを超えるとすなわち，ホイルベースや，ト
レッド幅などの基本寸法を変更しなければならないので，当然同一セグメン
ト内の流用より多くの修正設計が必要となる。ここにきて，プラットフォー
ム戦略においては，共通化と差別化が相反する関係にあることがわかる。こ
のジレンマの克服を目指すのが，メガ・プラットフォーム技術である。

1.2.3. メガ・プラットフォーム技術：統一アーキテクチャに基づき，構成単位の モジュラリティを極端に高める戦略

　部品の共通化と複数の異なるセグメントにおいて，より多様なニーズへの
対応が同時達成できる方法として，注目されたのはメガ・プラットフォーム
戦略である。すなわち，共通アーキテクチャ設計に，共通化を図ったモジュ
ラーが加味された部品の集合体である。プラットフォーム＝シャシーごとの
流用より，ユニット，もしくは部品レベルまでモジュラリティの粒径がブ
レークダウンされる点が特徴である。言い換えれば，細かいモジュラリティ
の積み上げによって，隣接セグメントだけではなく，幅広いセグメントを跨
いで新車開発を可能にしたアーキテクチャ戦略である。部品の規模経済性は
従来のプラットフォーム戦略の到達可能な範囲より大幅に向上させられるた
め，多くの中国民族系メーカーがこの戦略へむかっている。そのうち，奇瑞
のCC2X及びA3X，吉利のCMAはここに属する。

2. 中国民族系自動車メーカーをメガ・プラットフォーム戦略へ向かわせた理由は何か？

　2000年前後，中国の乗用車産業において，外国の技術導入ではなく，自主開発・自主ブランドを売りにする中国企業が規制を克服して多数出現するようになった（李，2007）。それ以降，2010年までは，セダンとハッチバックから構成される主力セグメントの基本型乗用車市場では，中国民族系が低価格車を武器に台頭し，従来から人気の高かった日系車と共に，独VWの一社独占状態に終止符を打ったのである（図5-3）。

　2010年以降は，基本型乗用車市場において，外資系メーカーの低価格車種の持続投入によって，従来の高価格車は外資，低価格車は中国系という棲み分け構造が崩れ，混戦状態に陥った。しかし，ブランド力では外資系に劣る中国民族系メーカーにとって，外資系の製品ラインナップの下方浸食は，

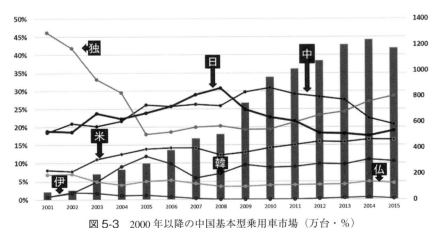

図5-3　2000年以降の中国基本型乗用車市場（万台・%）

（注）中国の乗用車定義及び統計処理について，基本型乗用車（セダンタイプ），MPV，SUVと乗貨両用型の4種類が設けられており，そのうち，乗貨両用乗用車市場は民族系商品のみ，各国メーカーの戦略分析の際に，一般的に除外する。そのため，各国メーカーの主戦場の基本型乗用車（SDN/HB）をもって分析する。
（出典）『汽車工業経済運行報告』各年版より，筆者作成。

第 5 章　メガ・プラットフォーム戦略とアーキテクチャ定義能力競争　　*117*

自らの生存空間が圧迫される事態をもたらし，収益力の逓減につながった。その打開策として考案されたのは，商品戦略の軸足を低価格乗用車市場から新たな空白市場，すなわち廉価の小型 SUV 市場へ移すことである。

2.1. 戦略転向の外因：生存空間の圧迫

　図 5-4 のように，2015 年に，一貫して増加し続けた基本型乗用車市場が一転して減少となった。そのことは，図 5-3 で見られるように，2010 年よりすでにシェア逓減し続けてきた中国民族系にとって，大きなプレッシャーとなっている。とりわけ，民族系メーカーの製品が絶対優位に立つ，5 万元以下のエントリーカー市場の構成比が，2009 年をピークに持続減少となり，2016 年には全体規模もついに前年割れとなった（図 5-5）。

　ただ，乗用車市場全体では，2015 年には中国系のシェアは減少せず，かろうじて唯一の勝ち組として居残った（図 5-6）。それは新市場の掘り起こしが奏功したためである。セグメント別販売状況を見れば，最も構成比の高い基本型乗用車の規模が 2014 年に比べ 5% の減少となり，代わりに，SUV 製品が大きく伸び，乗用車市場全体の 29.41% を占めるまでに成長した（図 5-4）。とりわけ，SUV セグメントでは二輪駆動車が 24.31% を占め，対前年比で59% 増の大躍進である。

　国別でその構成比を確認すると（図 5-7），中国系は 46.08% を占め，2 位の日系の 23.85% を大きくリードした。2009 年時点の SUV 市場における中

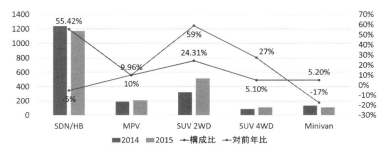

図 5-4　2015 年中国乗用車市場セグメント別販売台数（単位：万台・%）
（出典）CATARC の販売統計により，筆者作成。

118　第1編　メガ・モジュール化戦略とサプライチェーンの変容

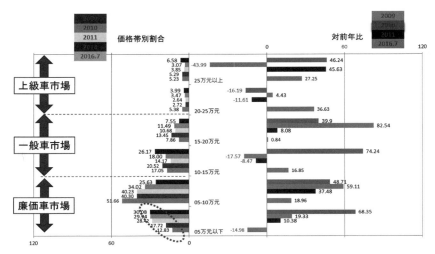

図 5-5　中国乗用車市場価格帯別構成比と推移（単位：％）
（出典）販売台数は CATARC の販売統計に基づき，暦年の価格情報は「汽車之家（http://www.autohome.com.cn/）」より，筆者作成。

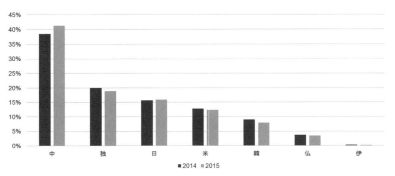

図 5-6　乗用車市場（SDN/HB/SUV/Minivan）国別構成比（2014/2015）
（出典）CATARC の販売統計により，筆者作成。

第5章 メガ・プラットフォーム戦略とアーキテクチャ定義能力競争   119

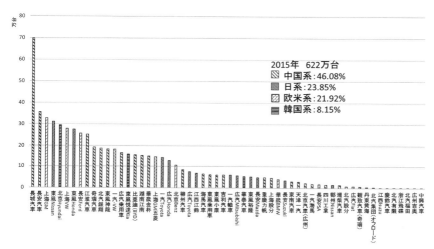

図 5-7 2015 年 SUV 市場における国別構成比
(出典) CATARC の販売統計により，筆者作成。

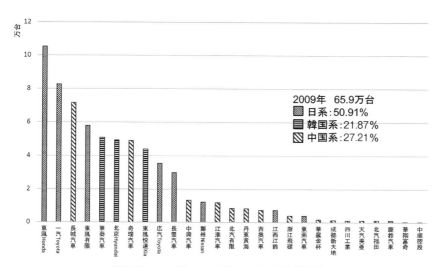

図 5-8 2009 年 SUV 市場における国別構成比
(出典) CATARC の販売統計により，筆者作成。

国系の存在に比べ，その健闘ぶりがわかる。

　図5-8のように，2009年，1,033万台の乗用車販売台数のうち基本型乗用車が中心で，SUVsはただ65万台前後の小規模であった。日系はそのうちの半分超を占めており，絶対優位に立った。それに比べて，中国系は27.21%で，台数に換算するとわずか18万台前後であった。その規模は2015年の287万台に比べ，わずか1/16程度に過ぎなかった。小型SUV市場の火つけ役を演じるのに成功したことで，中国民族系自動車メーカーの目の前に成長軌道が再び敷かれたのであろうか。

2.2. 戦略転向の内因：低収益性車種の大量存在

　2000年前後，中国の自主ブランド車が外資系商品の希薄ゾーンとされる10万元以下の潜在市場に参入し，大きく伸びた。しかし，外資合弁企業の自主ブランド企画，低価格車投入の過度競争と平均所得増加に伴う上昇志向の相互作用によって，基本型乗用車市場において中国系のシェアは2009年をピークに持続的な低下を経験していた。2009年の基本型乗用車市場において，全体の44%が中国系に占められ，その大半が8万元以下の商品であった。2009年における中国自主ブランドの販売モデル数は136個で，モデルあたりの販売台数は3.3万台を超えた。しかし，2015年になると，中国系の販売モデル数は334個へと拡張したにもかかわらず，シェアは2009年の半分以下の20.74%に減少し，モデルあたりの販売台数も約2.0万台へ減

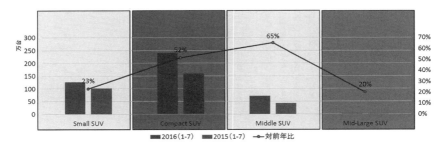

図5-9　拡大するローエンドSUV市場
（出典）CATARCの販売統計により，筆者作成。

少した。

　需要の多様化に伴い，中国民族系メーカーは，販売台数を増やすために低収益性・低効率性のモデルを大量に抱えざるを得ない状況があり，SUV 市場での躍進と相殺して，依然成長を圧迫する要因となっている。

　他方，小型 SUV 市場の掘り起こしは奏功したものの，決して決定的な成功とは言えなかった。すでに低価格乗用車市場で経験した外資系の下方浸食と同様に，廉価小型 SUV 市場の顕在化に伴い，外資系メーカーが低価格小型 SUV を投入して，早期参戦することも想像に難くない。そうなれば，たとえ，中国民族系メーカーが再び何らかの空白市場を見いだせたとしても，外資系メーカーの追撃包囲網から逃れることには決してならない。

　元来，民族系メーカーでは，規模の経済性を維持するため，売れない車種でも脈々と延命させる傾向がある。そのため，歴史の長いメーカーのほうが，売れない車種をより多く持つ傾向となる。たとえ，軸足を小型 SUV 市場へシフトしても，従来の小型乗用車市場への製品投入はやめられないのである。そのため，採算性と規模維持との間の矛盾が次第に深刻化する。そこで，従来のような単純に投入モデル数を増やす成長戦略から脱出し，規模拡大に伴うモデル当たりの収益性逓減を克服するために，多様なセグメントに跨いで広がる製品ラインナップの整理と資源効率の最大化をはかることが喫緊の課題として浮上する。

2.3. VW の復権と民族系のメガ・プラットフォームへの移行

　2010 年以降について，日系・中国民族系メーカーの消沈と対照的に顕在化したのはドイツ VW の復権である。部品の現地調達，開発の現地移管などの通常の手段のほかに，VW が積極的に推進する MQB 戦略は「なぜ VW だけが復権したのか？」という問いへの回答にヒントを与える。2013 年に MQB ベースの新車の生産能力は 100 万台という大台に達し，2016 年には 400 万台に達す見通しである。そのうち，中国においては，一汽 -VW の長春，佛山，青島，天津工場と上海 VW の上海安亭，南京，寧波，長沙工場に，MQB ベースの新車が投入され，世界の MQB ベース車の生産計画に占める中国の比率を大幅に引き上げた。これで VW の車種当たりのグローバ

ル採算性が段階的に向上し，市場構造が急変する中国市場においてフレキシビリティと採算性の同時達成がよりいっそう容易に実現できるようになった。この結果，中国民族系にとっては，低価格車市場への浸透に関して，VW が「サンタナ」のような陳腐化した商品を延々と販売する従来の作法，より先進的な技術を搭載した製品を破格の価格で投入できる体制が新たに加えられた。後者は従来，品質を大幅に落とさない限り，誰も想像しづらいことである。

　そのため，外資系の売れ筋をベンチマークして，類似スペックを低価格で市場投入する戦略が中国民族系メーカーの成長を長らくサポートしてきたのである。両者間の品質格差が，外資系メーカーの低価格車市場への浸食を止める防波堤であり，長い間，中国民族系メーカーが生存空間を維持しえた根本でもある。MQB 戦略の本格化によって外資系低価格車戦略の投入は，中国民族系メーカー成長区間を圧迫することに留まらず，一転して死活問題へ深刻化した。そのため，中国民族系メーカーがメガ・プラットフォームへ転向するのも必然性を持つ。

3. 中国民族系各社の取り組み

3.1. 奇瑞汽車

　奇瑞汽車は 2008 年前後の販売不振を機に，長い雌伏期間に入った。マルチブランドを支えるために，技術志向の強い奇瑞社内では，フルラインナップ戦略を目指して，S（QQ），A（風雲），B（東方之子），T（瑞虎），M（A5），B2（G5/G6），P（SUV）と H（MPV）など多数のプラットフォームを開発したが，ほとんどのプラットフォームで量産されたのは一車種のみで，利用率は低かった。

　その後，企画したマルチブランド戦略が頓挫し，ブランドも「奇瑞」，「開瑞」，「瑞麒」，「威麟」から「奇瑞」ブランド一つへ収斂したものの，関連プラットフォーム資源は消失せず，現在親会社の奇瑞ホールディング傘下の子会社である「凱翼」，「商用車／開瑞」などに形を変えながら，生き延びてい

第5章　メガ・プラットフォーム戦略とアーキテクチャ定義能力競争　*123*

る。これらの奇瑞汽車傘下のブランドの併存に，合弁事業の「観致」と「奇瑞ジャガー・ランドローバー」を加え，ますます分散しがちな経営資源を統合していっそうのシナジー効果を出すことは，奇瑞がメガ・プラットフォームを戦略的に実践する要因となった。現在，主に主力を担う T1X/M1X，より高いモジュール化度を有する CC2X と A3X の 3 つのプランで進行している。

3.1.1. T1X/M1X

　現段階，これは奇瑞のメガ・フラットフォームの主力存在として位置づけられている。乗用車などを主眼とする点以外の情報が少ない M1X に比べて，T1X は主として「瑞虎」シリーズ専用プラットフォームとして，ホイルベースの変動幅は 2,560〜2,800mm で，最低地上高は 145〜190mm の範囲内で可変となる。前後席間距離も 776〜966mm で調整可能である。

　A セグメント，B セグメントの SUV 商品及び 3 列 7 シートの MPV 商品を対応できるようになっている。T1X は 2012 年に公開した奇瑞「TX」コンセプトカーをベースとして，ジャガーと「観致」汽車での設計理念を取り入れて，海外人材が多数参画した混合チームによって開発されたバージョンアップ版である。

　そのベースとなった「TX」は 2013 年ジュネーブ国際モーターショーにて，「Car Design News」誌が主催した 2012 年間カーデザイン大賞（The 2012 Car Design of the Year Awards）の「最優秀コンセプトカーデザイン賞（Best Concept Car design）」を獲得した実力をもつものであった。「TX」の開発に，ポルシェ，メルセデス・ベンツ，BMW，GM，クライスラーなど一流自動車企業の二十数名の専門スタッフが中心となる国際研究チームの存在は大きかった。

　2016 年 9 月 20 日に発売されたコンパクト SUV の「瑞虎 7（開発コード：T15）」は T1X プラットフォームベースの最初のモデルである。続いて，「瑞虎 3X（T17）」，3 列 7 シートの中型 SUV「瑞虎 9」，PHEV など 3 モデルが予定されている。なお，部品の共通化では，これから発売される予定の「瑞虎 3X（T17）」を例にすれば，「瑞虎 7（T15）」とは部品モジュールでは 87.8%，ボディ部品なら 83.6% を共有している。

3.1.2. CC2X

奇瑞戦略 2.0（民族系上位へ復帰）を担う「T1X/M1X」と異なり，奇瑞戦略 3.0（外資系と接戦）として期待されているのは CC2X である。「観致」の CF16 プラットフォームをベースとした経緯から，メガ・プラットフォームとしてモジュラリティは「T1X/M1X」よりも一段と高くなると推測される。将来「観致」との混流生産まで考えて企画されたため，奇瑞より高い技術力と品質を有する「観致」の技術資源を導入する。そして，奇瑞製品の顧客体験を向上させることが期待される一方，販売が低迷する「観致」工場の稼働率を向上させることもできる，一石二鳥のアイデアである。

CC2X の最初のモデルは 2017 年のフランクフルトモーターショーで発表された M31T というコンパクト SUV である。開発コードからコンパクト SUV だと推測できる。

3.1.3. A3X

奇瑞戦略 3.0 を完結させるのは，元中央研究院から脱皮した「先端と基礎技術研究院」がリードする A3X である。A0 セグメントの SUV と乗用車などの小型車プラットフォームだが，CC2X と補完しあう存在である。ジャガー・ランドローバーとの共同開発も模索中であり，モジュール化度は CC2X 以上と期待されている。

3.2. 吉利汽車

2014 年，奇瑞と同様，マルチブランド戦略から「吉利」ブランド一つへ回帰する際に打ち出したのは，プラットフォーム戦略である。B セグメントを中心とする KC プラットフォームのほか，2015 年から順次，量産車種を担う FE と CMA が脚光を浴びる。

3.2.1. FE（Framework Extendible）

FE プラットフォームの歴史は長く，その原点は吉利汽車早期のリバースエンジニアリング時期まで遡ることができる。リバースエンジニアリングによって吸収消化された車台技術が，「遠景」，「帝豪 EC7」と「全球鷹 GX7」などの開発を経て，次第に独自のプラットフォームへと脱皮してきたのである。A-/A セグメントにおいて，乗用車（ハッチバック／セダン）では 80%,

第5章 メガ・プラットフォーム戦略とアーキテクチャ定義能力競争 *125*

クロスオーバータイプなら75%，SUVでは35%以上の部品共通化率を達成している。なお，多様な車種を幅広くカバーするために，ホイルベースが2,550〜2,700mmの間で可変し，トレッドに1,500〜1,570mmの幅を設けた。さらに，前後席間距離では，550〜710mmで対応できるまでに拡張させてきたのである。

パワートレインでは，1Lターボ，1L直噴ターボ，1.3Lターボ，1.5L自然吸気，1.5 L直噴ターボ，1.8L自然吸気，18 L直噴ターボ，2.0L自然吸気，2.4L自然吸気など多様なエンジンタイプと，4EAT（Electronic Automatic Transmission），5MT，6AT，6DCT（Dual Clutch Transmission），7DCTなどのトランスミッションを搭載できる。さらに，ガソリン燃料のほか，エタノール，アルコール，CNG，LPGなど多様な燃料にも対応でき，BEV（Battery Electric Vehicle），ER-EV（extended-range electric vehicles），HEV（Hybrid Electric Vehicle），PHEV（Plug-in Hybrid Electric Vehicle）などの多様な動力オプションにも対応できる。

長年，吉利が自社開発してきたプラットフォームとして十分評価できるが，メガ・プラットフォームとして評価されるには，モジュラリティが欠けている。

3.2.2. CMA（Compact Modular Architecture）

VWのMQBに類似するコンセプトを有する高度なモジュール化部品ユニットから構成される，小型車のための新しいメガ・プラットフォームである。ボルボと吉利との共同出資で開発されたSPA（Scalable Product Architecture）の小型車版である。

同プラットフォームでは，ボルボの40シリーズのほか，吉利のLYNK & Co. ブランドの多数のモデルを担う。LYNK & Co. ブランドはボルボと吉利ブランドの間のミドルアップゾーンを狙いに，CS11（sedan），CX11（SUV），CC11（Crossover）とCH11（Hatchback）など多様なラインナップを有しており，Aセグメント乗用車とBセグメント乗用車，そしてSUVをカバーできる。最初の量産車は2017年に発表したCX11である。ただ，LYNK & Co. ブランドとボルボブランドの区別を配慮し，部品共通率は一定程度に抑えられる傾向がある。たとえば，トランスミッションにおいて，部

品共通化率は 50% 前後に設定され，両ブランドの差別化に十分な余地を残している。

3.3. 長安汽車
P3

　先行する 2 社に比べ，長安のプラットフォーム戦略は依然として途中段階といえる。2009 年に発表した「逸動」プラットフォームを皮切りに，現在 P1（A00 セグメント），P2（A0/A セグメント），P3（A/B セグメント）と P4（B/C セグメント）からなる体制へのシフトを行っている。次の段階ではプラットフォーム間の共通度の向上を図っている。次世代「逸動」はコアプラットフォームの P3 を採用する予定である。今後，P3 を用いて，C201（3 人家族がターゲット），C301（既婚男性／3 人家族がターゲット），新中型セダン／ハッチバック（26 歳〜36 歳，ファッション好きの若者がターゲット）を順次投入する。

　P3 の他では，現在，P4 の開発も終盤に差し掛かり，2017 年に最初のモデルを発売する予定である。他方，P1 と P2 は依然として開発段階にある。

3.4. その他

　上記 3 社のほか，一部では外国の車台技術を買収した国有企業の動向も，不明点が多く本章では割愛した。たとえば，北京汽車は買収した Saab のプラットフォームをベースに，「紳宝」以外に A，B，C と MPV 各セグメントをカバーする M-trix を公表した。さらに，上海汽車も GM の EpsilonII に由来する GlobalE プラットフォームを開発し，ハイエンドの「栄威 950」を発売した。

　ただ，記述の通り，奇瑞，吉利，長安などのような民族系上位メーカーの取組みだけを取り上げて，限られた情報だけでも，おそらく下記の指摘ができよう。

　第 1 に，構成単位のモジュラリティ向上によって，これからの自動車競争では，パッケージの中身の勝負は依然必要だが，アーキテクチャ定義能力が次第に競争の主軸になっていく。

第 5 章　メガ・プラットフォーム戦略とアーキテクチャ定義能力競争　　*127*

　第 2 に，モジュールの中身を定義する能力はもちろん重要だが，インタフェースがそれに合わせて適宜に進化していくことも重要である（井上，2009）。こうしたアーキテクチャ定義活動はサプライヤーの協力なしには，到底実現できないことである。歴史が浅く，系列サプライヤー＝ティア 1 も育てなかった中国民族系メーカーにとっては，既存メガサプライヤーとの協力関係は，彼ら自身のメガ・プラットフォーム戦略の勝敗のカギである。この点，情報の制約もあり，中国自動車産業における部品メーカーに対する波及およびその再編への立入りを避け，別稿に譲ることとする。

　そのカギを握るのはモデルあたりの収益性競争である。本来，モジュラリティの構成について，VW の「MQB」，日産の「CMF」，トヨタの「TNGA」とマツダの「CA」などの先進国メーカーが経路依存的に，発散性を持つ異なる進化経路を辿っているが，中国民族系メーカーの参戦が VW 流の設計思想をよりいっそう突出させるようになった。

おわりに

　すでに分析した通り，メガ・プラットフォーム戦略を導入した外資系メーカーの車種に比べ，中国民族系メーカーの車種当たりの販売台数は一桁少ない。外資系メーカーのラインナップに比べ，廉価車市場に集中しており，価格はいくぶん安くなっている様子だが，外資系のメガ・プラットフォーム車種の海外生産台数と合わせた規模経済性を考慮すれば，中国民族系メーカーがこうした車種当たりの収益性競争において絶対劣位に立たされているのは必然の結果となる。この点が，数多くの民族系メーカーをメガ・プラットフォーム戦略への転向に促した真因である。奇瑞と吉利のような外国先進技術と直接提携するルートを有するメーカーを除けば，その他のメーカーは，依然，セグメントごとのプラットフォーム戦略段階に留まっており，セグメントを超えるメガ・プラットフォーム段階までに至っていない。ましてや，時下の人気車種のリバースエンジニアリングによる開発戦略に安住する企業も少なくないであろう。無論，民族系のメガ・プラットフォーム戦略は依然

128 第1編 メガ・モジュール化戦略とサプライチェーンの変容

途中段階である。既存プラットフォームから脱皮したプラットフォーム戦略もあれば，新規投入したMQB流の製品アーキテクチャ戦略もある。

中国民族系メーカーがVWの「MQB」へ接近することは一種の窮境から抜け出すための自己救命策ではあるものの，意図せぬ結果として，VW流のアーキテクチャ・デザイン能力をグローバル競争の主軸へ昇華させていく可能性がある。その潜在的波及経路は，VWと共通するメガサプライヤーとの協力関係によって達成できるものであろう。

本章の到達点が，先進国メーカー間のアーキテクチャ能力競争の行方を予測するのに一定の足がかりを提供することになるが，民族系メーカーがいかにプラットフォーム戦略から脱皮して，サプライヤーとのいかなる協力に基づき，構成単位のアーキテクチャとインタフェースとの共進化をいかに実現できるのか，などについて，現在それを観察できる情報が欠けており，今後の課題として目が離せない。

注
1）詳細議論について，李（2016）を参照。
2）詳細について，「New Golf イントロダクション①」（http://golf.volkswagen-japan.net/news_tag/%E3%82%B0%E3%83%AC%E3%83%BC%E3%83%89）を参照，2017年2月8日閲覧。
3）「コモン・モジュール・ファミリー（CMF）は，エンジンコンパートメント，コックピット，フロントアンダーボディ，リアアンダーボディ，電気／電子アーキテクチャーといった，互換性のあるビッグモジュールのかたまりをベースに，ルノー／日産アライアンスの車両で，1つまたは複数のセグメントをカバーするエンジニアリング・アーキテクチャー」である。詳細について「コモン・モジュール・ファミリー（CMF）：ルノー・日産アライアンスの新たな開発手法」（http://www.nissan-global.com/JP/NEWS/2013/_STORY/130619-01-j.html）を参照，2017年2月8日閲覧。
4）「コモンアーキテクチャ構想（以下CA構想）とは，車格を越えて各ユニットや基本レイアウトの設計思想を共通化することで，多種多様な商品を効率的に創出する取り組みである。PT，ボデー，シャシーといった各機能，各システムにおいて共通の設計思想を貫くのと同様，車全体においても共通の考え方に基づいた開発を実践している」（吉村他，2015）。
5）詳細について，下記リンクを参照（http://toyotagazooracing.com/pages/special/tnga/?padid=ag325.jptnga_tnga-detail），2017年2月8日閲覧。

参考文献

井上明人（2009）「研究員の視点：単にモジュール化することが重要なのではない」『智場』113 号，143-150 頁。

新宅純二郎・天野倫文（2009）「新興国市場戦略論—市場・資源戦略の転換—」『経済学論集』第 75 巻第 3 号，40-62 頁。

李澤建（2007）「中国自動車製品管理制度および奇端・吉利の参入」『アジア経営研究』（13），207-220 頁。

李澤建（2016）「第 4 章　勃興する新興国市場と民族系メーカーの競争力：自動車 I」，橘川武郎・黒澤隆文・西村成弘編『グローバル経営史—国境を超える産業ダイナミズム—』，112-132 頁，2016 年。

吉村康志，豊田稔，長尾治典，高橋達矢（2015）「スモールカー群の車両アーキテクチャ」『マツダ技報』（32），14-20 頁。

第6章
モジュール化の進展と自動車メーカーのアジア戦略
──インドネシアにおける自動車産業に注目して──

塩次　喜代明

はじめに

　世界の自動車メーカー（以下OEM）は，先進国における自動車市場の飽和化，環境エネルギーに関する各種規制，そしてこれらを克服するべく活発に展開される技術開発，さらには安全運転をめざした自動運転技術の開発等，様々な課題に直面しながらグローバルな競争に対峙している。このような状況の中で，世界のOEM各社は世界最大の自動車市場となった中国やモータリゼーションが急速に進展しているASEAN諸国に注目して，現地で激しい競争を繰り広げている。

　しかし，ASEAN諸国のアジアで求められる自動車は，先進国の自動車ニーズとは大きく異なる。先進国が追求する環境エネルギー問題を克服する自動車は，アジアの自動車市場で喫緊の課題になっているわけではない。高温多湿な気候や劣悪な道路事情のアジアでは，大家族で暮らす人々が初めて自動車を購入するケースが多い。アジアの自動車ニーズは各国の自然環境そして経済的社会的状況を反映したものにならざるをえない。このため現地のニーズに適応した自動車の開発とその供給体制がOEMのアジア戦略に大きな影響を与えている。

　本章では，日本のOEMが，ASEAN諸国のアジア現地のニーズに対応するべく車種の開発を進めながら，製品ラインの多様化にともなって増大する生産システムの複雑化や生産コストの増大に対してどのように対応しているのかに注目する。すなわち先進国とは異なる現地ニーズに対応する自動車づ

132 第1編 メガ・モジュール化戦略とサプライチェーンの変容

くりというコストアップ要因と，現地市場での競争力を高めるために高品質で低価格な自動車供給というローコスト要因の互いに背反する戦略的な課題への対応である。

　注目するのは，このような二律背反する課題への解決策として近年急速に進化しているモジュール志向のアーキテクチャーである。これはモジュール部品の組み換えによって車種のバリエーションを生み出して現地適応をはかりつつ，モジュール化による生産効率の改善や製造コストの削減を追求するという対応である。

　本章ではまずモジュール化の意義を検討し，OEM各社のモジュール化の状況を概観して，現地調査を行ったインドネシアのダイハツの現状を考察する。

1. 自動車のモジュール化と海外進出

1.1. モジュール化をめぐる課題と対応

　Henderson & Clark（1990），Ulrich, K.（1995）や藤本（2003）は，製品設計思想（アーキテクチャ）をインテグラル的なものとモジュール的なものに大別し，設計思想によって生産現場での技術的対応が異なることを指摘する。アーキテクチャーがインテグラル的であれば，生産現場では熟練技能工による事後的調整によるきめ細かい対応能力が重要になる。これに対してそれがモジュール的であれば，事前にデザイン・ルールが決まっているので，作業は標準化が可能であり，生産現場の作業がシンプルになり，工数も少なくなる。その結果，ヒトの熟練を介した生産の重要性は低くなる。

　部品のモジュール化が進めば，モジュール部品の組み合わせで製品の生産が可能になり，生産現場に熟練技術者を配置する必要度は低下する。モジュール部品の組み合わせが単純になるにつれて，生産工程はヒトに代わって自動化機械に代替できる余地が広がってくるし，生産のコストの改善を期待できるようになる。

　しかも，モジュール部品を組み合わせた製品といえども，モジュール部品

のひとつでも新規性が強いか，あるいは自社固有の技術を組み込んだものであれば，製品は差別的な優位性を持つことができる。

このような対応が先行したのはデジタル製品分野であった。2000年以降，デジタル製品では部品間のインターフェイスを単純化して，機能部品の組み合わせで製品化を図るという試みが急速に進んだ。

その結果，自社で全ての部品を一貫生産し，それを垂直統合して製品化するよりも，同様な機能を持つモジュール部品をグローバルに安価に調達し，それらを組み合わせて製品化するという国際的な水平分業の方が，製品開発のスピードアップが図れるし，モジュール部品の安価な調達や生産オペレーションの単純作業化を進めることによってコスト優位を築くことができるようになった（塩次，2013）。

台湾や韓国の電子部品製造企業（OEMサービス企業：original equipment manufacturing services）は，安価なモジュール部品を提供してきているし，一部のOEMサービス企業はモジュール部品を組み込んだ製品開発やデザインの指導を行っている。こうして自前主義の垂直統合にこだわるわが国の電子産業は苦境に立たされ，シャープが崩壊する事態が発生した。

田中（2009）は，モジュール化を，①相互作用の小さいユニットへの分割，②インターフェイスの固定化，さらには③インターフェイスの公開の3つの定義の仕方で分類している。そして，情報通信産業では，モジュール化の進展がオープンにモジュール部品を調達して安価な製品価格を実現しつつ，製品デザインの優位性を追求する企業に競争優位をもたらしたが，それに不得手なわが国情報通信産業は国際競争に敗れたと指摘している。

1.2. 自動車のモジュール化

では，自動車のモジュール化とは何であろうか。電子産業の二の舞になるのではないかという危惧の念も聞かれる。はたして自動車のモジュール化はデジタル製品と同じように進むのであろうか，違うとすればそれはどのように違うのであろうか。

自動車の「モジュール化」とは，あるデザイン・ルールに基づいて相互依存性を減らした，機能的に完結した部品の組み合わせによる自動車の設計や

生産を可能にしようとする設計思想である。藤本（2014）は，モジュールとは比較的複雑な製品を構成する比較的「粒度」（chunk）の大きな構成要素のことであり，イメージ的には自動車のモジュールは機能的に完結性の高いサブシステムに近い大きな塊で，数十あるいは数百の単位部品からなるという。

　モジュール的な設計思想で自動車のデザイン・ルールを考えれば，まず自動車の機能特性を幾つかの大きな部分に切り分けることから始まる。具体的にはプラットフォームを構成するエンジン，パワートレインなどのようにOEMが独自の技術を組み込んで設計し生産する固定性の高い基幹部分である。この部分は粒度の大きな基幹的なモジュール部品として，自動車の動力性能を決定づけることになる。そのため基幹部品はモジュール化が進んでも外注で賄えるものにはなりにくい。

　他方で自動車のデザインや特性に応じて柔軟に変化をつけることが求められるインパネや電装系等の可変的な部分は，その機能特性に注意して切り分けられる粒度の小さなモジュール部品になる。これらのモジュール部品は多様な機能部品として外注されやすい部品でもある。

　このように自動車はOEMで内作される基幹的なモジュール部品と，サプライヤーから供給を受ける多様な可変的なモジュール部品の組み合わせによって生産されることになる。つまりOEM各社の独自の技術が組み込まれる基幹的な部分と，ニーズにあわせて多様化する可変的な部分とを区別して，車の開発や生産を計画することは原理的に可能である。

　しかし，粒度の大きな基幹部品はOEMごとに特異であり，ユーザーはそれを評価して自動車を選択する。また車のデザインによって用いられるモジュール部品は多様であり，サプライヤーはOEMと密接な連携をとる必要がある。このため，自動車のモジュール化が進んでも，標準化された機能部品としてのモジュール部品だけで自動車が生産されることはない。自動車の生産では，外注のモジュール部品が占めるウエイトが高くなり，OEM間に技術的な類似性が強まったにしても，デジタル製品のように全てが標準的なモジュール部品で賄えるようになることはない。

1.3. モジュール化への欧州の動向

　自動車のモジュール化が進んでいるのは欧州，特にドイツである。

　フォルクスワーゲン（以下 VW）は，2004 年頃に 4 つに集約したプラット
フォームをベースに，部品共通化を進めていた。2007 年の Modular Toolkit
戦略では，エンジン配置を縦横の 2 区分とし全体の部品の共通化を進め，
2012 年にはエンジン横置の MQB（Modulare Quer Baukasten）を開発した。
VW は全てを MQB に統一しているのではなく，VW グループ内でエンジン
縦置の MLB をアウディが担当し，スポーツカー等の MSB はポルシェが担
当することになっている（安藤，2014）。

　モジュール化が進めば，粒度の大きなモジュール部品はアセンブリーライ
ンの近くで生産し供給することが，ロジステクスのコストを抑えジャスト・
イン・タイムでラインに流すには有利である。このことが OEM とサプライ
ヤーの空間配置に影響を及ぼす。

　目代はモジュール化の進展を，モジュール部品の空間的な供給体制に注目
して，2009 年 9 月にドイツの自動車工場 6 ヶ所（VW の Wolfsburg 工場，
Audi の Ingolstad 工場，PSA の Mulhouse 工場，Daimler の Sindifingen 工場，
Smart の Hambach 工場そして BMW の Munich 工場）を集中的に調査して，
その状況を報告している（目代，2010）。工程のレイアウトに OEM ごとに特
徴があるものの，モジュール部品の供給が OEM のアセンブリー工場内から
であろうが，その隣接地に設けられたサプライヤーパークからであろうが，
あるいはアセンブリーライン近隣からの供給であろうが，その供給体制の形
態は，モジュール化の進展度合いとはあまり関係がなさそうである。むしろ
重要なのは OEM の自動車へのアーキテクチャー戦略とサプライヤーのモ
ジュール部品の開発供給能力をめぐる取引関係である。欧米では，強力な開
発供給力をもつサプライヤーと OEM が対等な関係で結ばれており，このこ
とがわが国には見られない特異なモジュール部品の供給体制を成立させてい
るといえる。

　ちなみに欧州では Bosch や Continental などのように，OEM に対して技術
開発力を武器に強い交渉力を持つメガサプライヤーが存在し，OEM との間
で相互に依存的で水平的な取引関係が成立している。OEM はエンジンやパ

ワートレイン等の動力系に独自な技術力を構築し，その他の主要な部品については高い技術力と生産力を誇るメガサプライヤーが担当している。同時にメガサプライヤーは複数の OEM との間にも水平的な提携関係を結んでおり，1 対多の取引関係を OEM 各社との間で展開している。

したがって，欧州ではモジュール部品の供給体制は，モジュール化をどの部品でどのレベルまで進めるかをめぐって OEM とメガサプライヤーがどのように技術的に合意をしているかが鍵を握ることになる。メガサプライヤー側にすれば自社開発したモジュール部品を OEM が採用しない限りは，モジュール部品の生産拠点を OEM 隣接のサプライヤーパークに開設したり，OEM の生産計画にあわせて JIT システムによる供給体制を取ることはありえない。逆に OEM 側からすれば，自社にとって重要なモジュール部品を安定的に供給したり，完結したサブシステムに近い大型のモジュール部品の技術開発を積極的に進めたり，臨機応変に自社仕様の変更に応じてくれるメガサプライヤーは不可欠なパートナーになる。そのため OEM はメガサプライヤーとの間で長期的に良好な関係を築こうとするであろう。

欧州のメガサプライヤーは，得意とする分野で独自に技術開発を推進し，技術を梃子に独創的な要素部品を生み出したり，独創的な要素部品を組み合わせてシステム化された大きなモジュール部品をオリジナル部品として開発することが不可避になる。メガサプライヤーにとっては，技術的な独創性を武器に OEM との間で安定的な取引関係を結ぶことが基本戦略になるのである。

欧州では，このような水平的な戦略的提携関係が，メガサプライヤーのモジュール部品の開発やその供給システムのあり方に大きな影響を与えている。わが国ではあまり見られないサプライヤーパークはそのような戦略的な提携の結果であると言えよう。

ちなみにわが国での両者の取引関係は，OEM を頂点とする垂直的な取引関係（ケイレツ）である。これは OEM とサプライヤーの双方が意識的に構築してきた戦略的な提携関係の結果にほかならない。ケイレツ取引では，原則としてサプライヤーはケイレツ外の OEM への供給を行わない。OEM とサプライヤーの緊密な連携を基にして，多種多様な部品の QCD（品質，コ

スト，配送）が計画され，アセンブリーラインとの時間距離を重視したサプライヤーの配置体制がとられることになる。

1.4. BMW 本社工場にみるモジュール生産

今回（2017年1月9日）調査に訪れた BMW の Munich の本社工場を，モジュール化の観点からその生産システムを簡単にみておくことにしよう。本社工場は 1922 年に操業を始め，60 年代に拡張し，2007 年には本社工場，総合展示場，本社，博物館の4つを有機的に組み合わせた近代的な建物群からなる「BMW World」として威容を誇っている。

本社工場は5階建てビルであり，①プレス，②ボディ，③塗装，④エンジン，⑤組立の5工場（shop）からなり，約 4,000 人の従業員が2シフト（ロボット化の進んでいるボディ工場やエンジン工場は3シフト）で従事し，一日当たり約 3,000 台をオンデマンド生産（Just on Demand と呼んでいる）をしている。

案内されたこの工場の全工程の徒歩距離は 2.5km とかなり長い距離である。BMW は全ての Shop でロボット化を進めているので，自動化の進んでいる shop では従業員の姿はまばらである。ちなみに組立工場以外の4工場では僅か 1,000 名が2シフト体制で従事しているだけである。ロボット等の自動化機械は情報システム（以下 ICT）で結ばれており，作業現場ではヒトとロボットが完全に分離されている。配置された従業員のほとんどがロボットや自動化機械の制御に従事している。

モジュール化の進展を組立工場で確認しておきたい。この組立工場に従業員約 3,000 人が2シフト体制で配置されている。全従業員 4,000 名の 75％であり，この工場の配置人員が最多である。しかし，わが国で見かけられるような多くのヒトがラインにそって組立作業をするという光景は見られない。モジュール部品の取り付け作業が基本であり，細かい組立作業がほとんどないからである。重い座席やフロントガラス等の取り付け作業はロボットが支援するようになっている。タクトタイムは 59 秒であり，これはわが国の組立ラインと変わらない。

組立工場は 2014 年に JIT プロセスと呼ぶ ICT に支援されたジャスト・イ

ン・タイム方式を導入している。それぞれの持ち場にはトヨタ式のアンドン灯が設置されていて，黄色のランプが点灯すればサポート要員が駆けつけて不具合を修復する仕組みである。しかし，トヨタとは違って，アンドンが点灯してもラインが停止することはない。現場で品質を作り込もうとするトヨタのラインストップを辞さないアンドン方式とは大きく異なっている。

　また生産ラインは基本的に混流生産であるので，車種ごとに取り付ける部品が異なるし，作業の手順も変わることになる。わが国では混流生産のために，組立作業では管理高度な熟練を不可欠としている。しかし，BMWはこの点でもわが国と異なっている。

　現場で必要な熟練作業は全工程にわたって一つひとつがマニュアル化されており，各自の持ち場の顔前に設置されたカラー液晶画面によって作業内容を確認することができるようになっている。車種が変わるごとに画面の表示内容が変わり，表示された作業マニュアルにそって組立作業が進められる。作業は熟練をあまり要しないほどに単純化されており，現場で作業するヒトの動作は実にゆったりとしている。

　このような差異は最終の検査工程でも見られる。自動車に必要とされる検査内容はわが国と大差はない。しかし，検査の方法や手順はわが国とはかなり異なる。検査段階に完成車がベルトコンベアで運び込まれると，まず1台ごとカメラで撮影する。フラッシュがその都度光る。デジタル画像によってアッパーボディの検査をして，このステップをパスする。わが国のようにボディを手で触ったり目視したりして不具合を検査することはない。したがって塗装等のチェックのための明るく強い照明装置もここにはない。

　さらにその後の検査工程は全てデジタル化された検査機器を介して行われる。検査員は車から離れて測定機械を操作し，計測データを監視することに専念するだけである。

　このようにBMWの生産方式は，わが国のOEMが重視するヒトを介して完成した自動車を生産するという考え方と大きく異なっている。

　BMWの本社工場の内部は概して暗く，組立工場を除く4工場ではロボットが動きまわり，ヒトはそこから離れた場所からロボットを操作している。組立工場では作業は単純化され，マニュアルに基づいた半熟練の作業が繰り

第6章　モジュール化の進展と自動車メーカーのアジア戦略　*139*

広げられている。作業の主役はまるでロボットや自動化機械とそれを結ぶ情報システムである。工場をトータルに管理する ICT システムはまさしく全行程の神経伝達系統である。生産現場にはヒトが品質を作り込むという気負いは見当たらない。しかし作りだされる車はわが国でも世評の高いあのBMW である。

　このような自動化と ICT 化を可能にしているのは，モジュール部品を組み合わせて自動車を作るというモジュール志向のアーキテクチャーである。高い技術レベルの高品質な大型モジュール部品を生産ラインに導入して組み合わせれば，モジュールの性能に裏付けられた高品質な自動車になるという設計思想である。このことを突き詰めていえば，環境や安全に配慮した自動車に必要とされる先端的な技術要件は，個々のモジュール部品で実現できることになる。

　たとえば自動運転のための要素技術であるカメラやレーダーによるセンシング・システム，画像認識システム等のような，OEM に不足する技術や部品システムについては，それら要素技術をトータルにシステム化してモジュール部品として供給するメガサプライヤーに依存すれば，自動運転に対応することができる。その際にメガサプライヤーと連携して，そのモジュール部品を自社仕様に改良すれば，自社の独自コンセプトをまとった自動車を生み出すことが可能になる。その他の外注部品に関してもメガサプライヤーとの間で OEM 独自のモジュール部品化を進めるとともに，OEM が強みを発揮できるプラットフォームの技術開発を進めてモジュール化への対応をはかりつつ，アッパーデザインの改良を加えてゆくことで競争優位を磨けばよい。

　BMW はエンジン技術に定評がある。エンジン工場では，B38A15（1,500cc），N20OL（2,000cc），N63B44（4,400cc の V8），N74B66（6,600cc，V12，ロールスロイス用）の4種類が主として作られている。主力エンジンの N20OL の組立では，自動化率が60％と高く，エンジンを構成する要素部品のモジュール化が進められていて，それがエンジン生産の自動化を可能にしている。もちろん出来上がったエンジンは，モジュール部品として組立ラインに送られていくことになる。

なお，BMW はエンジンについて，第二次世界大戦時のメッサーシュミット以来の伝統があり，高性能エンジンは BMW の最も強みとする技術である。HEV 用エンジンは先端技術化を進めているライプツイッヒ工場で，欧州で人気のディーゼル車用のエンジンはオーストリアで，さらに中国市場等の海外向けには中国の瀋陽等の 2 工場で供給する体制を敷いている。それぞれの工場ごとに生産するエンジンを特化して生産効率を高めるようにしていることがうかがえる。

　以上述べてきた BMW にみられるように，欧州の OEM では各社ごとに特徴をもちながらモジュール生産が進展しており，ICT と連動した生産システムはドイツが主張する Industry 4.0 の様相を呈している。このような傾向は，欧州の自動車産業の歴史的なコンテクストからみれば，OEM とサプライヤーの水平的な関係が進化した結果であり，サプライヤーの技術力やモジュール部品の供給力の進化が OEM との連携を強化してきた結果であるといえる。

　欧州の自動車産業にとってモジュール生産の進展は海外戦略を後押しする要因になっている。成熟化した欧州の労働市場では熟練技能工を十分に確保しにくくし，自動車市場の今後大きな成長も期待できなくなっている。モジュール化は生産現場の熟練技能の必要性を軽減してくれるし，モジュール部品の供給体制を確保できれば海外でも本国と同様な生産を展開できる可能性を高めてくれる。

　欧州の OEM にとって，モジュール化は海外生産戦略を支えており，特に自動車市場が拡大している中国での欧州車の基本戦略になっている。中国における VW の戦略はまさしくこのようなロジックで理解できるのである。ASEAN 諸国でも欧州車の存在は大きくなっている。ではわが国の自動車産業はアジアでどのような戦略を取っているのであろうか。以下では ASEAN に注目して検討してゆくことにする。

第 6 章　モジュール化の進展と自動車メーカーのアジア戦略　*141*

2. わが国自動車メーカーのモジュール化対応

2.1. モジュール化と系列

　わが国の OEM は 3 次 4 次と下方にまで広がるピラミッド構造のケイレツを通じて低価格高品質な自動車製造を行っている。しかし，自動車部品のモジュール化は進んでいる。技術力のあるサプライヤーはデザインインを通じて，モジュール部品の開発に参加している。またモジュール部品の粒度が大きくなればなるほど部品点数は減少してゆくので，それからはみ出したサプライヤーは厳しい状況に追い込まれている。

　OEM にとって部品のモジュール化は製造コストを見直し効率的な生産を行うには有効であるが，他方でケイレツは臨機応変に多種多様な部品を供給するには有効な仕組みでもある。モジュール化とケイレツの間の矛盾を克服し，それぞれのメリットを活かすことは，わが国の OEM の課題になっている。

　目代・岩城（2013）は，車両開発思想がモジュール中心か，それともプラットフォーム中心かによって，モジュール化へのアプローチが異なることを指摘している。前者を新モジュール戦略と呼び，後者を新プラットフォーム戦略と呼んで，OEM ごとに両者の差異を細かく比較している。

　前述したように，このような差異が生じる理由は，サプライヤーがどれほどに自立的で OEM と対等な関係にあるのか，逆にいえば OEM がサプライヤーの技術力を活かしたモジュール部品をどれほど必要としているのかという両者の依存性の程度に求めることができる。OEM とサプライヤーの関係が水平的であるのか，それとも垂直的であるのかは，依存関係のイニシアチブをどちらが強く握ることができるかという技術力と供給力をめぐるパワー関係を反映している。OEM が依存関係を支配する程度が強くなるほど，両者の関係は垂直的になり，逆に OEM がサプライヤーへの依存を強めるほど，その関係は水平的になると言えよう。

　OEM がグローバルにサプライヤーを求め，メガサプライヤーと安定的な関係を深めながら，プラットフォームのモジュールへの切り分けを細かくし

ていけば，VW のようなモジュール・マトリックスによる車の製造が可能になってゆく。

わが国では，日産は，C. ゴーンの CEO 就任後間もなくケイレツの見直しを行い，サプライヤーとの資本提携関係を弱めてきた。日産ではケイレツ内の取引を一定程度残しつつも，技術的に優れた有力なサプライヤーとの間でグローバルにモジュール部品の調達が行われるようになった。早くも 2001 年にはスカイラインの生産にモジュール化を取り入れている。モジュール化の進展とともに，粒度の大きなモジュール部品による自動車生産が射程におさまるようになり，2012 年の CMF（日産コモンモジュールファミリー）の宣言に結びついている。

日産のような OEM からの脱ケイレツの動きはわが国では例外的である。わが国の OEM のほとんどがケイレツを活かしながらモジュール化を進めようとしている。その顕著な例をトヨタに見ることができる。

2.2. メガプラットフォーム戦略としての TNGA

トヨタは 2015 年 3 月 26 日付けのホームページ上で「もっといいクルマづくり」の取り組み状況を明らかにしている（http://newsroom.toyota.co.jp/en/detail/7218022）。

それによれば，2011 年 3 月に策定した「トヨタグローバルビジョン」に基づき，「もっといいクルマづくり」に向けた取り組みを進めていると述べ，TNGA によるグローバルな戦略展開をそのホームページの中で以下のように説明している。

> 「経営を取り巻く環境が激変する中で，もはや，これまでと同じ考え方や仕事の仕方では，持続的な成長は望めない。トヨタ自らが新しいビジネスモデルを構築することが必要な時代に入った」（豊田章男社長）との認識に基づき，トヨタでは，クルマづくりのすべてを見直す活動に取り組んでいる。取り組みの中核は「Toyota New Global Architecture」（以下，TNGA）に基づく商品開発と競争力のある工場づくり，それらを支える「人材育成の強化」である。

第6章　モジュール化の進展と自動車メーカーのアジア戦略　*143*

具体的には，持続的成長を続けるべく，「パワートレーンユニットとプラットフォームを刷新し，一体的に新開発することにより，クルマの基本性能や商品力を飛躍的に向上させていく。その上で，グルーピング開発による部品・ユニットの賢い共用化をすすめる（従来に比べ20％以上の開発リソースを削減見込）。更に仕入先と協力して原価低減も推進することで得られたリソーセスも含めて，先行技術開発や商品力強化に再投資していく」（同上）ことを謳っている。

　グローバル化を進めれば現地ニーズ適応のクルマの開発が必要になり，自ずとプラットフォームもパワトレもクルマのデザインも変更せざるをえない。当然開発工数は増大し，製造工程も見直しが必要になる。TNGAはこの課題をパワトレとプラットフォーム等の基本部分の共用化とアッパーボディの地域最適化（地域ニーズにそった車デザインによる差別化）によって解決することを狙っている。これによって基本部分の共用化による開発工数の削減と生産の効率化によるコスト低減と，アッパーボディの地域最適化による商品力向上をはかることができるのである。

　では，TNGAはMQBやCMFとどのように異なっているのであろうか。片山（2014）はトヨタへの聞き取り調査を踏まえて「トヨタはTNGAを語る際，「モジュール」および「共有化」という言葉を原則として使用しない（13頁）」と述べ，その理由として「トヨタは部品単位での発注形態を取るケースが多く，内製でアセンブリする製造工程をとっているため「モジュール」という言葉をあまり使用しない（同上）」し，「賢い設計を行い，車種間をまたいで共に用いる（同上）」ので共有化ではなく，共用化なのであると指摘する。

　TNGAは，パワトレやプラットホームにはHEVやPHVさらにはFCVのような先端的な技術開発の成果を組み込みながら車種間の共用化をはかり，車種によって多様化する部品についてはケイレツの強みを活かして効果的な供給体制を築こうとするものであり，ケイレツの良さが活きる仕組みになっている。OEMが高い技術開発力と巨額の資金を必要とする比較的固定的な基本部分を担い，サプライヤーは可変的な部品について設計の変更に柔軟に対応しながらQCD（品質，コスト，供給）を高めるという関係が活かされ

ている。ここには VW のように，車をレゴ・ブロックのように組み立てる
というアーキテクチャーの思想はみられない。TNGA には垂直的なケイレ
ツを洗練しながら構築される生産体制をベースにしたアーキテクチャーであ
る。

　TNGA 第一号となったのは 2015 年 12 月 8 日にフルモデルチェンジされ
た「プリウス」であった。TNGA によるクルマづくりは今後車種を広げて
ゆくであろうが，注意しておきたいのは，TNGA が現時点では国内生産の
主力車種から採用されてゆきそうなことである。国内からやがて海外へと
TNGA は広がるにしても，TNGA による生産体制を海外に展開するには時
間がかかりそうである。

　国内においても TNGA の展開は端緒についたばかりである。トヨタ自動
車九州の工場は，トヨタ社内でも先端的な生産工程を誇っているが，TNGA
への取り組みは今後の課題として残している。ちなみに同工場は，2016 年 9
月に米国市場調査会社 J.D. パワーによる「IQS」（自動車初期品質調査）の
工場部門で世界一となるプラチナ賞の 2 度目の受賞をしている。

　したがって，TNGA はこれからのトヨタの車づくりを導いてゆくことは
間違いないが，アジアでの TNGA の展開はまだ先になりそうである。では，
トヨタはアジア戦略をどのように進めているのであろうか。アジアでのメガ
プラットフォーム戦略の展開を検討して，その具体的な事例として，インド
ネシアにおけるダイハツの生産戦略をみてゆくことにしたい。

3. アジアにおけるトヨタのメガ・プラットフォーム戦略

3.1. トヨタの IMV

　アジアを語る場合中国に触れざるを得ない。中国は 2009 年に世界最大の
自動車生産国になり，2016 年の自動車生産は 2,600 万台を超えた。また中国
は世界最大の自動車販売国でもある。それだけに中国国内では民族系 OEM
や外資系 OEM，さらに政府の自動車政策などが複雑にからみあって，独自
の自動車産業構造を構成している。近年，わが国の OEM の中国での展開は

第 6 章　モジュール化の進展と自動車メーカーのアジア戦略　　*145*

活発であるだけに，中国の自動車産業の実態は大きな研究課題である。

　しかし，実は ASEAN へのわが国 OEM の進出は中国に比べて早かった。トヨタの場合，中国の天津に進出したのは 1998 年なのに，タイへは 1964 年，インドネシアへは 1970 年と，20 年以上の開きがある。結果的に ASEAN での自動車生産の取り組みが，中国における生産戦略に少なからず影響を及ぼしている。中国を語る前に，ASEAN でのわが国 OEM の実態を調べておくことは必要である。

　ASEAN の自動車市場は 2013 年に 353 万台を超え，その後はやや減少傾向を示し 2015 年は 305 万台強である。国別のシェアはインドネシア 32.8％，タイ 25.9％，マレーシア 21.6％の 3 ヶ国で 80％を占める（AAF データによる：（出所）Bambang Trisulo "Indonesia Automobile Industry" 2016 年 10 月 JETRO Regional Industry Tie-Up Program の講演資料）。現在タイにはトヨタ，日産，ホンダのわが国ビッグスリーが生産拠点を設けて，系列の部品メーカーを配して高い生産力を発揮している。特にトヨタはタイでの生産戦略の成果を活かして，隣接する ASEAN 諸国への進出を押し進めている。

　上述したように TNGA のアジアでの展開が国内より後になるとすれば，トヨタはどのようなアジア戦略を展開しているのであろうか。当然，第 1 にこれまでトヨタのアジア戦略をささえてきた IMV（Innovative International Multipurpose Vehicle）に触れざるをえない。

　IMV については折橋が定点観測をまじえて詳細な現地調査を繰り広げている（折橋，2008：2016）。IMV は 2002 年に発表の新興国市場をターゲットにしたトヨタ自動車の世界戦略車プロジェクトとして，2004 年 8 月タイ国トヨタ自動車（以下，タイトヨタ）で IMV シリーズの生産販売が開始された。IMV では，ひとつのプラットホームをピックアップトラック，ミニバン，SUV の 3 つの車体に共用し，さらにピックアップトラックには 3 種のバリエーションを加えて合計で 5 車種を生産している。しかも，IMV シリーズの車種は海外拠点で生産準備され，生産販売が行われるという現地化がはかられている。

　このため海外拠点では生産技術力や部品の供給体制が重視されるばかりでなく，車種の開発能力も問われることになる。実際には海外拠点での車種開

発は，主にアッパーボディのデザインに特化されており，海外拠点での開発への負荷を抑えることが工夫されている。しかもアッパーボディのデザインは，現地の車へのニーズを反映して設計されるので，IMV は新興国の多様なニーズに合致することになる。

IMV シリーズの生産販売数は予想以上に伸び，2012 年までに累計 500 万台を販売し，その後概ね 100 万台弱のペースで売れ続けた。2015 年 5 月 2 代目 IMV にフルモデルチェンジしている。折橋（2016）は，初代から 2 代目への切り替えについて，2 代目への立ち上げが円滑に進んだのは，初代 IMV プロジェクトでのタイ自立化プロジェクト，専門技能習得制度，IMV 向けバーチャルカンパニー，現場での自主研や朝会などを通じた品質にこだわった組織能力の育成などの一連の施策を，それらを推進した担当者を再配置して深化させたことによると指摘している。つまりこの間，タイトヨタではものづくりの組織能力が練磨され蓄積されてきており，2 代目 IMV はそのような組織能力の上で展開されているのである。

タイトヨタでの成功を踏まえ，IMV はインドネシアにも展開されて，タイトヨタの生産力を補強しつつ，独自な発展をみせている。

3.2. インドネシアの自動車産業とトヨタ

インドネシアに目を転じよう。同国は世界第 4 位の 2 億 3,000 万人の人口を擁している。経済発展にともなって 2011 年に一人当たり名目 GDP は 3,178 ドルを記録し，モータリゼーションが起こると言われる一人当たり GDP3,000 ドルを超えた。この年の自動車販売台数は約 89 万台，自動車生産台数は 84 万台と，生産台数よりも販売台数が上回った。

他方，ASEAN の自動車拠点であるタイ国の同年の販売台数は約 79 万台，生産台数は約 145 万台であり，生産台数が 60 万台以上も上回っていた。つまりタイは自動車輸出国で，主な指向先は ASEAN であり，インドネシアは生産台数不足を主にタイからの輸入で補っていたのである。

現在インドネシアの自動車市場は年間 120 万台に拡大している。完成車の供給不足を補うべく自動車生産工場の規模の拡大や新規工場の建設が行われてきたのである。日系 OEM は，2011 年に日産第一工場拡張，2012 年にト

ヨタは車両工場，エンジン工場，2013年にダイハツ第2工場およびエンジン工場，14年にはホンダ第2工場，日産第2工場，スズキ新工場と矢継ぎ早にインドネシアに進出している。現在，日系OEM8社，部品メーカー160社が操業している。日本自動車工業会岩武俊広氏の調査によれば日本の四輪車の販売シェアは96％を占めており，その過半数をトヨタとダイハツの2社が占めている（岩武，2016）。

　2015年の生産台数は109万8千台強であり，同国からの輸出台数は20万7千台強であった。生産台数の2割程度が，中近東（サウジアラビア，アラブ首長国等），ASEAN（タイ，フィリピン等）に輸出されている。インドネシアは次第に新興国向けの自動車生産拠点として地歩を固めつつある（JETRO，2016）。

　2014年現在の雇用状況をみてみると，アセンブリーメーカーは20社で約4万5,000人を雇用し，Tier1は350社で18万人を雇用している。Tier2および3は大小様々に700社ほどあり，90万人が働いている（2014年11月13日インドネシア工業省エウイス中小企業総局長の資料による）。インドネシアにとって自動車産業は雇用の場として欠くべからざる産業になっていることが分かる。

　このようにインドネシアはASEAN域内で最重要視される，自動車産業の発展可能性が高い国であるし，現地国にとっては，自動車産業は雇用を生み出し経済を牽引する最重要産業のひとつである。

　以下では，トヨタとダイハツに注目して，インドネシアへの進出をどのように進めているのか，またそのための生産体制をどのように構築し，現地の市場ニーズに適応するためにIMV車の現地開発がどのように展開されているかをみてゆくことにする。

3.3. インドネシアにおけるトヨタの展開

　ASEAN最大の自動車市場に成長する可能性の高いインドネシアに対して，トヨタグループの進出は早く，1968年にジャカルタ駐在員事務所を開いて以来，自動車市場の拡大に歩調をあわせながら生産拠点の拡大強化に取り組んできている。

1970 年にトヨタは Astra International と合弁で PT. Toyota Motor Manufacturing Indonesia（TMMIN）を出資比率 95％で設立し，翌年にカラワン（Karawan）第 1 工場での生産を開始した。同工場は順調に生産を伸ばし，1998 年の拡張により 13 万台の生産体制になった。主に Kijan Innova（2004 年発売），SUV の Fortuner（2005 年発売）を生産している。

その後，1971 年に Astra International と共同で生産販売会社 Toyota Astra Motor（TAM）を設立して，国内販売の強化をはかっている。1973 年には合弁で Maruti Astra（MA）を設立して，車輌組立を開始し，同年にスンター（Sunter）工場を建設し，エンジン 19.5 万基の生産体制に入った。その一部は日本，マレーシア，フィリピン，台湾に輸出されている。1976 年にボディ製造会社 Toyata Mobilindo（MBD）を設立，1977 年にはプレス部品，金型，鋳物を生産する Sunter 第 2 工場が稼働し始めた。1977 年発売の IMV 車の Kijan は順調に販売を伸ばした。これを受けて 1984 年に Toyota Engine Indonesia（TEI）を設立し，Kijan 用のエンジンの生産を始めた。

設立した企業の統合化と Astra グループとの協力関係の強化のため，まず 1989 年に MA，MBD，TEI を TAM に統合し，さらに 2003 年には TAM の製販分離をはかり，生産は TMMIN が担当し，販売は Astra International が 51％出資する PT.Toyota Astra Motor が担当する体制に編成して現在に至っている。その後，2004 年に IMV 車で現在主力車種になっているアバンザ（Avanza）をダイハツと共同開発して上市している。

TMMIN ではトヨタ車体が 88.52％出資する Sugity Creatives を 2012 年に設

表6-1　インドネシアにおけるメーカー別の販売台数（単位千台）

	トヨタ	ダイハツ	ホンダ	スズキ	三菱	日産	その他	合計
2005 年	169.2	48.7	39.6	103.8	47.1	10.6	81.7	500.7
（シェア）	33.7%	9.7%	7.9 %	20.7%	9.4%	2.1%	16.3%	100.0%
2015 年	322.4	167.8	159.2	121.8	112.5	54.4	85.1	1,013.2
	31.8 %	16.6%	15.7%	12.0%	11.1%	5.4%	7.4%	100.0%

（出典）FOURIN『アジア自動車産業　2015 年展望』,164 頁の表，および JETRO『2015 年主要国の自動車生産販売動向』ジェトロ海外調査部海外調査計画課，2016 年 9 月　https://www.jetro.go.jp/ext_images/_Reports/01/fb1244a72d16a4c3/20160068.pdf に基づいて作成。

立して年間6千台の完成車組み立てを開始するとともに，2013年に12万台
の生産能力のKarawan第2工場が稼働し，Etios Valco，Vios，Yarisの生産
が開始されている。

2015年のメーカー別の販売台数は表6-1のようになっている。

2015年度のインドネシアの自動車市場の97.5％を日本車が占める。この
うちトヨタとダイハツの販売台数のシェアの合計は48.4％に達している。こ
れをさらに車種別にみると表6-2のようになる。

ベスト5の車種ブランドにトヨタ系以外で入っているのは，ホンダが
2014年にインドネシア向けに投入した低価格MPVのモビリオだけである。
トヨタの生産体制の拡充とAstra Internationalによる販売体制が，いかにイ
ンドネシア市場で強いかが分かる。

メガプラットフォーム戦略に目を転じて，トヨタのIMVのインドネシア
での展開を確認しておこう。インドネシアにおけるIMV車は，低価格帯の
小型MPV車のキジャン（Kijan）とアバンザ（Avanza），高価格帯のSUVの
フォルチュナ（Fortuner）である。

このうち特に注目すべきは，ダイハツと共同してIMVのプラットフォー
ムをベースに開発されたアバンザ（ダイハツではセニアXenia）である。ア
バンザ／セニアは，インドネシアの世帯収入が高くないこと，家族が多いこ
と，道路が頻繁に大雨でぬかるんだり冠水したりすることに配慮した車高の
高い車としてダイハツの研究所を中心にインドネシアのデザイナーが参加し
て開発された。アバンザ／セニアは7人乗り1,300ccの小型ミニバン

表6-2 主要車種別販売台数（単位千台）

	1位	2位	3位	4位	5位
ブランド	アバンザ	アギア	モビリオ	キジャン イノーバ	アイ
車種	MPV	LCGC	MPV	MPV	LCGC
メーカー	トヨタ	トヨタ	ホンダ	トヨタ	ダイハツ
販売台数	133.1	56.5	48.9	45.4	36.4

（出典）JETRO『2015年主要国の自動車生産販売動向』ジェトロ海外調査部
海外調査計画課，2016年9月を参照して作成。

（MPV）である。2004 年に発売以来，ベストセラーを続けている。

アバンザの生産はダイハツのスンター工場に発注し，セニアをインドネシア専用のブランドに位置付け，アバンザは新興国向け車種として ASEAN をはじめ中近東，アフリカ，中南米に輸出している。

アバンザ／セニアをインドネシアで開発して販売台数を大きく伸ばしてきていることは，新興国の国情にあわせて，ひとつのプラットフォームで多様な車種を開発して販売するという IMV 戦略がタイに続いてインドネシアでも成果をおさめていることを意味している。前述したように IMV は現地のニーズをくみ上げ，それに柔軟に対応しつつ，ミニバンや SUV，ピックアップトラックなどの生産車種の多様化にともなうコストの増大を，プラットフォームの共用で抑えることによって可能にするものである。

また，2013 年発売の Kijan Innova では，現地デザイナーの参画によるボディデザインに取り組んでいる。これを契機に，IMV による現地開発体制を整備している。

VW に代表的なモジュール生産とは異なるメガプラットフォーム戦略が，自動車産業が十分に発展していない新興国では有効であることを示している。モジュール化ではないもうひとつのメガプラットフォーム戦略であるといえる。

4. インドネシアにおけるダイハツの生産戦略の展開

4.1. 生産体制の整備

ダイハツは 1976 年 Astra International と総代理店契約を結んでインドネシアに進出した。1978 年 Astra International とニチメンとで鋼板プレス工場，83 年にエンジン工場を建設した。1992 年に出資比率ダイハツ 62％，Astra International 32％，ニチメン 6％による Astra Daihatsu Motor（ADM）が設立された。なお現在の ADM の出資比率は，ダイハツ 62％，Astra International 32％，豊田通商 6％である。

この後，ADM の下でダイハツの生産体制が整備されてゆくことになる。

第6章　モジュール化の進展と自動車メーカーのアジア戦略　　*151*

1996年にアルミ工場，1997年に鋳物工場を建設し，1998年Sunter組立工場（34万台）が竣工した。これでダイハツはインドネシアでの組立生産体制を整えたことになる。

2003年にトヨタと共同開発した小型版U-IMV車アバンザ（Avanza）の受託生産を開始した。この車は前述のようにインドネシア向けに開発された小型多目的バンであり，同一車種をダイハツはセニア（Xenia）として生産販売している。

インドネシアの経済発展にともなって増大する自動車需要を踏まえて，生産体制の増強に取り組むことになった。2006年ジャカルタから70km西のカラワン（Karawan）県でKIICエンジン工場（53万基），そして2012年同じくジャカルタから約85km西のカラワン県でSurya Cipta第2組立工場（12万台）が稼働し始めた。この段階で年間35万台の生産体制になり，インドネシアでの販売シェアは14.7％になっている。

主な生産車種は，LCGC（インドネシア政府政策適合車Low Cost Green Car）適合の小型エントリーモデルのアイラ（Ayla），アギラ（Agyra，トヨタ向けOEM車），IMV車のセニア（Xenia）／アバンザ（Avanza，トヨタ向けOEM車），SUVのテリオス（Terios）／ラッシュ（Rush，トヨタ向けOEM車），トラックのグランマックス（Grand Max）／タウンライトエース（トヨタ向けOEM車）などである。インドネシアではトヨタと連携してトヨタからの受注生産車を生産しており，強い補完関係にある。

なおLCGCとは2013年7月に施行された政策に適合した車のことである。その適合基準は排気量1,200cc以下，燃費20km/L以上，現地調達率80％以上，価格95万ルピア（約83万円）以下となっている。

ダイハツはさらにインドネシアの生産体制の整備を進め，2016年にSurya Cipta第2組立工場にR＆Dセンターを開設し，自前でIMV車のアッパーボディの開発ができる態勢を構築している。

ダイハツの生産体制とはどのようなものなのか，その具体的内容をSurya Cipta第2組立工場の視察を踏まえて検討してみる。

4.2. Surya Cipta 工場の生産戦略

　視察（2015年11月12日）にうかがったSurya Cipta工場（ダイハツではカラワン工場と呼んでいる）はインドネシアにおけるADMの新鋭の第2工場である。工場は，カラワン県のKIICエンジン工場から15kmほどはなれた丘陵地帯に大規模開発された工業団地内に立地している。

　同工場の全景は図6-1に示すように，94万㎡の広大な敷地にデザイン棟や設計実験棟そして組立工場の建物群が配置され，その後背地に3,000mの本格的なテストコースが設けられている。

　Surya Cipta工場ではAMDの理念 Just Fit for Indonesia を実現するべく，ダイハツの大分県の中津第2工場をベンチマークした生産体制がとられている。

　ちなみに中津第2工場は隣接する第1工場の半分の工場面積で，第1工場を上回る生産性をあげている。普通車に比べて軽自動車は1台当たりの付加価値の絶対額が小さいので，普通車の生産ラインと同じレベルの生産性では，目標とする収益を稼ぎ出すことはできない。そのために機械や装置の間詰や合理的なレイアウト，自動化率の向上，工程間の連携による円滑なライ

図6-1　ダイハツ第2工場 Karawan県 Surya Cipta（工場94万 m² + 3,000mのテストコース = 121万 m²）
（出所）工場内に設けられたDAM社の模型図より。

ン管理などあらゆる工夫が盛り込まれている。その結果，普通車の生産ライ
ンに比べてタクトタイムも上がっており，60秒を切っている。しかし，各
作業の労働に過重感はない。生産工程に盛り込まれた工夫が利いているから
である。しかも現場の知恵でそれらの工夫をさらにより良いものに練り上げ
てゆくべく，小集団活動は当然のこととして，一人ひとりの能力向上を重視
して，現場の教育訓練を徹底している。人材の質向上が生産性の向上の原点
であるというモノ造りの思想である。

　このような中津第2工場の生産性を，インドネシアの郊外で2012年に稼
働し始めたSurya Cipta工場の新しく採用されたワーカーたちの手で一気に
実現できるというわけにはいかない。自動車産業に不慣れな熟練度の高くな
いワーカーを前提にして，いかにして生産性をあげ，ダイハツの企業理念で
あるSimple，Slim，Compactを達成するのか，が工場のマネジメントに問わ
れている。

　そのために工場に3つの方針が打ち出され，全ての工程にその方針にそっ
た工夫や改善を盛り込む取り組みが展開されている。3つの方針とは①イー
ジー・クオリティ・ギャランティ，②イージー・メンテナンス，③イー
ジー・マネジメントである。これらの方針を貫くのは，品質管理と働きやす
い作業環境を同時に実現するという共通の目標である。

　まずイージー・クオリティ・ギャランティとは，生産ラインの各工程にク
オリティゲートを設けて，不具合や不良品をこのゲートで止め，修繕して次
工程に流すことで，部品の品質を確保しようとするものである。いわゆる
ゲート管理技法による品質管理である。

　各ゲートには熟練工が配置され，手直し等の修繕作業を行うと共に，日本
人のエンジニアも随時その作業に協力しながら技術指導するという態勢を
とっている。工程の現場ではマニュアルに基づいた作業が行われ，ゲートで
は不良品を熟練技術によって修繕管理することによって，全数管理をスムー
スに行うことができるという仕組みになっている。

　第2のイージー・メンテナンスは，現地では不十分なレベルになりやすい
現場での機械や工具などの保全を，連携を通じて不足する技術をカバーする
という仕組みである。持ち場に固定されることなく関係者が互いに連携をと

ることによって，現場では機械や器具の手直しや不具合に容易に対応できることになる。

　最後のイージー・マネジメントは，工程での異常が見えるように作業環境を工夫して，自律的に快適な作業環境を作りだそうとするものである。

　3つの方針の具体的な展開を意識しながら生産ラインに盛り込まれたこの工場の特徴を見てゆくことにしよう。

　プレス工程では，プレス部品の精度管理を高めるとともに，技術訓練を通じて金型のメンテナンスを向上させることによって，ダイハツでは最速となるショットスピードの15％アップを実現していた。またクリーンで明るい職場によって品質の向上をはかるという工夫は，防塵対策にみることができた。プレス工程では，鉄粉の塵芥が発生するが，それを嫌う金型のメンテナンス作業を守るべく，プレスとメンテナンスの工程間に壁を設けて，メンテナンスをビニールで覆うという工夫が施されている。この工夫によって，それぞれの工程はクリーンな作業環境の中で，余計な心配をせずに目前の作業に従事することができるようになり，ヒトの手で精度を管理することができるようになるのである。まさしくイージーという接頭語が実現されるというわけである。

　ボディラインでは，中津第2工場の方式を取り入れて自動化率をあげている。アバンザの場合32％，LCGCの場合46％の自動化であり，溶接ロボットの使用台数は多いという。

　塗装工程は2階建てで，1階の電着塗装のあと，リフターで2階に運ばれヒトを介して上塗りが行われる。2階の塗装ラインはガラス張りになっており，外から作業が見えるので，ワーカーは緊張感をもって作業に従事することになる。また外からガラス越しに工程の不具合や異常を検知できるという工程の「見える化」の工夫がなされている。

　組立ラインではダイハツ中津第2工場に倣って，太くて短い生産ラインを実現するべく，ラインの手前で大型部品を組立てて，ラインに流している。ちなみにタクトタイムは60秒である。プレス工程でも見られたことが，ここでも実現されている。クリーンで明るい職場環境の中で，ヒトの手で品質を確保し工程を自律的に管理することが貫かれているのである。

第 6 章　モジュール化の進展と自動車メーカーのアジア戦略　*155*

　中津第 2 工場をベンチマークしながら工場管理をしていると説明をしているが，良いものをただ導入しただけのモノマネ工場を目指しているのではない。この工場にはインドネシアの事情を踏まえた独自の工夫がなされている。例えば，クオリティゲート管理による品質管理の工夫や精度管理のためにプレス作業と金型のメンテナンス作業の間に設けられた鉄粉塵芥の遮断の工夫などは，現地の技能不足をカバーしたり，作業環境の保全意識の低さを補うものであり，インドネシアならではの，独特のものといえる。まだ 3 つの方針が完全に理解され現場で活かされているとは言い難いとはいえ，そのための人材教育を強調する姿勢には日系企業，特にトヨタ系ならではの経営姿勢を感じさせられた。

　この工場で見落としてはならないのは，工場敷地内に，かねてより計画していた R&D センターが 2017 年 4 月 10 日付けで完成したことである（ダイハツ HP　https://www.daihatsu.com/jp/news/2017/20170410-1.html を参照）。

　現地工場長からの聞き取りを通じて R ＆ D センター開設への取り組みの様子をすることができた。それによれば R ＆ D センターについては，2013 年の Kijan のボディ・デザインに現地のデザイナーを起用した頃から本格化した。当初は 100 名規模での外形デザインからスタートし，インドネシアの趣向を取り入れた内装デザインへと展開した。しかし，アッパーボディのトータルな設計力は弱いので，2016 年にデザインセンターと開発センターを開設し，テストコースとあわせて自前で設計できるレベルを目指すことにしたという。視察時にはデザイン棟や設計実験棟，テストコースの一部がすでに稼動していた。

　インドネシア初となる開発／評価機能をもつ全長 3,000m のテストコースは，周回路などは建設中であり全ては完成していなかった。それでも一部完成したテストコースは，1km の直線を含む周回路のコースとインドネシアの道路状況を設けたバリエーションロードのコースからなっている。バリエーションロードには，インドネシアや ASEAN 諸国で想定される雨期時の冠水路，未舗装のでこぼこ道，21 度の急傾斜の坂道が設けられている。

　R ＆ D センターの完成によって，現地ニーズに適した車両への改良やボディデザインの開発が自前でできることになる。現地デザイナーの資質は優

156   第1編　メガ・モジュール化戦略とサプライチェーンの変容

れており，予想以上のデザインの車が生まれると期待しているとのことで
あった。

おわりに

　本章の目的は，アジアの新興国におけるわが国 OEM のメガプラット
フォーム戦略の展開を現地の実態調査を踏まえて明らかにすることにある。
そのため，まずモジュール化の進展にともなって変化する自動車のアーキテ
クチャーとその生産システムの変化を概観しつつ，それがアジアではどのよ
うに展開されうるのかを検討した。

　その結果は，欧州の OEM はモジュール部品の組み合わせによる自動車づ
くりというアーキテクチャーに立っていること，モジュール部品の組み合わ
せによる工数の削減や生産ラインの短縮化，単純化が進んでおり，生産コス
トの削減やカーデザインの柔軟な対応がとられていることが分かった。

　しかし，このようなモジュール化は OEM とサプライヤーの水平的な関係
を前提にして成立していることに注意しなければならない。Bosch や
Continental のようなメガサプライヤーと OEM の対等な関係が歴史的に形成
されており，そのことが自動車組立ラインとサプライヤーの立地の関係に影
響を与えていると見ることができる。どのような自動車をデザインするかは
OEM の主導で行われるが，どのような性能や技術特性を組み込むかはサプ
ライヤーが提供するモジュール部品にかなりの部分を依存しており，サプラ
イヤーからの技術提案がモノをいうことになる。

　わが国はそれとは異なって，OEM とサプライヤーは垂直的な関係を前提
としたアーキテクチャーを保持している。メーカー別に垂直的に形成された
サプライヤーの構造を活かして，部品コストの削減をはかるとともに，技術
的課題については OEM が中心となって取り組み，場合によってはサプライ
ヤーを巻き込んだデザインインがとられることが少なくない。しかし，部品
点数を少なくしてコスト削減をはかることは重要であり，近年モジュール部
品の塊が次第に大きくなりつつある。

第 6 章　モジュール化の進展と自動車メーカーのアジア戦略　　*157*

　検討したようにトヨタでは TNGA というアーキテクチャーを導入している。メガプラットフォームを構成するエンジンやパワトレのような基本的部分は比較的固定的であり，そこは自動車の技術的な性能を決める重要な部分である。ここに自社の技術を組み込み，車種間でその共用化をはかることができれば，開発工数の削減と生産の効率化によるコスト低減を狙うことができる。他方のアッパーボディについては市場のニーズにあわせてボディデザインや外装や内装の部品を変動的に取り扱うこととする。これによって，全ての部分をモジュール化するのではなく，ケイレツのサプライヤーのすぐれた特性が反映できる部分を多く残して，垂直的な関係が活きることになる。

　しかし，TNGA は 2016 年発売の第 4 代のプリウスから導入されたばかりである。TNGA が新興国で展開されるにはまだ多くの時間を要する。そこでトヨタが世界戦略車プロジェクトとして 2002 年に導入したのが IMV であった。現地国の工場の生産技術や現地のサプライヤーの供給能力が不十分であることを踏まえつつ，現地に特有なニーズに応えるべく，IMV 用に開発されたひとつのプラットフォームを 3 つの車体に共用して，ボディデザインの現地仕様を進めるというものである。2004 年 8 月にタイのトヨタ自動車で IMV の生産販売がはじまり，インドネシアでも同年に Kijan から IMV が用いられるようになった。IMV シリーズの車種は海外拠点で生産準備され，生産販売が行われるという現地化がはかられている。さらに，インドネシアではダイハツが R & D センターを 2016 年に開設して，現地のニーズに対応した車種開発に取り組む体制を整えている。

　トヨタ・グループがインドネシアで開発から生産まで一貫した自動車生産体制を構築できた理由のひとつとして現地の人材教育を指摘できる。ダイハツでは道場（Dojo）とよぶ基本技能の研修や本国からの技術移転を推進する研修の仕組みを生産現場に設けているし，日本での定期研修制度や現地管理者研修の制度を展開している（三井，2015）。

　Dessy Irawati（2012）はいち早くトヨタグループが展開しているインドネシアでの人材育成と現場での学習が，トヨタの自動車の品質とコストを支えており，強い競争力になっており，それがインドネシアの産業全体の発展に大きな意味を持っていることを指摘している。

現地における人材の育成と技能の高度化は，新興国でメガプラットフォーム戦略を有効に機能させるためには欠かせないものである。ヒトを通じて品質を高めコストの削減をはかるという思想は，トヨタグループのみならず多くの日本企業にみられる特徴である。

欧州では，IoT を介して生産機械とモジュール部品をつなぐという生産現場にはこの思想はみられない。そのため生産現場での熟練は希薄になりつつある。

自動車生産のモジュール化はわが国でもすすむことは否めない。すでにかなりの部品がモジュール化している。IMV の共用プラットフォームも大きくみればモジュールとみることができよう。しかし，そのことは VW のようなモジュール化や IoT 化が先行しており，わが国が遅れていることを意味するものではない。欧州のモジュール化は欧州の自動車産業の歴史的なコンテクストにそったものであるように，わが国の垂直的なケイレツ関係を活かした自動車生産でのモジュール化は独自な展開をとると考えるべきである。いずれかが優れていて一方向に収斂すると捉えるのは皮相にすぎる。

重要なことは市場でどのような評価を受けるかである。しかし市場のニーズは多様であり，自動車のユーザの嗜好は千差万別であるので，市場の評価も一意的に決まることはない。そこには自動車に託した開発コンセプト，デザイン，技術性能，車の品質，価格さらには国が求める環境基準や現地調達率などの自動車政策までもが加わる。OEM はその国の市場が重視する自動車とは何かという問いかけを常に受けているのである。

タイやインドネシアで展開しているトヨタの IMV には，国情にふさわしいデザインの車を，現地のヒトを介して品質をつくりこみ，コストの削減をはかることが盛り込まれていた。この点では ASEAN 等の新興国に適合的な生産戦略であるといえる。トヨタ系の自動車シェアが高いのは，現地国のマーケティングの巧みさとともに，ヒトを介在して車をつくるという思想をもったアーキテクチャーで車を生産していることが大きく貢献しているといえる。アバンザがインドネシアの国民車的存在になっているのは，売れているからだけではなく，インドネシアのヒトが生み出した車であるという後光効果が大きく利いていると言えよう。

参考文献

安藤晴彦（2014）「制作側から見た自動車のアークテクチャ戦略」『自動車技術』vol. 68, no. 6, 19-26 頁。

Cusumano,M. and A. Takeishi（1991）"Supplier Relations and Supplier Management: A Survey of Japanese-Transplant, and U.S.Auto Plant," *Strategic Management Journal*, vol. 12, pp. 563-588.

Dessy Irawati（2012）*Knowledge Transfer in the Automobile Industry – Global-local production network*, Routledge.

藤本隆宏（2003）『能力構築競争』中公新書。

藤本隆宏（2014）「いわゆる「自動車のモジュール化」に関する一考察」『自動車技術』Vol. 68, No. 6, 27-33 頁。

Henderson, R. and Clark, K.（1990）"Architectural Innovation: The Reconfiguration of Existing Product Technologies and the Failure of Established Firms," *Administrative Science Quarterly*, Vol. 35, No.1, 1990, pp. 9-30.

岩武俊広（2016）「インドネシアと日本の自動車産業の連携と将来展望」2016 年 10 月 JETRO Regional Industry Tie-Up Program 資料。

JETRO（2016）『2015 年主要国の自動車生産販売動向』ジェトロ海外調査部海外調査計画課，2016 年 9 月。

片山修（2014）「トヨタの「モジュール化」の考察」『自動車技術』Vol.68, No.6, 12-18 頁。

三井正則（2015）「インドネシアにおけるダイハツの取り組み」2015 年 3 月ダイハツ HP による，http://www5.jetro.go.jp/newsletter/obb/2015/S2_3.daihatsu.pdf, accessed 2018/02/09

目代武史（2010）「欧州自動車生産の実態調査」『東北学院大学経済学論集』第 172 号，61-80 頁。

目代武史，岩城富士大（2013）「新たな車両開発アプローチの模索— VW MQB，日産 CMF，マツダ CA，トヨタ TNGA」『赤門マネジメント・レビュー』，12, 9, 613-652.

折橋信哉（2008）『海外拠点の創発的事業展開—トヨタのオーストラリア・タイ・トルコの事例研究』2008 年，白桃書房。

折橋信哉（2016）「海外拠点での能力構築についての一考察— IMV の初代と二代目の生産立ち上げプロセスの比較から」『東北学院大学経済論集』第 8 号，2016 年，19-30 頁。

塩次喜代明（2012）「電子産業における戦略の罠と戦略シフト」『国際社会研究（福岡女子大学）』Vol. 2, 2013, 33-52 頁。

田中辰雄（2009）『モジュール化の終焉—統合への回帰』NTT 出版。

Ulrich, K.（1995）"Product Architecture in the Manufacturing Firm," *Research Policy*, Vol. 24, pp. 419-440.

第7章
モジュール化の進展と西日本自動車部品サプライヤー
──中国地域の自動車部品サプライヤーの動向と産業振興策の考察──

平山　智康

はじめに

(1) 課題と視点

　本章では，広島（安芸郡）に本社を置く完成車メーカー，マツダの「コモンアーキテクチャー（CA）構想」が，同社を主要な取引先とする中国地域（岡山，広島，山口，鳥取，島根）の自動車部品サプライヤーに対して，いかなる影響を与えてきたのか，またそれはいかなる形で発現したのか，といった問題意識を持ちつつ，三菱自動車・水島製作所（岡山県）への部品供給を含めて，同地域の自動車部品サプライヤーの動向と特徴，部品サプライヤーに対する産業振興策について，一つの考察を行うことが課題である。

　完成車メーカーは，新興国市場の台頭や各国の産業政策，環境規制強化の中で，多様な課題・ニーズにグローバルなレベルで対応することが求められている。なかでも，Volkswagen（VW），トヨタ，General Motors（GM），ルノー・日産のグローバル4強[1]は，ガソリン車からHEV／PHV／EV，小型・大衆車から高級車までのフルライン商品を，グローバル各国の環境・エネルギー事情や生活水準・ライフスタイルに応じて市場投入していく戦略を打ち出している。

　また，近年の情報技術（IT）の発展は，これまでの自動車を大きく変えようとしている。自動車の電動化と言われて久しいが，HEV／PHV／EVなどのパワートレインの変化だけでなく，自動車の安全向上に係る領域は急拡大

を見せ，さらに車外と繋がる通信技術や人工知能（AI）までも取り込み，自動運転車という新たな商品への可能性を見せるなど，その技術領域は大きく拡大している。

　そうした車両の多様化・複雑化・コスト増に対応して，日欧完成車メーカーの中からさらなる開発の効率化とコスト削減などを進める新たなモジュール化等の様々な動きが現れ，そうした動きをここでは「メガ・プラットフォーム戦略」[2]と呼び，その一つの形態として，マツダのCA構想がある。

　マツダは，「モノ造り革新」の取組みの一つとして，ドイツのVWグループの「新モジュール化」（MQB）戦略（2012年）に先立ち，2006年から独自のモジュール化ことCA構想を軸にしたクルマづくりに挑戦してきた。その後，2010年代に入って，世界の完成車メーカー各社が相呼応するかのように，各様に，自社・グループ内のセグメント枠を越えてモジュールを共通化する製品開発・製造戦略，すなわち「メガ・プラットフォーム戦略」を打ち出し，この新しい動きは世界の自動車部品産業界の競争構造の大きな変化を呼び起こすのではないか，といった話題が自動車業界内外で盛り上がった。

　マツダは，これまでにもその100年に近い自動車づくりの中で，製造現場におけるモジュールや混流生産，設計開発現場におけるデジタル設計などにおいて，自社の事業規模・車種構成に応じた独自の最適な工夫を練り上げてきた。一つの部品の量産効果（規模の経済効果）は，他の大規模な自動車メーカーと比べ限界がある中で，常に，トータルの自動車づくりの発想と努力でこれまでの幾多の困難を乗り越え現在まで事業を継続発展させてきた。

　世界の主要完成車メーカー間で繰り広げられる熾烈な生存競争において，業界が岐路に立つたびに，生き残りに必要な事業規模についての話題が衆目を集めてきた。今日，自動車産業はその誕生以来の大転換期を迎えていると言われる中，主要完成車メーカーは3つの事業規模別グループに分かれると見る向きがある。世界年間販売台数の100万台規模グループ，数百万台規模グループ，1,000万台規模グループの3つである。各グループの収益性に注目して見ると，100万台規模グループと1,000万台規模グループが比較的成功しているように見えるといわれる[3]。日本企業では，前者がマツダやスバ

ルであり，後者がトヨタや日産であるといわれる。

1,000万台規模グループのメーカーは，複数の独立ブランドを持ち，小型・大衆車から大型・高級車までフルラインナップ商品でグローバル展開する。1つのブランドの販売数量には限界があるとの考えもあり，複数のブランドを効果的に展開していく戦略を持つ。また，グローバル各地域の市場特性でカスタマイズした商品と世界共通で展開する商品の両方を上手く構成して相乗効果をもって強力な販売展開を行っている。各商品を支える内燃機関やHEV／EV／FCVなどのパワートレイン・環境系の技術や，自動運転につながる安全・安心系の機能・要素技術を擁して，全方位を自前で開発することを基本スタンスとする。さらに，世界の大学・研究機関や企業と従来の枠組みを越えた連携による新たな技術やビジネスモデルを模索している。

一方，マツダは，エンジン技術を中心とした"自動車で走る楽しさ"の実現に集中し，EVやコネクテッドカーの領域は他社との提携など模索するなど，選択と集中を推し進める。新興国市場の台頭や各国の環境規制強化の中で，多様な課題・ニーズにグローバルなレベルで対応するため，CA構想においても，世界で1,000万台規模の完成車メーカーグループとは異なる方法で，同じ目的（経済合理性）を実現しようとする。その詳細は第3章などで述べている。この戦略が地場部品サプライヤーの産業構造にどのような影響を及ぼすかは，学術的にだけでなく，業界実務的にも関心事である。

（2）分析領域

完成車メーカーの「グローバル展開」と「自動車の電動化・知能化」（パワートレイン，安全運転支援，コネクテッド（車外通信）／自動運転等の技術革新）といった大きな2つの潮流の中で，自動車部品においても，新たな競争構造が生まれている。グローバルレベルでの新興国市場への対応，生産拠点及び研究開発拠点の見直し，次世代車開発を射程に入れた部品や製造技術の革新など，業界内部でも企業内部でも，新しい経営環境への適合にとどまることなく，構造的大きな変化が起こっているものと考えられる。部品サプライヤーは，そうした変化を新たなチャンスとして，事業展開の新機軸を打ち出すことが期待される。

以下においては，マツダのCA構想に見られる部品共通化，設計共通化，

164　第1編　メガ・モジュール化戦略とサプライチェーンの変容

さらに，約10年後の商品展開を予測し一括商品企画するイノベーティブな開発・製品化などの戦略取組みや三菱自動車等の完成車メーカーの事業戦略が，中国地域の自動車部品サプライヤーの完成車メーカーとの役割分担の変化，取引構造・収益構造などに与える影響（リスクとチャンス），ドイツの「インダストリー4.0」や日本の「第4次産業革命」など国の産業政策なども踏まえ，どのような変化をもたらすか，さらに，今後の同地域産業の活性化方策について考察する。

1. 中国地域の自動車関連産業集積の現状

中国地域には，図7-1に見るとおり，マツダ（広島，防府）と三菱自動車（水島）の乗用車組立工場が立地し，合わせて生産能力約136万台を有し，同地域において100年近く[4]自動車及び同部品生産等を行ってきた中で培った，高い製造技術を持つ部品サプライヤーが数多く立地する。

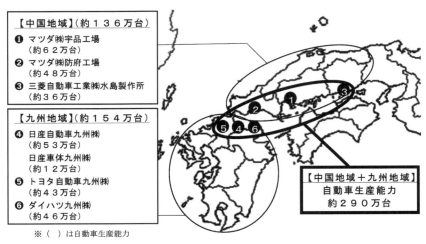

図7-1　中国地域及び九州地域の自動車産業集積（完成車メーカー）
（出所）各種資料より筆者作成。

第 7 章　モジュール化の進展と西日本自動車部品サプライヤー　　*165*

表 7-1　中国地域部品サプライヤーの九州進出の事例

企業名（本社地）	進出場所（現在地）	進出年	主要製品	特記事項
(株)イワモト（広島県東広島市）	九州工場（福岡県久留米市）	1979 年	プレス金型	
東洋コルク(株)（広島県竹原市）	九州事業部（福岡県宮若市）他	1984 年	自動車用バンパー、発泡プラスチック成形	2013 年小倉工場新設（北九州市小倉南区）
タイメック(株)（岡山県総社市）	久留米工場（福岡県久留米市）	1990 年	総合レーザー加工	1990 年久留米 FC 開設、1995 年移転、久留米工場に名称変更、2006 年更に移転
ヒロホー(株)（広島県広島市）	九州支店・九州工場（福岡県飯塚市）	1993 年	各種通函、仕切、緩衝材	1993 年北九州営業所開設、2007 年移転、九州工場等新設
(株)石原パッキング工業（岡山県岡山市）	九州営業所（福岡県須恵町）他	1999 年	ゴム・スポンジ・樹脂加工品	1999 年九州営業所開設、2007 年長崎営業所開設、2008 年行橋営業所開設設立、2013 年九州営業所を移転し行橋営業所を統合
昭和金属工業(株)（広島県海田町）	福岡県、大分県、佐賀県、長崎県	2000 年	内装部品（シート等）	自社工場ほか昭和金属伊万里㈱、㈱岩倉製作所、金型メンテナンスサービス㈱、藤友物流㈱などの関係会社を展開
(株)デルタ（広島県広島市）	大分工場（大分県中津市）	2005 年	樹脂部品	2010 年大分工場増床・射出成形機増設
(株)ヒロテック（広島県広島市）	大分工場（大分県豊後高田市）	2006 年	自動車用ドア	
タカヤ化成(株)（広島県東広島市）	九州工場（福岡県行橋市）	2007 年	発泡成形品	
一井工業(株)（岡山県岡山市）	九州工場（福岡県小竹町）	2007 年	ボディ部品	2008 年工場増築
(株)アステア（岡山県総社市）	九州工場（福岡県行橋市）	2007 年	板金プレス部品等	(株)ヨロズ大分の工場一部借用で進出、2013 年移転新設
(株)ニシキ金属（岡山県岡山市）	九州工場（福岡県行橋市）	2010 年	エンジン部品	2010 年に苅田工場を稼働させたが、2011 年に移転
備前発条(株)（岡山県岡山市）	九州工場（福岡県豊前市）	2010 年	シート部品	
(株)イガワテック（広島県海田町）	九州工場（福岡県小竹町）	2010 年	プレス用金型	2016 年増築
中央工業(株)（広島県東広島市）	北九州営業所（福岡県北九州市）	2011 年	鍛造部品、熱間型鍛造品	営業所でスタートし将来生産ライン新設も検討
(株)ヒロタニ（広島県東広島市）	九州工場（福岡県飯塚市）	2013 年	内外装部品	
ダイキョーニシカワ(株)（広島県坂町）	大分工場（大分県中津市）	2016 年	樹脂成形品	

（出所）各社 HP 及び新聞報道等の各種情報をもとに筆者作成。

　更に，北部九州地域には，日産自動車九州，トヨタ自動車九州，ダイハツ九州などが立地し，三菱自動車工業（水島）と約 400km の距離にある。中国地域と北部九州地域を合わせた西日本 400km 圏内の生産能力は約 290 万台にのぼる。

　中国地域部品サプライヤーの中には，九州に工場を新設したり，隣接する山口・防府の工場を増強したり，従来の系列取引を越えてビジネスを積極的に開拓しているところもある。九州への工場進出は，九州完成車メーカー等への新たな取引開拓が第一の理由であるが，その他に，協力工場の探索や人

166   第1編　メガ・モジュール化戦略とサプライチェーンの変容

材の確保，自動車産業振興に積極的な自治体のきめ細かい支援などを狙った
ものもある。近年，北部九州地域の自動車生産台数は大きく伸び，自治体が
進める地元調達率の向上や頭脳拠点化も産学官連携を上手く活用しながら進
展し，自動車関連産業は活性化していることから，現時点まで継続的して九
州地域への工場進出や工場増強の動きが見て取れる（表7-1）。

　自動車産業において，海外生産が増大し，海外工場と国内工場の競争とい
う図式も現れており，今後，国内生産拠点をどのように強化・運営していく
のかは国内工場の課題となっている。国内工場の強みの一つが周辺産業に支
えられたものづくり機能であることは間違いなく，中国地域・九州地域は，
今後「西日本自動車産業集積拠点」としてそのものづくりノウハウで国際競
争に貢献していくことも一案である。

2. 中国地域の部品サプライヤーの特徴

2.1. 中国地域の複数の機械産業の発展を背景にものづくり基盤技術が形成

　中国地域の部品サプライヤーは，各種機械産業の鋳鍛造，板金プレス，切
削加工，表面処理，ゴム・プラスチック成形などの基盤技術の上に，自動車
特有の技術・ノウハウを醸成してきた（図7-2）。

　広島地域は，呉・海軍工廠などを背景に，かつては日本有数の鉄消費地域
であった。造船や各種産業機械，工作機械製造に係る機械加工・樹脂ゴム成
形業が集積する。そうした基盤集積と，設計開発から最終組立まで一貫した
機能の持つ完成車メーカーとが，開発と生産の両方の近接性を活かし，競争
力のある幅広い部品サプライヤーの産業構造を形成してきた。

　また，広島地域のもう一つの特徴として，外資系部品サプライヤーの存在
がある。1996年にマツダは米FORDの経営参加を受け入れ，部品サプライ
ヤーの持株売却（子会社・関連会社の整理）や，調達コスト削減，新技術の
効率的形成，部品サプライヤーの事業強化を目指した再編が行われた。その
際に，複数の外資系部品サプライヤーも広島地域に進出した（表7-2）。

　岡山地域は，東部に近畿地域の電気機械メーカー等の工場，西部に製鉄・

石油化学・自動車などの水島コンビナート，さらに古くから農業が盛んであったこともあり農機メーカーが立地するなど，非常に多様な機械需要があり，それぞれ周辺には工作機械やプラント機械及びメンテナンス・改修，大物から小物まで幅広く扱う金属加工や熱処理など関連企業群が集積している。岡山地域の部品サプライヤーは，完成車組立工場の立地地域らしく，製造ラインに係る治具や試作メーカーも多く育っている一方で，完成車メーカーの開発拠点が愛知地域と遠方にあり，そこに開発参加する部品サプライヤーは限定的で，岡山地域にとどまっている部品サプライヤーと他地域にも展開している部品サプライヤーとでは事業戦略が全く異なっていた。

　また，岡山地域のもう一つの特徴として，三菱自動車による2000年代前半の2度にわたるリコール隠しと独ダイムラー・クライスラーの経営参加（2005年解消）を契機に，多くの部品サプライヤーが，他系列の自動車部品の受注獲得を模索したり，非自動車部品の仕事を開拓したりして，現在では，売り上げに占める三菱自動車比率が8割以上の部品サプライヤーも一部あるが，多くの部品サプライヤーは大きくその割合を下げていることがある。その結果，岡山地域には，三菱自動車に追随する部品サプライヤーと，自社設備をベースに様々な機械関係の仕事を行う加工中心の部品サプライヤーとが存在する。広島と岡山でほぼ同時期に海外完成車メーカーの経営手法の洗礼を受けたことになるが，その後の地域の在り方は全く異なる様相を示している。

　鳥取地域は，旧鳥取三洋電機の企業城下町をはじめとして，電気機械メーカーの工場が県内に立地し，その関連の機械加工・樹脂成形・部品実装などの協力工場が多く生まれた。他地域と比べ小規模な企業が多いが，近畿・中部地域の自動車・電気機械等大手メーカーに金型や加工部材を供給する技術力の高い企業も多くある。島根地域や山口地域は，広島の部品サプライヤーの工場が多く立地している。また，地元企業も，島根県の電気機械及び農業機械関連，山口県の徳山コンビナートの石油化学プラントや造船等関連の金属加工に関連する，多様な業態で独自の高い技術力を持った企業が多くある。

　そうした中国地域部品サプライヤーの特徴は表7-3にまとめた。その分析

168　第1編　メガ・モジュール化戦略とサプライチェーンの変容

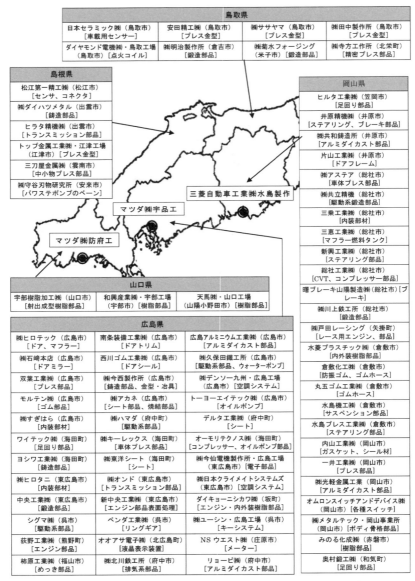

図 7-2　中国地域の自動車産業集積（主要部品サプライヤーの例）
（出所）各種資料より筆者作成。

第7章　モジュール化の進展と西日本自動車部品サプライヤー　　*169*

表 7-2　中国地域に工場立地している外資系サプライヤーの例

企業名	親会社	生産品目等	特記事項
オートリブ(株)広島事業所 （広島県東広島市）	典 Autoliv Holdings Inc.（100%）	ステアリングホイール エアバッグモジュール	【本社】神奈川県横浜市 2003 年日本ステアリング工業(株)、黒石鉄工(株)ハンドル関連事業買収
オートリブ(株) エレクトロニクス広島オフィス （広島県広島市）		電子システム開発	
コルベンシュミット(株) （広島県東広島市）【本社】	独 KS Kolbenschmidt GmbH（100%）	ピストン	マイクロテクノ(株)からエンジン用ピストン事業買収
カウテックスジャパン(株) （広島県東広島市）【本社】	独 Kautex Textron GmbH & Co.,Ltd（100%）	樹脂製燃料タンク	
ゼット・エフ・ジャパン(株) 三次工場（広島県三次市）	星 ZF Asia Pacific Pte.Ltd.（100%）	電動パワーステアリング 電動パーキングブレーキ	【本社】神奈川県横浜市 2017 年 3 月 ZF ジャパン(株)とTRW オートモーティブジャパン(株)の本社機能統合
ビステオン・ジャパン(株) 広島工場（広島県広島市）	米 Visteon Corp.（100%）	電子制御機器	【本社】神奈川県横浜市
ベバスト・ジャパン(株) 広島工場 （広島県東広島市）【本社】	独 Webasto AG（100%）	サンルーフ	

（出所）各社 HP ほか各種資料より筆者作成。

表 7-3　SWOT から見る中国地域自動車部品サプライヤーの特徴

◎強み （Strengths）	▲弱み （Weaknesses）
➢ メカ・車体系部品などで、鋳造、塑性加工や樹脂成形の技術力が高い	➢ カーエレクトロニクスやソフトウェア関連技術の集積が薄くシステムインテグレート力が弱い
➢ モジュール化／システム化の技術力が高い	➢ 先行技術の企画提案力が弱い
➢ 冶具・金型や工作機械などのサポートインダストリーの集積も高い	➢ 部品メーカーの経営規模が相対的に小さい（スケールメリット及び開発資金力に劣る）
➢ 開発・調達機能がある自動車メーカー／部品メーカーが立地し、デジタル設計・開発力も高い	➢ 自動車メーカーを通じての輸出比率が高い（為替変動の影響が大きい）
➢ 長い歴史の中で、開発・製造等の豊富なノウハウを蓄積している	➢ 海外展開に必要なリソース・ノウハウの蓄積が少ない
➢ 地域の行政等が積極的に支援している	➢ 大都市圏に比べ大学等研究リソース等が少ない
◎機会 （Opportunities）	▲脅威 （Threats）
➢ 新興国市場の成長により世界の自動車需要は拡大し、取引機会が増加している	➢ グローバル競争の激化による厳しいコストダウンや世界安定供給の要求、取引先生産拠点の海外シフト
➢ 社会ニーズの多様化、各種規制の強化、関連技術の進展により自動車技術の領域は拡大し部品等の技術革新は活性化している	➢ 資源・エネルギーの供給不安、環境や安全などの各種規制の強化、技術の急速な進展（変化）
➢ 部品／システムの開発・取引単位が大きくなって部品メーカーの役割が増大している	➢ 求められる部品／システムの開発負担、技術の解析・評価負担の増大
➢ 燃料の多様化、新たなモビリティの登場など新技術・新材料の導入などが活性化している	➢ 従来と全く異なる技術・構造・素材への変化による取引の激減・喪失危機、収益構造の変化
➢ 地域の行政等が積極的に支援している	➢ 若者のクルマ離れ、カーシェアリング等の台頭

（出所）中国経済産業局資料等をもとに筆者修正。

を踏まえ，今後の検討の方向性を切り出す。

　貸与図面型による部材加工等を行う加工・基盤系部品サプライヤーが太宗を占め，自動車の機能構築に係る自動車部品・システム系部品サプライヤーは広島と岡山に一部あるのみである。加工・基盤系部品サプライヤーは，製造技術が競争力の源泉であり，今後，汎用化からコスト競争が激しくなる部品と，精密性や加工難易度などから他社に真似できない独自技術が活きる部品があると想定される。自動車部品・システム系のモジュールのような大きな単位で高付加価値の商品ではないが，競争力の高い加工技術があれば，自動車の変化に対応して新しい加工部材を発掘し事業を継続できる強さを持つ。このため，今後の自動車の進化に対応し，新技術をブレークダウンして次の事業を発掘していく戦略と，大多数の加工・基盤系中小企業の製造技術の高度化の戦略の両方を検討する。

2.2. 比較的小規模な部品取引構造における制約影響

　中国地域部品サプライヤーが，中部・関東地域部品サプライヤーと比較して規模が小さいことは前章で述べている。トヨタや日産，ホンダといった大手完成車メーカーと比較すると生産台数の少ないマツダや三菱自動車は，いわゆる独自の系列部品サプライヤーも少なく，その事業規模も小さい。その環境下で構築してきたサプライヤーシステムは，トヨタ等に見られるような系列で固められたサプライチェーンではなく，地元部品サプライヤー，他系列部品サプライヤー，海外部品サプライヤーを戦略的に取捨選択して形成されており，ここに一つの特徴がある。

　例えば，マツダは，コア技術たるエンジン・パワートレイン系においても，内製，地元部品サプライヤーに加えて，トヨタ系部品サプライヤーも活用してきた。三菱自動車については，自動車づくりの頭脳は中部圏にあって，独自の系列を形成しなくても，その周囲には選択・調達できる技術力の高い部品サプライヤーが多く集積していた。つまり，マツダや三菱自動車は，その生産規模から，全ての自動車部品・システムを自前で系列構築するより，コア技術や完成車組立工場の近傍に必要な部品は自社や地元部品サプライヤー，自社等でできない技術・部品やコスト効果が大きく遠くからでも

第7章　モジュール化の進展と西日本自動車部品サプライヤー　　*171*

調達可能な部品は他系列部品サプライヤー等を活用した方が効率的であるとする「選択と集中」の判断が他の完成車メーカーよりも多く行われていたと考えられる。

　そうした多くの部品サプライヤーの中から必要なところを選択的に活用する方法は欧米完成車メーカーによく見られる。欧米完成車メーカーは，自社の戦略や自動車コンセプトに合致した部品サプライヤーを上手に選択・活用し，サプライチェーンを構築する。その中で欧米部品サプライヤーは，多くの完成車メーカー等との取引を獲得し事業拡大を図るため，M&A等を上手く行い，今後の事業展開に必要な経営資源及び技術領域を内に取り込んできた。そうして，世界の多くの完成車メーカーと取引しグローバルに部品供給するメガ・サプライヤーが生まれてきた。しかし，中国地域部品サプライヤーにおいてはこの成長モデルとなっていない。

　その要因の一つに，日本の完成車メーカーと部品サプライヤーに特徴的に見られる過去の系列構造が考えられる。系列は，長期安定的な取引の中で，生産変動・変更の調整を容易にし，新たな技術の育成も協働して取り組みやすいなどの多くの利点がある反面，部品サプライヤーにとっては他系列のビジネスになかなか参入できず，事業拡大は連なる完成車メーカーの動向に大きく左右されることになる。そうした過去の経緯から，中部・関東地域に比較的大きな部品取引ピラミッド構造，中国地域には比較的小さな部品取引ピラミッドが形成され，その事業戦略や採算性の中で，コスト競争力や新技術が育成された。

　このため，中国地域部品サプライヤーは，自動車部品の成形加工技術力は高く，その事業規模におけるコスト競争力もあるが，その部品技術領域は，他地域で大規模に活躍する部品サプライヤーに比べそれ程広くない。マツダと三菱自動車の生産規模と地元部品サプライヤーの担う技術領域の過去の経緯の中で，系列を越えて事業拡大や多くの新技術の育成に取り組むことがあまりなかったと考えられる。例えば，トヨタ系列であれば，板金プレスや樹脂，シートメーカーであってもエレクトロニクス技術を自社内に取り込み，システムサプライヤーとしてステップアップできているのに対し，中国地域部品サプライヤーは十分に実現できていない。ここにメガ・サプライヤー形

成の分水嶺の一端を見て取ることができる。

2.3. システムサプライヤーの不在

　部品サプライヤーは，従来，部品取引階層を形成し，ピラミッド構造やダイヤモンド構造などと言われるが，近年では，自動車に対するニーズ・課題の多様化・複雑化やカーエレクトロニクス技術の進展等から，従来のTier1サプライヤーが担う技術領域が急速に拡大し，その構造が大きく変化している。

　その大きな要因は，自動車に搭載されるソフトウエアの爆発的な増大にある。エンジン制御や高級車の快適機能などの一部領域にあった電子制御技術は，近年，その技術の進化と環境・安全対策に対応した新たな機能が逐次追加されていく中で数量を増やし，急速に浸透していった。そういった自動車の電動化・知能化により，ソフトウエアのソースコード数が1億行以上という規模まで拡大するなど，自動車の中のソフトウエアのウエイトが非常に大きくなり，完成車メーカーではその開発工数が膨大なものとなっている。

　部品サプライヤーは，自社メカニクス機構製品に電子制御技術を追加してメカトロニクス化するなど，徐々にその技術・ノウハウを内に蓄積していった。また，部品サプライヤーの中にはもともと電機メーカーがおり，逆にそうした電機系部品サプライヤーが内にあった電子制御技術で自動車部品の事業領域を拡大させていった形もある。更に，欧米部品サプライヤーによく見られるようにM＆A等により必要な技術を取り込んで成長した形もある。そうして自社製品関連の複数部品をシステムで束ねて，個々の部品システムから車両全体のシステム開発へより大きな単位で開発・製造するTier1サプライヤーが生まれた。ここではそれを「システムサプライヤー」と呼ぶ。システムサプライヤーは，グローバル供給体制の構築，システム機能統合，モジュール／システム開発など，完成車メーカーと協働するその役割の大きさ，事業規模の大きさから，メガサプライヤーが担うことが多い。

　自動車の電動化・知能化の進展とともに，Tier1サプライヤーにおいて，大きく事業領域を伸ばしてメガサプライヤーとなり新たな階層を形成したり，システム開発のみを請け負うTier1サプライヤーが増えたりしている

(図 7-3)。

こうした変化も「メガ・プラットフォーム戦略」などの新たな動きが出てきた要因と考えられる。近年の自動車技術の進展はカーエレクトロニクス技術が牽引しており，今後もその周辺の部品サプライヤーが大きく成長していくものと考えられる。

中国地域部品サプライヤーにおいては，カーエレクトロニクス技術の育成が十分にできておらず，マツダや三菱自動車，または，他系列サプライヤーがシステムサプライヤーの役割を担っている。

その要因として，マツダや三菱自動車における，地元部品サプライヤー，他系列部品サプライヤー，海外部品サプライヤーを戦略的に取捨選択して形成された調達構造にその一端が考えられる。近年の自動車の中でカーエレクトロニクスの進展が著しいABSやエアバッグなど安全技術系の電子部品は，小物部品が多く，高付加価値で物流効率も良く，主に他系列部品サプライヤー等からの調達となっている。一方，大物部品で物流効率の悪い電装品で

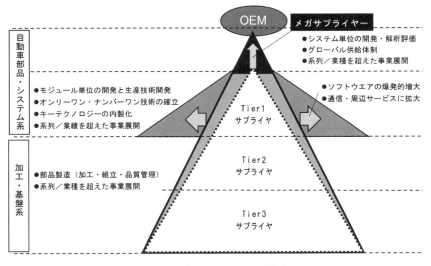

図7-3　自動車部品の取引構造

(出所) 筆者作成。

あるカーエアコンは，完成車メーカー主導で地元にサプライヤーをつくっているなど，他系列部品サプライヤー等と地元部品サプライヤーを，部品ごとに事業採算性等を検討しながら戦略的に取捨選択してきた足跡をいくつか見ることができる。また，1980年代から90年代にかけてマツダ主導でカーエレクトロニクス系部品サプライヤーをいくつか新設する動きもあったが，バブル崩壊後の経営悪化，それに続く2000年頃のFORDの経営参加による経営再建，開発効率化・グローバル分業，最適調達などの中で進められた関連会社・事業の解散や事業譲渡，株式売却などでカーエレクトロニクス技術の地元部品サプライヤーの育成が十分に実現できなかったことも要因の一つとして考えられる。完成車メーカーの部品調達（地元部品サプライヤーにどこまでの役割を持たせるか）の考え方が，地元部品サプライヤーの技術形成に色濃く現れることが見て取れる。

3. 中国地域の部品サプライヤーの3つの方向性

　経済産業省による「自動車産業戦略2014」（2014年11月21日公表）において，中国経済産業局は「ちゅうごく地域自動車部素材グローバル戦略」を打ち出している[5]。

　その戦略では，中国地域部品サプライヤーの中で，まずは中核企業を育成強化し，次にその中核企業に連なる部品サプライヤー群を一体的に強化していくこととしている。中核企業が大きく成長していけば，その関連部品サプライヤーも経営が安定し成長していける可能性があるという垂直取引関係の連携強化である。

　Tier1サプライヤーに対する完成車メーカーの主な要求としては，「低コストで先進的な安全・環境・快適技術」と「海外生産拠点の拡充」である。コストダウンを部品単体で行うことは新たなブレークスルー技術が現れない限り難しくなってきている。そこで，部品システム全体でコストダウンの方策を検討することが良いと考えられる。先進的な技術においても企業群の中にオンリーワン技術をもった企業を追加して技術を再構築するのも一案であ

第7章　モジュール化の進展と西日本自動車部品サプライヤー　175

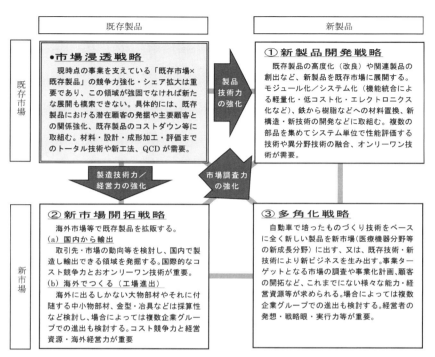

図7-4　部品サプライヤーの3つの方向性（戦略）
(出所) 筆者作成。

る。海外展開においても事業立上期においては複数企業で対応した方が負担軽減できる。小規模企業は単体で競争するのではなく，企業群の総合力で競争する戦略も有効と思われる。

そうした中核企業，またはその企業群の成長には，以下の3つの方向性があると考えられる（図7-4）。

①新たな技術を取り込み，新製品を開発する。
②拡大する海外市場での新たな取引を開拓する。
③経営基盤の安定化のため非自動車分野で新事業を興す。

3.1. 新たな自動車技術の取り込み

(1) 自動車の電動化・知能化

　欧州 CO_2 排出規制をはじめとした世界的な自動車の環境規制の強化の中で，エンジンと電動モーターの融合による高効率なパワートレイン技術や，EV など化石燃料に依存しない自動車への期待も年々高まっている。特に，イギリスやフランスがエンジン車の販売を禁止するとの発表や，大気汚染が深刻な中国やインドにおいても，ガソリン車の新車販売を規制し EV の導入を政策的に推進する動きなど，EV の市場投入が活発になっている。

　また近年，ドライバーの高齢化や負担軽減などのニーズから安全運転支援システムに関連する様々な技術が搭載され，自動車で実現するシステムは非常に複雑化している。

　さらに，自動車は，通信機能を備えインターネットに接続して様々なサービスを受けられるようになるコネクテッドカーへの変化が検討されている。新たに周辺サービスが出現・拡大し，販売店が顧客の車の状態を遠隔で調べて必要な修理を知らせたり，自動車メーカーが車載ソフトウエアを自動で更新，修理したりする事例が想定されている。ネット経由で走行データを集め，自動運転車への進化も見込まれている。

　2015 年 3 月，ドイツのローランド・ベルガーは，自動車産業における革新的なトレンドである「自動運転」「シェアード・モビリティ」「コネクテッド（ネットで繋がる）」が融合した新市場について考察した「Automotive4.0」を発表した（図7-5）。現時点を含む，HEV の市場投入で電動化が始まった 2000〜2030 年までの自動車産業を「Automotive3.0」とし，2030年〜2060 年の同産業を「Automotive4.0」と定義し，米国を例に取り上げ市場分析している。

　中国地域部品サプライヤーは，電動化・知能化，安全運転支援，コネクテッドカー・自動運転車など，今後の自動車の変化の中で，新たなビジネスを検討していかなければならない。視点として重要なのは，変化する要求・ニーズの中で部品・システムがどのように変化するかに注目しビジネスを再構築することである。自社の収益性に見合わなければ撤退や他への転換などあるという柔軟な思考で，自動車の変化にどのように対応し，新たな技術を

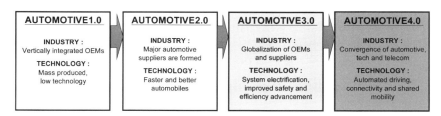

図 7-5　Automotive4.0
（出所）独ローランド・ベルガー資料より筆者作成。

取り込んでいくかを常に検討していかなければならない。
(2) 製造技術の高度化（ロボット・自動化，スマート工場）

　部品サプライヤーは，個々の部品の製造技術，生産管理・効率化による部品統合，設計開発でのシステム統合などの各フェーズにおいて，自社の強み（軸足）を踏まえた上で，事業展開，競争力強化を行っていかなければならない。グローバルの競争力強化には製造技術の弛まない向上努力が欠かせない。特に，近年では，IoT，ビッグデータ，人工知能（AI）の社会への浸透が進みつつあり，最新技術を駆使して生産性向上，コスト削減を実現する手法に注目が集まり，ITシステムの導入やデジタル化などの投資が増加している。しかし現時点では，まだ技術的に発展途上の部分が残っている。セキュリティ対策，技術者の確保，ビジネス損益の境界や社内機密の境界の不透明さなど課題が噴出している。今後10年のうちに官民挙げて課題解決に取り組み，ルール化・標準化の整備を行っていかなければならない。

　中国地域部品サプライヤーは，これまで，自動車の機能設計開発に直結した製造技術と生産管理に磨きをかけ，現在の「強み」の一つとなっている。競争力の源泉である製造技術の強化は必須である。現在取り扱っている多くの部品は今後コスト競争が厳しくなってくることが想定される。短期的には，生産性向上を主柱に製造技術の一層の技術革新への取組み，多様なニーズにも応えられる多品種変量生産の構築などが考えられる。中期的には，新たな需要の掘り起こしを行い，開発から製造，供給までの企業全体のバリューチェーンを見える化，変化に対応した柔軟かつ素早い事業展開が求め

178　第 1 編　メガ・モジュール化戦略とサプライチェーンの変容

られる。

3.2. 拡大する海外市場で儲ける事業展開

　中国地域の完成車メーカーにおいては，一部海外展開しつつも国内生産を
重視し，工場の立地する地元において必要かつ育成可能な部品サプライヤー
を育成し，事業展開に合わせ，部品開発，生産活動を地元部品サプライヤー
と協働し，不足するところは他系列サプライヤー等を活用することで事業オ
ペレーションを行ってきた。しかし，冒頭に述べた世界的な自動車産業の変
容によりその弱点も顕在化してきた。

　その一例が，海外展開の遅れである。国内自動車販売台数が漸減する中，
完成車メーカーは，海外生産・販売台数を自社拡大戦略のひとつに掲げてい
る。しかし，経営規模（ヒト，カネ）が小さい中国地域部品サプライヤーに
は，自力で海外展開を行う余裕のないところも多く，海外サプライチェーン
構築の出遅れ感も否めない。現状では完成車メーカーの海外進出先に輸出で
対応する部品サプライヤーが多いが，完成車メーカーも為替リスクの低減や
海外現地調達率向上に努める中，早晩，見直しを迫られる可能性も高い。中
国地域部品サプライヤーのヒアリング調査においては，どちらかと言えば国
内重視，もしくは自動車以外の分野への進出といった回答が主となってお
り，グローバルに拡大する自動車産業の現状とは相異なる結果を示している
とも指摘できる。

　もちろん，中国地域部品サプライヤーの中には，積極的に海外展開してい
るところもある。タイを中心とした ASEAN には，多くの中国地域部品サプ
ライヤーが進出している。拡大する海外市場を開拓し，経営基盤強化ととも
に事業拡大チャンスを捕まえるためである。Tier1 サプライヤーとして完成
車メーカーの海外展開に追随して進出しているところもあれば，市場拡大を
見込んで，経営者の英断として進出したところもある。後者については，結
果として撤退もあるが，「現地に工場があるからこそ仕事が獲れる」を体現
し，先行者メリットとして系列を越えて複数の完成車メーカーの仕事を獲得
したり，国内では Tier2 部品サプライヤーであるが，海外では Tier1 部品サ
プライヤーとなったりする形もある。中には，すでに国内より海外事業の方

が大きくなり，国内の不調を海外が支えるまでに成長しているところもある。そういった部品サプライヤーの今後の課題は，どこまで事業規模を拡大するかである。需要は大きいが，その分投資も大きくなる。人材確保も大きな問題である。新興国リスクは，政治・経済の不安定要素もある。経営資源の小さい部品サプライヤーにとって経営判断の難しいところである。

その一方で，国内に軸足を置き，主力工場における設備更新，生産効率化・基盤強化などの維持・補修などを行っているところも多い。将来を見据えて，経営の大黒柱たる国内工場の強化は必須との考えである。人材を確保し，国内工場を稼げる工場にして国内ビジネスを安定的に確保したい。その上で研究開発を積極的に行い，競争力強化を図りたいという声が多い。

従って，中国地域部品サプライヤーにおいては以下の3つの視点での検討が必要である。

①日本に軸足を置いて勝つ技術と海外に軸足を置いて勝つ技術を見極める（技術を見る）
②海外市場ごとに売れる自動車は違うので，市場に合致した品質レベルを見極める（市場を見る）
③部品の調達だけでなく，その部品製造に必要な素材等の調達を見極める（サプライチェーンを見る）

3.3. 経営基盤を強化する新たな事業の形成

海外に進出せずに国内で事業を頑張る企業もある。しかし，自動車の国内需要は伸びない。これまで培った独自技術や品質に磨きをかけて小規模でも収益力の高い事業，新分野に進出することも考えられる（表7-4）。特に，自動車部品において，仕事があり，設備稼働において有益であっても，収益が縮小していく見通しがある場合には，中長期的に新たな収益を確保する取組みが必要である。

一方で，新分野への展開にネガティブな考えとして，自動車部品のように大量・安定的に生産設備を動かしてくれる事業分野は他にはあまりないこと，Tier1 サプライヤーなどの設備は完成車メーカーに同期しているものも多く，新たな事業をするための設備投資が必要なこと，新事業分野を行うた

表7-4 中国地域部品サプライヤーによる新分野の取組事例

企業名	自動車分野	新分野	概要
トーヨーエイテック (株)(広島県広島市)	内面研削盤 オイルポンプ	医療機器	DLC コーティング冠状動脈ステントの製造。2013 年、医療機器製造業許可を取得（ステント加工と DLC コーティングの両方で同許可取得した企業は国内初）
(株)ハマダ (広島県府中町)	エンジン・ 駆動系部品	医療機器	高度な球面加工や鏡面仕上げ加工により人工関節やインプラント等の部材加工を行う。2014 年、医療機器製造業許可、第二種医療機器製造販売業許可を取得。
オオアサ電子(株) (広島県北広島町)	車載用液晶パネル	オーディオスピーカー	自社オリジナルブランド「Egretta」で 2011 年市場参入し、2016 年にはハイレゾ対応無指向性スピーカー「Egretta TS100F」も発売。
片山工業(株) (岡山県井原市)	外装部品 排気系部品	自転車 他	2014 年自社オリジナル新発想「ウォーキングバイシクル」販売。その他、自社オリジナル照明建築材「レイストリーム」の販売や宅配弁当事業の運営など多角化を推進。

（出所）新聞記事及び各社の HP 等から筆者作成。

めの市場調査能力・販売チャンネル・人材などがないことなどが聞こえてくる。Tier2-3 サプライヤーにおいては，設備の障壁よりも人材や資金などの障壁の方が大きい。ゆえに，新分野進出も安易な道ではないが，経営を守るためのひとつのベクトルとして，自動車産業が複雑化する中，それを視野にいれる中国地域部品サプライヤーも少なからずある。

4.「メガ・プラットフォーム戦略」と中国地域部品サプライヤーの考察

4.1.「メガ・プラットフォーム戦略」に係る課題

　多様な社会課題と複雑なニーズに対し，求められる自動車の機能，部品システムの技術領域は急速に拡大している。また，新興国市場の拡大により，完成車メーカーはその生活水準や環境規制，産業政策など地域特性に応じたコストパフォーマンスの良い自動車を大量に投入したいと考えている。完成車メーカーは，不確実性の高い中で，様々な技術選択肢から機能を構成し，自動車商品企画を進めており，今後，効率的な自動車づくりを実現するための戦略の一つが，複数車種で部品を共通化するモジュール化であり，「メガ・プラットフォーム戦略」と考える。

　マツダは，VW の新モジュール化導入（2012 年）に先立つ 6 年前の 2006

年に全社一体となって取り組みを始めた「モノ造り革新」の一つの支柱に「コモンアーキテクチャー（CA）構想」を打ち出した。10 年一括企画により，車格や排気量を異にする車種を同じプロセスで設計・開発・生産する道を選択し，2012 年 2 月に CA 構想を反映した最初の車種 CX-5 を市販した。その後 2015 年までに，8 車種の CA 構想を体現した車の市場投入を行った。マツダの CA 構想は，Volkswagen 社のモジュール（部品）共通化の方式とは異なり，開発工数の削減に繋がる設計思想の共通化の方式で，規模の経済性ではなく効率性を追求しようとするアプローチである。

　マツダの部品サプライヤーは，CA 構想の開発方針のもとで，マツダの革新活動に呼応して歩調を揃えてきたので，これまでのところ劇的なサプライチェーンの再編は現れていない。海外進出においても急減な変化はなく，国内基盤を中核に慎重に部品サプライヤーと海外展開を進めている。

　一方，2016 年 5 月，日産は三菱自動車に出資して同社の株式 34% を握り，事実上傘下に収めることを発表した。これにより，三菱自動車はルノー・日産とともに，1,000 万台規模グループに入った。

　部品サプライヤーは，各完成車メーカーの技術・規模の成長に応じて，事業再編・工場配置など行い成長してきた。系列内で完成車メーカーと同期できる部品サプライヤーとできない部品サプライヤーに分かれ，さらに力のあるところは系列を越えた取引も実現する「多系列取引」の部品サプライヤーも出現した。そうした技術，品質，コストなどの長年の競争の中で，自ずと部品サプライヤー間にも大きな格差が生じてきた。

　日本の部品サプライヤーは，従来，系列単位で取引し事業を拡大してきたが，今後は系列外の取引も拡大し，特に海外では参入するチャンスも期待される。その一方で，部品サプライヤーにとっては，高い生産能力や資金力，開発力が求められ，中小部品サプライヤーにはさらに厳しい環境になるとも考えられる。

　中国地域部品サプライヤーは，これまでマツダと三菱自動車の生産規模に見合った規模で事業収益構造の構築，効率化を図ってきた。培った自動車部品技術は，コスト競争力もあり，他系列の部品サプライヤーにもグローバル展開能力を除いて決して劣るものではない。

182　第1編　メガ・モジュール化戦略とサプライチェーンの変容

　現在はまだ，グローバルな競争環境は劇的な変化の途上にあり，中国地域部品サプライヤーは，今後，さらなる厳しい挑戦をしていかなければならないと思われる。

　例えば，部品の共通化が進展すれば，従来以上の数量，供給エリアに対する部品の安定供給能力が必要になる。取引規模が増えて売上が伸びるチャンスであるだけではなく，その裏には，開発工数や設備投資負担なども増大し，新規工場設備の投資回収や世界安定供給に係るQDC（品質・物流・コスト）などにより損益分岐点は大きく変わってくる。「規模の不経済」の落とし穴があることに注意しなければならない。

　また，モジュール化・システム化の進展により，部品開発は大規模化する。単純な部品加工受注だけでなく，複数部品を組み合わせた発注に対応するため，品質保証や実験・評価解析の整備も必要になってくる。実験・評価解析現場においては，その効率化から実物による試作実験は少なくなり，設計現場と繋がったバーチャルな世界での解析が増加すると見込まれる。そういった設備・デジタルツール投資負担や人材の確保などが喫緊の課題となる。

　今後，自動車づくりに係る設計開発思想の変化，部品共通化の進展，海外現地生産の加速とグローバルサプライチェーンの再設計などの事業環境の変化等を踏まえて，具体的な方向性とアクションを検討し展開することになる。そこではマツダ等の完成車メーカーが押し進める近年の「メガ・プラットフォーム戦略」とモデルベース開発（MBD）等のデジタル化において，どういったところまでの役割を部品サプライヤーが担うことになるのかが注目される。

　また，中国地域部品サプライヤーは，短期的には，既存車種の部品ビジネスや工場進出している地域ビジネスはしっかり守らなくてはならない。そして，中期的には，事業チャンスに変えてビジネス拡大を模索することが期待される。「メガ・プラットフォーム戦略」を進める完成車メーカーに対しては，車種共通化部品と車種固有部品とで対応は違ってくる。現状設備の損益分岐の最適な生産量を踏まえ，それを越えてさらに一歩踏み出すかの重要な経営判断を迫られることになる。海外進出を前提としたM&Aや現地資本

第 7 章　モジュール化の進展と西日本自動車部品サプライヤー　*183*

メーカーとの協業などで生産展開したり，未だ開拓できていない地域への対応については，メガサプライヤー等との連携を検討したりすることも一案である。車種固有部品は，厳しいコスト競争の世界である。製造技術の革新やマネジメント能力で知恵を絞っていくことになる。

4.2. 今後の中国地域部品サプライヤーの成長因子の考察

（1）今後の変化に係る「情報」の収集分析

　今後の新製品・新技術の開発や人材の育成など，様々な活動を効率的かつ効果的に推進するには，その判断材料，戦略策定の元になる「情報」が不可欠である。

　部品サプライヤーは，当然のことながら，日々直結している取引先（完成車メーカー等）から情報を収集することが最も多く，重視している。完成車メーカーの指示（貸与図面）どおり部品製造している部品サプライヤーもあれば，完成車メーカーから仕様発注で，それを実現する部品は独自または共同で技術開発する部品サプライヤーもあり，欲しい情報の種類・レベルは様々である。しかしながら昨今，自動車技術の見通しは複雑化・多様化しており，完成車メーカー等においても明確な情報を示すことができない場合もある。意識の高い部品サプライヤーにおいては，自ら情報収集に動き，関連技術の展示会や各種講演会・セミナー等に参加したり，市場調査担当要員を自社内に配置したりして，国内外の情報収集・分析の強化を図っているところもある。中京・関東圏など産業集積が高く，人口が集中している大都市圏では，そうした各種情報収集の機会が多くあるが，地方ではそうした機会が少なく，情報量の格差や収集コスト高などが課題となっている。

　中国地域では行政が，完成車メーカーへのシーズ提案や完成車メーカーからのニーズ発信の場の設定を積極的に実施している。他地域でも，シーズ提案の場は多く開催されているが，ニーズ発信（将来技術の情報収集）と一体的に実施していることは中国地域の取組みの特徴と言えるだろう。部品サプライヤーが今後の技術動向を知り，自社技術を反映した上で新たな製品を産み出すことは，完成車メーカーの製品力にも直結し，サプライチェーンの中で活発に行われることが強く求められている。そうした事業経営に必要な

「情報」を如何に早く摑むか，そして的確な経営判断に繋げるかがサプライヤー競争力の大きな源泉になる。

(2) 新事業の創出などに係る「人材」の確保・育成

　新技術を開発したり，新たに事業を興したり，先進技術導入による生産性向上を図ったり，海外拠点を構築したり，新たにプロジェクトをおこす場合には人材確保・育成は必須である。現在，産業界は人手不足と言われており，特に地方の中堅・中小企業の部品サプライヤーは，人材の確保に大変苦労をしている。将来の労働人口の減少を踏まえて，多くの企業では，ロボット導入で労働力を置き換えたり，IT導入で業務改善を図ったりするなど，省力化投資を増加させている。同時に，必要なスキルを身につけて最新設備を使いこなせる人材を育てなければ，成長を押し上げる効果は弱まる。将来必要とされる人材の育成環境づくりも重要である。

　従来，男性の職場であった製造現場も，一部に女性や高齢者が働きやすいよう工夫が行われるなど変わりつつある。ドイツ「インダストリー4.0」の事例では，多様な人種が働く製造現場において多様な言語等への対応が措置されている。タクトタイムの速度，人の処理能力や気質，気候など多様な要因が生産効率に影響を与えるため，日本の製造現場も従来の単純なロボット導入・省人化だけでなく，現場作業者に合わせた設備ラインの構築が検討されている。

　部品サプライヤーでは，海外ビジネス強化を目指して国際人材や研究開発などの高度人材が欲しいという声と同じくらい，製造現場を維持するための人材の確保も大きな懸念となっているとの声も大きい。製造現場におけるビッグデータの活用も将来の重要な検討項目の一つであり，データサイエンスの能力が今後重要になってくる。社員の「質」を高める教育に様々な工夫を盛り込んで，その企業に必要な人材の育成システムを構築することは，今後の事業展開を左右する重要なポイントとなる。

(3) グローバル競争を勝ち残る「技術」の開発

　自動運転車／コネクテッドカーなどの自動車技術の大きな変化が想定される中で，部品サプライヤーによっては，今後の経営戦略に落とし込めていないところもある。戦略策定が重要とするのは，その検討を通して，自社の強

みと弱みを見える化でき，社内で意識共有化できるからである。自社の不足部分が整理され明らかになれば，いつまでに何をしないといけないのか，自ずと事業計画も見えてくる。そして，ヒト・モノ・カネなどの経営資源の再配分を検討することになる。

単体の部品での技術革新やコストダウン（製造技術革新）にも限界がある。自動車レベルの大きな変化を部品レベルまでブレークダウンする検討をしっかり行い，具体的に経営戦略などに落とし込む必要がある。さらに，単に技術検討を行うだけでなく，「儲かる技術」へ，知財戦略も含めて攻めの経営を検討する。それを実現するには，ロードマップを作成し事業管理を行っていくことがポイントとなる。具体的な計画作成と実行管理をきっちり行うためには，経営戦略，技術戦略，知財戦略等が密接な関係をもって推進されることが重要である。

(4) 戦略的アライアンスに係る「パートナー」の確保

企業の内発的な力を源泉としたものではなく，外部ソースの有効活用の視点もある。今後の自動車の大きな変化には，これまでのような単独自前主義的な考えでは難しい新技術領域も多くある。欧米メーカーは積極的にM&A（企業買収等）を活用し，既存事業の規模やシェア拡大を図ったり，新たな事業分野や技術を取り込んだりして成長してきた。近年では，新興国のメーカーや投資家が欧米メーカーを買収するケースもあり，グローバル競争は激化している。M&Aは，積極的なグローバル展開・競争力強化を背景に実施する場合もあれば，企業の廃業による技能の喪失や流出防止のために人材や設備を継承する形で買収する場合もある（表7-5）。

近年の自動車は，モジュール／システム単位での開発が拡大し，部品サプライヤーは，複数部品を組み合わせ，ソフトウエアによる制御技術など，新たな技術の取り込みが求められている。また，完成車メーカーのグローバル展開の進展は，部品供給ラインが長く伸びたり，現地生産拠点の拡充を求められたり，QCDの厳しい要求から部品サプライヤーの負担は増大している。

中国地域部品サプライヤーにおいては，限りある経営資源を選択と集中で有効に活用するため，外部ソースの活用を積極的に検討していくことも必要である（図7-6）。自社の優位技術を中核に置いて，電気・電子・ソフトウエ

186　第1編　メガ・モジュール化戦略とサプライチェーンの変容

表7-5　グローバルサプライヤーとの連携事例

連携企業			概要
河西工業(株) 神奈川県	三和工業(株) 広島県	自動車天井部品の更なる競争力強化	エスケイ工業(株)　【合弁会社設立／日本】 設立：2008年　／　所在地：群馬県太田市 資本金：3億円（三和工業51％、河西工業49％）
			広州艾司克汽車内飾有限公司　【合弁会社設立／中国】 設立：2008年　／　所在地：中国広東省広州市 資本金：US500万＄（三和工業75％、河西工業25％）
仏 Valeo S.A.	(株)ユーシン 広島県	【事業部門の買収】 2013年5月仏 Valeo のアクセスメカニズム事業買収により2014年11月末時点のキーセット、ハンドル、電動ステアリングロックの世界市場シェアはトップに躍進	
米 Cooper Standard Automotive	西川ゴム工業(株) 広島県	ブラジルでのホンダ向け部品生産	【合弁会社設立】

（出所）新聞報道や各社 HP 等により筆者作成。

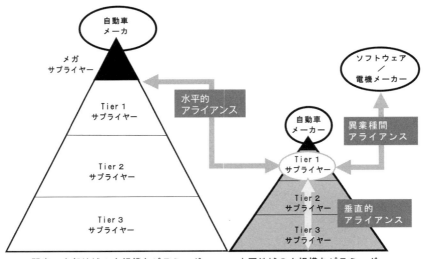

図7-6　小規模ピラミッドの Tier1 サプライヤーと周辺アライアンス
（出所）筆者作成。

ア産業との異業種アライアンスで技術の補完を図ったり，拡大する海外市場において既に進出済みの企業に技術供与・生産委託することで海外投資の抑制，海外展開の補完を図ったりすることも重要な戦略判断である。また，同業部品サプライヤーであっても，より大きく事業展開しているところと組んで，海外のビジネスチャンスを摑むことも一案である。自社の実力を踏まえて，出るところは出て，出ないところは出ないと冷静に判断することが重要である。

(5) 将来の競争力を生み出す「拠点」の構築

　自動車の電動化・知能化，世界的な環境規制の強化等を背景としたパワートレインの多様化等により，設計開発工数が爆発的に増加，人材不足が顕在化している。

　欧州では，AVL や FEV などのエンジニアリングサービス会社が新技術開発の一端を担い，グローバルに展開している。こうした独立系の強力なエンジニアリング会社が完成車メーカーやグローバル・メガサプライヤーを支えていることも欧州の「強さ」の一つである。また欧州では，産学官連携の取組みを上手く使って，自前開発の限界から抜け出し，研究委託を加速していることも注目される。

　グローバルでは，競争力を高めようとルール・標準化づくりの主導権争いも行われている。相次ぐ新技術にルールが追いついておらず，多くの課題を抱えている。その中にあって，欧州勢はルール・標準化の形成で市場を有利に運ぼうとしている。

　中国地域部品サプライヤーは，エンジン，パワートレイン，サスペンション，内外装部品などの既存ビジネス領域をベースに，自動車の変化に合わせて技術進化を進めること，拡大する電子システム技術の中で中国地域に取り込める領域を発掘し技術を育成することが，戦略課題となる。

　個別部品で競争していくのではなく，モジュール／システムで性能向上を図りグローバルで競争することを考えるのも一案である。そのためには，地域において，自動車全体システムで評価できるサポート態勢の整備が必要である。

　最近の情報技術の進展により，自動車づくりの様々な領域において，IT

システム整備の投資や生産性向上の投資などが行われている。自動車の設計開発においては，実機試作を極力行わずに，シミュレーションの活用により開発を進める「モデルベース開発（MBD）」などを導入し，開発の加速化（開発工数の削減，精度向上）が積極的に検討されている。産学連携においても，効率的に研究開発できるようにするために，産学の共通言語であるシミュレーションモデルの活用が不可欠である。MBDのモデル流通の活性化により完成車メーカーの内部の摺り合わせだけでなく，部品サプライヤーとの関係でも摺り合わせが強化される。

　部品サプライヤーの生産性向上や産学連携の深化による人材育成も同時に達成し，世界最先端の開発拠点を目指すことが期待される。

　広島地域においては，過去からマツダ主導により「MDI（マツダ・デジタル・イノベーション）」を進めて，デジタルデータでの解析検証により試作レスを目指した取組みが進められてきた。それをベースにMBDで更にデジタル設計開発を効率的に進めることが検討されている。MBDはマツダ・SKYACTIVの開発でも活用され，エンジン開発現場のほかに各種車載システムの開発や各種解析にも広がると思われる。

　各種車載システムの開発においては，完成車メーカーだけでなく部品サプライヤーとの協業が不可欠である。成形状態や素材性質に係るシミュレーションはこれまで部品サプライヤーが個別に取り組んできて，力のあるところもある。MBDは，個々の部品・システムをデジタル上でつなぎ合わせて性能をシミュレーションする。部品サプライヤーは，自らの部品・システムを検証するとともに，部品を統合し，モジュールレベルや車両全体レベルでの検証を行いながら，車の性能を高めていくことが求められる。地域企業の実需に応じた開発ツール（設備・解析ソフト等）のサポート体制を構築する必要がある。

　スーパーコンピュータを導入し，プレスや鋳造，樹脂成形といった生産シミュレーションソフト等を導入，地域企業に高度なシミュレーション技術を普及やエンジニア人材育成を図る。広島県等では，MBDに係る人材育成は2007年から取り組んでいるほか，大型EMC実験室の整備や「ベンチマークセンター」，2017年10月には「ひろしまデジタルイノベーションセンター

（HDIC)[6)]」が開設されるなど，地域企業の自動車等技術開発力の強化に向けた支援に積極的に取り組んでいる。

デジタル化の推進には，セキュリティ対策，技術者の確保・育成，投資負担増，知的財産所有権などいくつか課題がある。産学連携においては，社会背景とビッグデータを扱うデータ分析技術者（データサイエンティスト）や幅広い情報学の知識を持つエンジニア人材などの育成を検討しなければならない。地域においては，デジタル化の進展と人材の育成・活用の両方を推進していかなければならない。

日本の強みである摺り合わせ技術とMBDを組み合わせることで，設計開発の効率化とともに，自由度が上がり様々な可能性が広がることが期待される。

おわりに

以上のように，中国地域部品サプライヤーは，事業規模の制約等から①自動車部品の電動化・知能化対応と②海外展開の2つのビハインド（出遅れ）が生じており，今後それをどうリカバリーして成長軌道に乗せていくのかが検討ポイントの一つである。

「メガ・プラットフォーム戦略」は，部品サプライヤーにおいて，大きなビジネスのチャンスとなる一方で，開発・生産の負担増大，部品サプライヤー間の競争激化，事業再編なども顕在化しており，関連リスクを明確化し，収益に結び付ける事業の在り方を改めて検討するとともに，事業戦略及び計画を策定しなければならない。

我々との意見交換の席で，中国地域のある部品サプライヤーの経営者から次のような言葉があった。

　「これまで何十年も自動車メーカーのニーズに対応し，その成長に伴って，頑張って付いて行った。その結果，自社も成長し，技術力も向上した。自動車メーカーに育ててもらったという思いはある。しかしある

時，他系列の同種部品サプライヤーと同じ土俵に立って競争した時に，愕然とした。同じように苦労して自動車産業の荒波を一緒に乗り切ってきたと思っていたが，（他系列の競合相手に対峙して）いつの間にかこんなにも企業の力に差がついていたと知った」（括弧内は筆者挿入）

　企業も，人の生育と同様に，その事業環境に大きく影響されながら成長することを改めて実感した。
　また，中国地域の別の部品サプライヤーの経営者は次のように独自の経営哲学を語った。

　「系列外取引であれ，独自の海外展開であれ，新分野進出であれ，新たな領域に踏み出すためには，いくら従来手法が上手くいっていようとそのままではいられない。相撲力士がプロレス界に入って勝負していくのと同様，その新たな領域のルールを習熟し，自らの体質を変えないと勝負に勝ち続けることはできない。変わるというのはそういうこと」

　新たな取組みを興し成長しようと思えば，それまでの事業手法の枠組みを一度壊し，再構築する必要があるということがよく分かる言葉であった。
　地域の産業経済の活性化や雇用に影響の大きい部品サプライヤーが，先行きの見えない厳しい事業展開の舵取りを余儀なくされる中で，地域の大学等研究機関，金融機関，行政・産業支援機関等のサポートは地域社会の持続的成長の必須条件であると考える。特に，金融機関は，企業の事業展開を支える資金調達先であるとともに，市場・業界情報，連携企業情報については，仕事上の取引先や金融機関から教えてもらったとする企業が多い。また，産学官連携による支援については，大学が中心となり同業の企業が連携しているドイツのフラウンホーファーを中心とした欧州の産学連携の取り組みが，今後の中国地域の取り組みにも多くの示唆を与えるものと考えられるが，その詳細な検討は今後の課題としたい。

注

1 ）世界自動車販売台数 1,000 万台規模のグループ。

2 ）VW の MQB，ルノー・日産の CMF，トヨタの TNGA，マツダの CA など。部品・システムの共通化や向こう 10 年程度の商品展開を予測したモジュールの設計開発に取り組むもの。

3 ）鈴木裕人「自動車ビジネスにおける勝ちパターンの二極化，マクロとミクロで見る自動車産業進化論第 5 回」『日経テクノロジーオンライン』，2016 年 3 月 14 日記事（日経 BP 社公式 Website からダウンロード，http://techon.nikkeibp.co.jp/, accessed 2018/02/27）参照。

4 ）マツダは，1920 年に東洋コルク工業として創立し，1931 年に三輪トラックを生産開始（マツダ㈱ホームページより，http://www.mazda.com/, accessed 2018/）。三菱自動車は，1917 年に三菱造船が設立され，日本初の乗用車「三菱 A 型」を生産（水島製作所は，1943 年に水島航空機製作所として開設され，1946 年に小型三輪トラック「みずしま」が完成）。（三菱自動車工業㈱ホームページより，http:// http://www.mitsubishi-motors.com/, accessed 2018/02/27）

5 ）経済産業省ホームページ　http://www.meti.go.jp/press/2014/11/20141117003/20141117003.html/, accessed 2018/「自動車産業戦略 2014」本文末尾の別紙において，東北，関東，中部，近畿，中国，九州の各地域の自動車部素材戦略が掲載されている。

6 ）ひろしまデジタルイノベーションセンター https://www.hiwave.or.jp/hdic/, accessed 2018/02/27

第2編

メガ・モジュール化戦略と競争環境の変容

（出所）
左上：中華人民共和国天安門，2016 年 7 月，編者撮影。
右上：ジュネーブ・モーターショウ，2015 年 3 月，編者撮影。
左下：シュツットガルト（ドイツ）路上，2015 年 9 月，編者撮影。
右下：フランクフルト・モーターショウ，2015 年 9 月，編者撮影。

第8章
電動化による次世代自動車の環境対応とサプライチェーン
——欧州, 中国を筆頭とした48 Vマイルドハイブリッドを中心とするその影響——

岩城　富士大

はじめに

　完成車メーカーの製品開発戦略変化については, 第1章から第3章で詳しく述べてあるが, ここではVWの取り組みを例として総括してみる[1]。
(1) プラットフォームの共通化戦略：1990年代, ドイツ・フォルクスワーゲン (VW) 社を筆頭に, 完成車メーカー各社はプラットフォームの共通化を進めた。多額の開発費用や金型費用のかかるプラットフォームを共通化することは, コスト削減で大きな効果を上げた。しかし, プラットフォームという大きな塊を単位とした共通化は, デザインが似通ってしまうなど, 個別車種の商品力向上に大きな制約要因となった。結果として, しばしば個々の車種に固有な部品が設計されることになり, 同一のプラットフォームを共有する車種間においても, 意図したほどには部品共通化が進まないという事態が生じた。
(2) 生産のモジュール化が同時進行：プラットフォーム共通化戦略と同時期

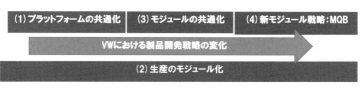

図8-1　VWにおける製品開発戦略の変化
(出典) 各種資料を基に筆者作画。

（1990 年代），各社では自動車を効率よく生産するために生産のモジュール化が進められていた。生産のモジュール化は，多様な車種を効率よく生産する混流生産のツールとして日本で開発されたといえる生産革新である。このモジュール生産方式をドイツの自動車メーカーは 1993 年の自動車不況の折，効率的な自動車生産方式として日本から学んだ上で，サプライヤー組み立てや発注政策と組み合わせて体系化し，生産のモジュール化は日本と欧州を中心に目覚ましく進化した。

(3) 生産のモジュール化を共通化のツールに：2001 年 3 月，VW はプラットフォームより小さい単位の塊をモジュールとすれば，製品の差異化と共通化を両立できるとして，生産プロセス革新のツールであった部品のモジュールを，共通ツールとして再構築した新しい製品開発戦略「モジュールの共通化」をアナウンスした。11 のモジュールを共通化していく戦略を公表したもののその効果についてはほとんど明らかにしなかった。

(4) 生産のモジュール化から企画・設計のモジュール化へ：海外への生産拠点シフトやグローバルな部品調達の必要性から，新たな製品開発のアプローチが必要となり，2012 年以降，VW の MQB の発表以降，新しいモジュール化への取り組みが各社から発表され現在に至っている。

　こういった完成車メーカーの製品開発戦略は 2016 年になって，それまでの機械系部品中心の開発から，EV など電動化へ向けた動きが明確となった。元をたどると，最初の自動車は EV でスタートしたが，ガソリンのもつエネルギー密度の高さや，移動の容易性などから，すぐにガソリン車，ディーゼル車が EV に取って代わり 100 年以上，自動車は内燃機関が主流を占めてきた。こういった背景から，自動車の製品開発戦略は内燃機関が中心となって進んだ。しかし，排気ガス公害への対策や安全性の向上など，自動車の持つ負の面への対応としてカーエレクトロニクスを有効に活用する取り組みが顕著となってきている。本章ではその進化を順を追って振り返り，現代起こりつつある電動化への変容を述べ，本書の執筆者の大部分が属する西日本の自動車産業における課題と，これに対する取り組みを述べてみたい。

1. カーエレクトロニクスの進化と電動化——進化の歴史

1.1. マスキー法で進化したカーエレクトロニクス

　自動車のエレクトロニクス化の顕著な変化のきっかけは，1970年アメリカにおけるマスキー規制を皮切りとした厳しい排気ガス規制強化であった。日本でもこれとほぼ同時期，昭和50年規制として同様の規制が実施された。これに対応するためにエンジンの電子化（電子燃料噴射システムの採用）が急速に進み，ついでABS（アンチロックブレーキ）やエアバッグ等の安全性向上に向けたエレクトロニクス化への動きが続いた。その後，この動きは，ナビゲーションシステム，ITS（高度情報化システム）へと拡大して

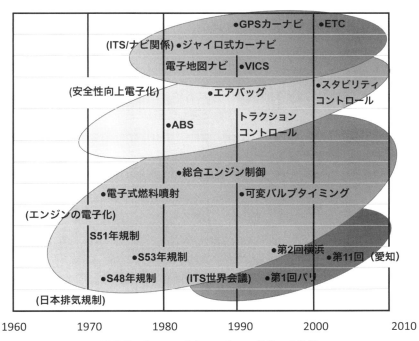

図8-2　カーエレクトロニクスの進化の全体像

（出典）石 太郎「自動車とカーエレクトロニクス」『パナソニック技報』Vol. 54 No. 2, 2008年7月, 6ページをベースに著者がアップデートし追加作画した。

いった。こうした環境対策と安全，そして情報化（現在ではネットへの融合（コネクテッドカー））などの技術は，いずれも高度な制御技術やソフトウェア技術，通信技術などが必要となっている。図8-2にカーエレクトロニクスの進化の全体像を示す。

1.2. 電動化の進化

1997年京都議定書採択の年の12月,「21世紀に間に合いました」のキャッチコピーで，世界初となる量産ハイブリッド自動車のトヨタ・プリウスが産声を上げた。当初，高速道路における走行性能はいま一つではあったものの，燃費の大幅な改善が評価され日本市場で非常な好評で迎えられた。その後ホンダのハイブリッド・インサイトがこれに続いた。2009年12月にプラグイン・ハイブリッド，2009年にはEVが登場し，現在環境対策の自動車は三つ巴の戦いになっている。2014年には燃料電池車量産モデルが登場し，何が主力となるか競っている。

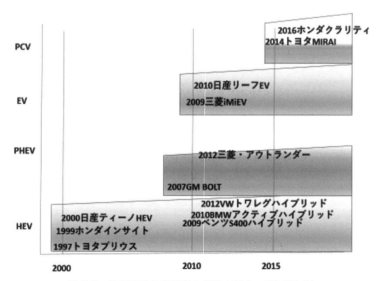

図8-3　量産電動化自動車の出現の歴史　（筆者作成）
（出典）各報道資料を基に筆者作成。

2. 環境対策

2.1. 環境規制について
　グローバルな環境規制には大別して2つの規制がある。
　①米国のZEV規制のように電動車両が必須となる構造用件
　②燃費・CO_2規制のCAFÉ（企業平均）的な性能要件規制

2.2. CO_2規制からみたグローバルな規制の動向
　欧州のCO_2の規制は世界の先陣を切って2015年130g/km，2021年95g/kmと非常に厳しい規制を予定している。なお2025年には70g/kmレベルとさらに厳しい規制が検討されており，図8-5に示すように各国では欧州規制を追う形で，規制が強化されている。

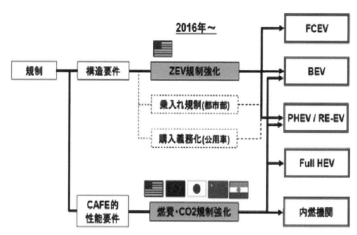

図8-4　グローバル環境規制
（出典）「次世代自動車の電動化技術と地域ビジネス創出への取り組み」講演資料，2012/3/23広島大学　勝代健二/カーエレクトロニクス推進センター，岩城富士大。

200　第2編　メガ・モジュール化戦略と競争環境の変容

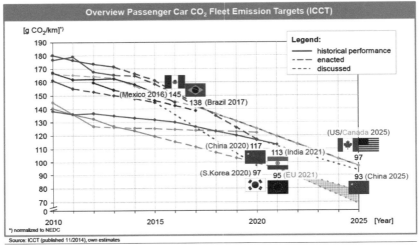

図8-5　グローバル CO_2 規制の動向
（出典）2017年科研調査，Continental 提供資料。

2.3. 環境規制への対応　エレクトロニクス化，電動化によるコスト比率の上昇

　厳しい CO_2 規制や ZEV 規制をクリアするために EV/FCV や PHEV など今後，電動化が急速に加速していくと予測される。加えてレーダブレーキ等の安全対策やインターネットへの接続など情報化への対応も同様に急速に拡大している。こうしたカーエレクトロニクス化や電動化の進展は，自動車のコストにおける電子部品比率を大幅に増加させており従来のメカニカルなサプライチェーンからエレクトロニクス化のサプライチェーンへと急速な変化をもたらしている（図8-6）。

第 8 章　電動化による次世代自動車の環境対応とサプライチェーン　201

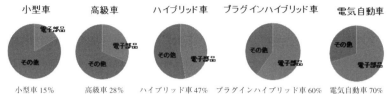

図 8-6　車の電動化と電子部品比率
（出典）小型車〜ハイブリッド車：トヨタ，電気自動車：日産，プラグインハイブリッド車：市販車価格差等より筆者の推定値。

3. 環境対策と電動化

3.1. 2021 年欧州 CO_2 95g/km にむけて

　欧州の CO_2 対策は 2015 年までは，主として既存エンジン技術の地道な改良や，スタート・ストップ技術等の対応により達成されてきたが，2021 年の 95g/km CO_2 規制やそれ以降の規制には抜本的な電動化対応が必要と考え

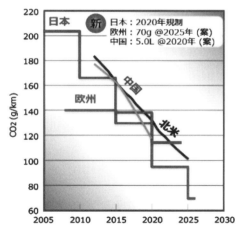

図 8-7　経済産業省　自動車産業戦略 2014
（出典）経済産業省『自動車産業戦略 2014』（2014 年 11 月），23 頁「図 3-4 先進国燃費規制」（原資料：自動車用内燃機関技術研究組合 AICE）。

202　第2編　メガ・モジュール化戦略と競争環境の変容

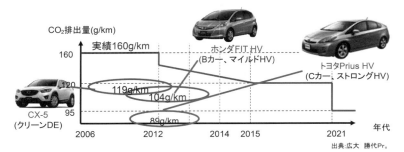

規制値から推定して、以下のレベルの低CO₂技術が必要
①120g/km・・・アイドルストップ＋減速エネルギ回生
　　　　or　ホンダタイプのHV (48V)
②95g/km・・・・トヨタタイプのHV

図 8-8　欧州 CO₂ 規制値と量産車の排出レベル比較
（出典）「次世代自動車の電動化技術と地域ビジネス創出への取り組み」講演資料，2012/3/23 広島大学　勝代健二/カーエレクトロニクス推進センター，岩城富士大。

られている。欧州のみならず米国や日本，中国などでも同様の規制が予定されていることから，世界の自動車業界ではこうした規制に対応するためにHEV/PHEV/EV/FCV の導入など電動系の技術拡大が不可欠という共通認識ができつつあり，そのキー技術たるエレクトロニクス技術（センサー，アクチュエータ，ソフトウェア）の拡大が必須となっている。ここで欧州における 2021 年の CO_2 規制の厳しさを，現在の代表的な量産車の CO_2 排出量で見てみる。欧州の規制は CAFÉ（企業平均）的な性能要件規制ゆえ一部の車の CO_2 排出量を下げても達成は困難で，販売車両全体の CO_2 排出量のレベルの削減が必要であるため図 8-8 に示すように全車種の CO_2 排出レベルの総量を表示している車種並みにしないと達成ができない厳しい規制値であることがわかる。

3.2. 2021 年 CO_2 95g/km 達成に向けて　欧州専門機関の予測

　欧州 TRANSPORT ENVIRONMENT のレポート（2015）に，2021 年 CO_2 95g/km 達成に向けて各社の予測値が掲載された。仮定として 2015 年以降，

第8章 電動化による次世代自動車の環境対応とサプライチェーン　203

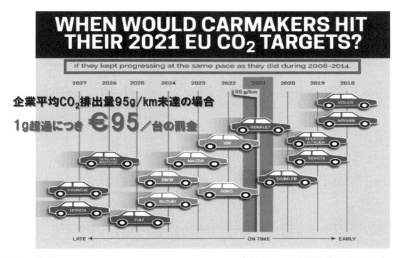

図 8-9　欧州 TRANSPORT ENVIRONMENT　2021 へ向けた CO_2 対策進捗レポート（2015）
（出典）Transport & Environment "2015 TE cars CO2 report v6_FINAL"（2015）

　各社は 2008 年から 2014 年までの企業平均 CO_2 排出量の改善度で進んでいくとして，2021 年の CO_2 95 g /km の達成のタイミングを予測した結果である[2]。

　かつて，達成は不可能とさえ言われた 1970 年大気浄化法改正法，通称マスキー法（Muskie Act）を真っ先にクリアしその後，省燃費による環境性能で世界をリードしてきた日本車であるが，現在では，2021 年 CO_2 95g/km 達成に向けては先行しているグループと，相当に遅れているグループに分かれていて，現時点では日本車が決して環境対策で先頭を走っている状況にはないことが分かる。

　2021 年 CO_2 規制は未達成の場合，1ｇの未達につき 95€ の罰金が販売全台数に課せられるという厳しい規制であり，日本車の達成も予断を許さない状況にあると分析している。

3.3. ジュネーブモーターショー2015やパリショー2016にみる現状（図8-10）

各社，2021年 CO_2 95g/km の手段は，減速回生付きのスタートアンドストップシステムから始まって HEV/PHEV，EV など多種多様であり，現状では CO_2 対策の本命が見えない状況が見て取れる。欧州におけるモーターショーではあるが，全社出展しているにもかかわらず達成車の比率が20%弱であり日本車が群を抜いて CO_2 改善が進んでいるわけではないことを示している。

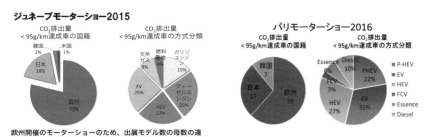

図8-10　モーターショーでの現状
（出典）平成26～28年　筆者「科研費研究調査報告」。

3.4. 各種の環境対策による CO_2 削減ポテンシャルと必要コスト

ここで，各種対策による CO_2 削減のポテンシャルと必要コストについて見てみる[3]。

2015年フランクフルトモーターショーにおいて，BOSCH は各種電動化技術による CO_2 削減ポテンシャルを以下のように表明した。

第 8 章　電動化による次世代自動車の環境対応とサプライチェーン　205

システム	CO_2 改善率
48VMILD HV（マイルドハイブリッド）	15%
革新的 CE	12%
EV 熱マネジメント	25%
DE DI（ダイレクトインジェクション）	15%
EV	100%
CE DI（ダイレクトインジェクション）	15%
PHEV（プラグインハイブリッド）	65%

他方，各種 CO_2 削減策の効果と必要追加コストが経済産業省の資料で公表されている（図 8-11）[4]。

図 8-11 中の点線部分は欧州で幅広く使われてきたエンジンのダウンサイ

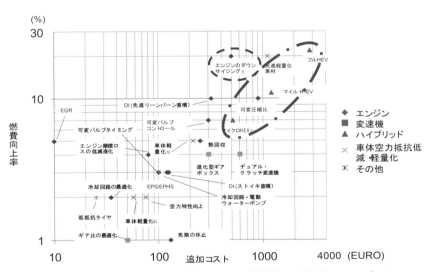

図 8-11　2020 年に向けた CO_2 削減施策のコストと期待効果（小型ガソリン車のケース，2008 年体比）
（注 1）ターボチャージャーやスーパーチャージャーを付与，2）アイドリングストップとブレーキのエネルギー回収のみのもの，3）ホワイトボディの 30%，車体全体の 9% 4）ホワイトボディの 12%，車体全体の 3.6%．
（出典）European Federation for Transport and Environment を元に ATK 作成．
経済産業省「平成 25 年度産業技術調査事業重要技術分野に関する技術動向等調査　調査報告書」より引用．

ジングによる効果が表示されており，比較的安価で有効な対策であることがわかる。一方で図中の一点鎖線は電動化のメニュー（マイクロ，マイルド，フルという 3 方式のハイブリッド）が提示されており，追加コストは高いものの有効な方策であることが示されている。

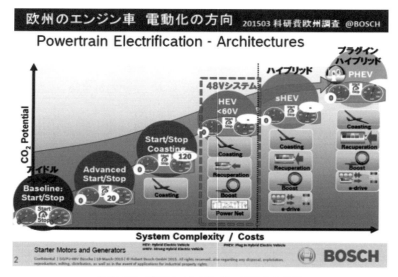

図 8-12　欧州のエンジン車，電動化の方向
＊横軸はシステムの複雑性／コストを表示し縦軸は CO_2 削減のポテンシャルを提示している。
（出典）2015 年科研調査，Bosch 提供資料。

エンジン車の電動化について，電動化には大別して以下の 4 つの方式がある（Bosch，2015 年 3 月科研調査による）。

①マイクロハイブリッド[5]

スタートアンドストップ（日本ではアイドリングストップシステム）と呼ばれ，交差点で停止すると，エンジンを停止して停車中の燃料消費を防ぐもの。最近は停止を予測して 8km 程度に減速すると，エンジンを停止するものが登場しており，更に欧州では 25km 以下の車速でエンジン停止を行うものも開発されている。加えて，その減速中に発電機を制御してバッテリーやスーパー・キャパシターに電気エネルギーとして蓄えて，照明や空調機器な

第8章 電動化による次世代自動車の環境対応とサプライチェーン 207

どの電力に使うことで発電用の燃費を削減する，減速回生システムを備える
ようなシステムも出現した。事例：マツダエネチャージシステム

②マイルドハイブリッド

CO_2 発生の大きい発進加速時に，発電機を制御してモーターとして活用す
るシステムで，12V のシステムから 48V システムまでマイルドハイブリッ
ドの電源電圧には種々ある。販売車両全体の CO_2 排出量のレベルの削減が
必要な欧州のような規制には簡単なシステムであり比較的安価ゆえ，今後急
速に車両全般に幅広く採用されることが予測されている。欧州と同様の環境
条件から中国でも 48V マイルドハイブリッドが大きなシェアで採用される
と予測されている[6]。今回の科研費調査では，日本ではその動きが全くと
言っていいほど見えていない 48V マイルドハイブリッドについて，欧州の
部品サプライヤーや委託開発機関の訪問ヒアリング及びモーターショーの調
査などで重点的に調査した。その詳細は第4節で詳しく述べる。

③フルハイブリッド　HEV　（ストロングハイブリッドとも表現される）

1997 年 12 月，世界初となる量産ハイブリッド自動車のトヨタ・プリウス
が誕生して以来，CO_2 や省燃費対策の代表的なシステムとして日本を中心に
大幅に採用が伸びている。以降，フルハイブリッド車はトヨタに加えて，ホ
ンダ，日産等日本車や韓国車を中心に採用されている。マイクロハイブリッ
ドとの差は，電源電圧で 200V レベルのバッテリー電圧を 600V 程度に昇圧
した大電力モーターを使用して，高度に動力性能と環境対策とのバランスを
取ったシステムである。1997 年以降，トヨタの独壇場ともいえるシステム
で技術的にも生産台数も独占的で，欧州勢や中国勢はトヨタとの正面競争を
回避してプラグインハイブリッド（PHEV）を対抗馬に商品導入を意図して
いる。

しかし，高価でありシステムが複雑なこともあって数量的には 48 V マイ
ルドハイブリッドを主として計画している。

④プラグインハイブリッド　PHEV

ハイブリッド車のバッテリー容量を大幅に拡大して，エンジンを停止して
の EV 走行の距離を 60km 程度に拡大したものが，プラグインハイブリッド
（PHEV）で，HEV の上位展開システムともいえる。ハイブリッド車が重量

車の CO_2 削減；95g/km には少し力不足の感があること，米，中における
ZEV 車として認められないこと，加えてトヨタの圧倒的なハイブリッド車
の経験知に対抗して PHEV は欧州や中国を中心に採用が拡大されようとし
ている。

3.5. 2016年電動系のプラットフォームの登場

　第 1 章とこれを総括した本章の「はじめに」で述べたように，VW グルー
プは 2012 年より横置きエンジン向けの新世代プラットフォーム「MQB」，
縦置きエンジン向けの新世代プラットフォーム「MLB」を 10 年一括企画の
成果として展開している。しかし 2016 パリオートサロンでは，これらとは
別に，わざわざ EV 専用のプラットフォーム「MEB」を発表した。環境対策
に対する電動化の流れの中で電動化のプラットフォームの新規開発である。
10 年一括企画のもとで開発された，MQB，MLB，MSB，NSF に加えて，わ
ずか 4 年で MEB を新開発し追加せざるを得なかったのは，全世界レベルで
の CO_2 対策が予想以上の急速な進展となって電動化の新しい波が起こり，
10 年一括企画の予測に対する崩壊を起こしたともいえる結果である。その
後，VW，ダイムラー，BMW，VOLVO 等が相次いで EV を主体とする電動
化を急激に進めると発表し，2017 年 9 月にはトヨタ，マツダ，デンソーが
EV プラットフォームを開発する新会社（EV C. A. Sprit）を設立し，スバル，
スズキ等の参加も予測されるなど電動系のプラットフォーム開発に向けた動
きが一気に加速している。各社が 10 年一括企画として取り組んだ新モ
ジュール戦略に対する電動化のインパクトと今後については，今後の別稿に
お待ちいただきたい。

3.6. 内燃機関車禁止の動き

　2016 年 10 月のパリモーターショーと相前後してイギリス，フランスの両
政府が 7 月，相次いで 2040 年以降，エンジン車の販売を禁止すると発表し
た。すでに 2016 年には，ドイツの連邦議会が 2030 年までにエンジン車の新
車販売を禁止する決議案を採択している。スウェーデン自動車大手ボルボ・
カーも 2019 年にすべての新車を電動化すると発表するなど，今まで自動車

プラットフォームの根幹をしめていた内燃機関が地球温暖化の元凶としてCO_2対策の観点から禁止される動きが顕著となってきている。加えてドイツの連邦参議院は 2016 年 9 月末，「2030 年までに，ガソリンエンジンやディーゼルエンジンなどの内燃機関を搭載した新車の販売禁止」を求める決議を採択した。またノルウェーでは，2025 年から乗用車のガソリン車やディーゼル車の新車登録を禁止する法制化の動きがある。オランダでも 2025 年以降，ガソリン車とディーゼル車の新車販売を禁じる法案が議会に提出された。今後，国会での最終承認が得られるかはまだ疑問であるが，温暖化対策が待ったなしの状況である。こうした動きは日本では EV 化への全面移行ととらえて単純化されて報じられており，自動車産業へのインパクトの正確な分析と対応策の論議など十分とは思えない。現在の動きはガソリン車やディーゼル車の内燃機関のみで動く車を全面廃止するとの動きなのか，エンジンの良さを生かしつつ電動化を加えて環境対策を着実に進めていくとの動きをどう考えるのか，また販売禁止にハイブリッド車が含まれるかは現時点不確定である。

　現在のバッテリー性能や耐久性，廃棄の課題，そもそも Well-to-Wheel（油井から車輪まで）で考えた場合，CO_2 削減にとってどの方式に真の優位性があるのか，きちんとした論議が進んでいないように思われる。我々，チームも地域のサプライチェーンにとって大変に重要な課題である本テーマについて，メンバーを強化し継続研究を行って役立つ提言を継続したいと思っている。

4. 48V マイルドハイブリッドについて

　2021 年の欧州 CO_2 95g/km 規制達成に向けて，欧州および中国における取り組みの中で注目すべきは，48V マイルドハイブリッドへの取り組みであることは先に述べた。48 V マイルドハイブリッドはアイドルストップと減速回生で構成される旧呼称マイクロハイブリッド車に走行初期や高速道路の惰性走行時にモーターアシストを追加したシステムである。48V マイルドハイ

210 第2編 メガ・モジュール化戦略と競争環境の変容

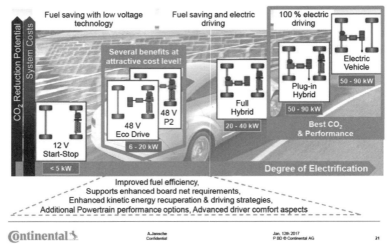

図8-13 48Vマイルドハイブリッドシステム電動化における位置づけ
(出典) 2017年科研調査, Continental 提供資料。

ブリッドシステムの位置づけ，性能レベルを提示する。

　48Vマイルドハイブリッドシステムは電源電圧が48Vであり，200Vを昇圧して600V程度としたフルハイブリッドに比較して電動化のアシスト能力が低くCO_2削減効果は若干劣るものの，安価であり，欧州におけるCO_2規制が企業平均値での規制ゆえ，幅広い車種においてCO_2の削減が要求される地域には有効な手段として2016年から2017年にかけて量産が始められたシステムである。

　減速回生で生み出したエネルギーを48Vで有効に利用して，限られた領域でモーターアシストを行うため，専用の駆動モーターを持たず，モーターとジェネレータの兼用のデバイスとして，安価かつシンプルな構成，搭載性を高めたシステムである。

第8章　電動化による次世代自動車の環境対応とサプライチェーン　*211*

4.1. 48V マイルドハイブリッドが注目された背景

1.　48V と比較的低電圧の為に，心臓部のパワーデバイスがフルハイブリッドで使用される高価な IGBT ではなく，安価な FET パワートランジスタが使える

2.　12V システムと比較して 48V システムは通電電流値が 1/4 でありワイヤーハーネスが細径化され軽量化となりローコストとなる。

3.　エンジン回転数のバラツキを考慮しても人体の感電限界とされる 60V 以下であり，フルハイブリッドの 200V システムのような感電の恐れがないことで整備等に免許が要らないことからサービスメンテナンスが簡単。

4.　48V とはいえ，モーターが比較的強力で高速走行域でのモーターアシストが可能となり当初非力と言われた初期のフルハイブリッド並みか，以上の走行性能が期待できること。

＊ワイヤーハーネスやリレー，スイッチなどの構成部品も 48V 化によってアーク対策など大きく変化し部品サプライヤには幅広い影響が出てくる。
これらについては第5節でその影響と対応の事例を詳しく述べる。

4.2. マイルドハイブリッドの歴史と 48V マイルドハイブリッドの登場

　42V マイルドハイブリッドは 2001 年 8 月からトヨタクラウンの一部の仕様に採用されていた。当時は鉛バッテリーからの制約や非力なモーターで効果が限定的なため，一部の採用に止まった。

　現在は 12 V マイルドハイブリッドとして軽自動車や RV の一部の車種に採用されており，スズキがマツダ向けの OEM 車を含めて軽自動車に多く採用している。

48V マイルドハイブリッドの登場

　2011 年 6 月ドイツで開催された自動車エレクトロニクス会議において，Volkswagen, Audi, BMW, Daimler, Porsche の共同で，既存の 12V から 48V 電源供給システムへの移行が発表された。2013 年夏上記 5 社，ドイツ自動車工業会の協力のもと，48V の標準規格「LV148」が策定された。半導体メーカおよび Bosch や Continental，バレオなど有力なサプライヤーを巻き込み標

212　第2編　メガ・モジュール化戦略と競争環境の変容

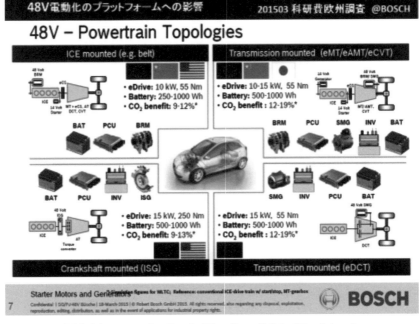

図 8-14　48V マイルドハイブリッド　4 方式のパワートレーン
（出典）2015 年科研調査，Bosch 提供資料。

準規格を設定しつつ，開発に当たっている。2017 年以降ルノー，欧州フォードを皮切りに量産が開始されており，多くの欧州および中国のカーメーカの開発が進んでいる。

　欧州勢は，今までエンジンのダウンサイジングを得意技としており，これに比較的安価な 48V マイルドハイブリッドを組み合わせることで，車種総平均の CO_2 削減を安価に実現しようとしていると想定される。一方，日本においては，各社ハイブリッド車や EV 重点の開発となっているが，軽乗用車や新興国向けの安価な車種などに親和性がよさそうであり，48V マイルドハイブリッドが欧州勢の独占状況にならないような取り組みが必要と考える。48V システムはハイブリッド，プラグインハイブリッド，EV と同様に補機類が電動化され，ワイヤーハーネスやリレー，スイッチなどが構成部品

コンチネンタル社　パワートレインの展望
グローバル　PV/LVエンジン生産（2015-2030年）

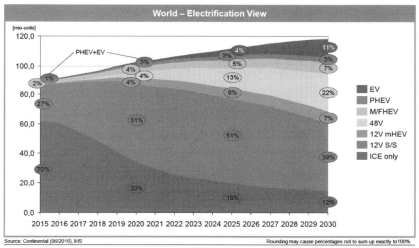

図 8-15　Global PV/LV Engine Production（2015-2030）
（出典）2017 年科研調査，Continental 提供資料．

大きく変化し，48V を含む電動プラットフォームが新たに登場し部品サプライヤに幅広い影響がある．

4.3. 48V マイルドハイブリッドのプラットフォーム

　48V マイルドハイブリッドのプラットフォームの構成部品は，ガソリン車に対し追加，変更されるものとして，比較的小型の 48V バッテリーパックの追加，インバータを持つ ECU への変更，そしてオルタネータにモーター機能を追加した SIG の装着であり，48V プラットフォームの種類は大別して以下の 4 種類が想定される．

ブースト回生システム(BRS)の世界4極展望

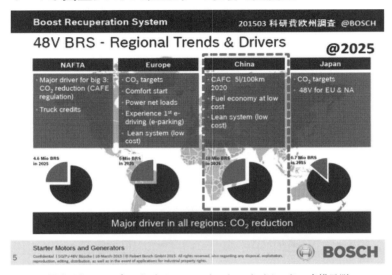

図 8-16　2025年における 48V マイルドハイブリッドの市場予測
(出典) 2015 年科研調査, Bosch 提供資料。

4.4. 48V マイルドハイブリッドシステムで考慮すべき電気系の課題

200 V〜600 V の電圧を使うフルハイブリッドほどの高電圧ではないものの, 48 V システムでは 12 V 系の自動車用一般電装品ではさほど必要ではない以下の対策が必要である。

1. スイッチ, リレーの短絡・絶縁性能の強化, 半導体化等…アーク対策
2. 電磁放射ノイズ, シールドなど EMC 性能強化…ノイズ対策
3. 端子間リーク, 回り込み防止, 防湿, 防水性能強化…リーク対策

4.5. 48V システムの全世界市場規模予測 (2017 年 1 月欧州調査 @ CONTINENTAL)[6]

コンチネンタル社の 2030 年時点の全世界のパワートレイン生産量予測 (2016) では, スタート・ストップ装置付を含めてガソリン車, ディーゼル車が 60% 強, 残る 40% が電動化自動車, そのうちの半数以上が 48V マイル

第 8 章　電動化による次世代自動車の環境対応とサプライチェーン　215

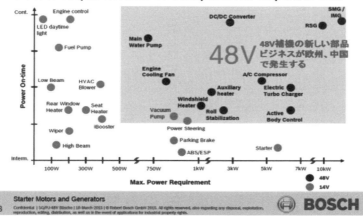

図 8-17　48V 電動補器の新たな可能性
（出典）2015 年科研調査，Bosch 提供資料。

ドハイブリッド車で占めると想定されている。何らかの形でエンジンが残る車は 89％ 存在し，一方的な EV 化が進むとは見ていない。またエンジン付きの電動化車輛ではマイルドハイブリッドの比率を最大に予測しており電動化に適したエンジンの開発が待たれる状況である。

次いで，BOSCH における世界 4 極の 48V マイルドハイブリッド（2025年　市場シェア予測）[7] では 48V マイルドハイブリッドは欧米に一定の需要があり，その他大気汚染対策が急がれる中国にも大きな需要があると予測されている。

4.6. 48V マイルドハイブリッドシステムまとめ
—— 48V ハイブリッドが欧州勢の独占状況にならないように——

現在の 12 V 電源システムでは，ワイヤーハーネスの電流値の限界（電圧降下や発熱）からみて消費電力は 500W 以下が対応の限界とされている。こ

216　第2編　メガ・モジュール化戦略と競争環境の変容

れ以上のパワーの補器は電動化が困難で，エンジンからの直接駆動，ベルト駆動のメカニカル補器であった。こういった補器類は48Vとすることで電流値が1/4となりワイヤハーネスが細径化，軽量化できることから電動化が可能となり，小型化，軽量化，制御の容易化が果たされる。これにより，コンプレッサー，ターボ，油圧ポンプ等の補器の電動化が実現する[8]。

5. 電動化に向けたサプライチェーン
　── 中国地域の取り組みとその可能性

　現在中国地域にはカーメーカはマツダと三菱自工の2社存在し，自動車の生産能力は近隣の九州地域とほぼ同じ136万台である。図8-18に示すように生産工場は3工場ある。
　1. 広島県のマツダの本社，宇品工場
　2. 山口県のマツダの防府工場

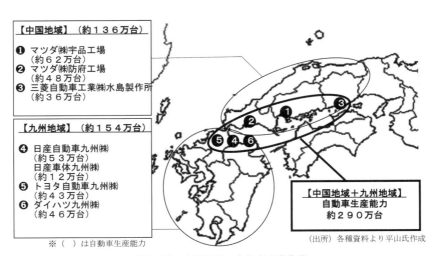

図8-18　中国地域の自動車産業集積
(出典)「自動車技術会東北支部講演」資料，201501，岩城富士大。

第8章　電動化による次世代自動車の環境対応とサプライチェーン　　*217*

　3.　岡山県の三菱自動車工業の水島工場

5.1. 中国地域の自動車産業とサプライチェーンの特徴

　中国地域の自動車産業で特記すべきはサプライチェーンで，トヨタ，日産，ホンダなどとは様相が相当に異なっている。

　トヨタ地域のサプライヤーには，デンソー，アイシン，豊田合成，富士通テン，豊田紡織などの大企業や，売り上げ規模が数兆円，資本金が数千億円などという企業が多く集積している。日産における日立，ジャトコ，河西工業，カルソニックカンセイ，ホンダにおけるケイヒン，日本精機といったところも同様である。ところが，中国地域のマツダや三菱自工のサプライヤーには，大企業と呼べる企業はごくわずかしかない。マツダを事例とすると内装関係のダイキョーニシカワと，シート関係のデルタ工業と東洋シート，ド

表 8-1　トヨタ VS マツダ　主要サプライヤーと企業規模比較

主要部品担当サプライヤと企業規模

分野	社名	資本金 （2017年3月31日現在）	売上高	社名	資本金	売上高
エンジン電装	デンソー	1,874 億円	（4兆5,271億円）			
トランスミッション	アイシン精機	450億円	3,562億円			
内装	豊田合成	280億円	連結：7,556億円 <2016年度>	ダイキョーニシカワ	54億円	連結1556億円
ドア	シロキ工業 株式会社	1,874 億円	連結 1351億円 <2016年度>	ヒロテック	2億8000 万円	684億円
空調	デンソー	1,874 億円	（4兆5,271億円）	日本クライメート システムズ	30億円	260億円 （2016年度）
メーター	デンソー	1,874 億円	（4兆5,271億円）	NSウエスト	3億円	184億円 （2016年度）
オーディオ	富士通テン	53億円	連結3,836億円	－		
シート	トヨタ紡織		1416億円	デルタ工業	9100万円	719億円 （2015年度）
				東洋シート	1億円	325億円 （2016年度）

（出典）各種公開資料で筆者作成。

表 8-2　中国地域の自動車産業 SWOT 分析

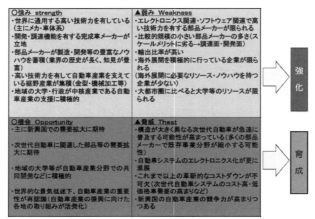

（出典）中国経済産業局平成 21 年度「自動車の電子化に係る欧州産学官連携と地域産業振興調査」。

アの会社でヒロテックがある。空調関係では日本クライメートシステムズ，電装系で今仙電機，ユーシンなどがめぼしいところであり，今後，大幅な技術革新が予測される電動化，自動運転などのコア技術として，PT 系のセンサー，アクチュエータ，ECU などの開発生産に対応できる企業は数少ない状況である。

　今まで述べてきたように，今後さらなる環境対策への対応により電動化技術が非常に重要となってくる。中国地域の調達構造から俯瞰してみるとマツダ，三菱自工ともに地域からは自動車部品の 50％ 程度を調達している（平成 20 年度中国経済産業局調査）。

　自動車は総部品点数では 3 万点といわれているが，これを 500 円以上の部品・モジュールにまとめると概ね 200 の部品・モジュールになる。これを中国地域では数量で約 50％，金額で 40％ を生産している。残る部品の大部分は名古屋で生産され，関西や関東の他系列のサプライヤー，そして海外のサプライヤーでも生産を担当している。他地域での生産の部品のほとんどがカーエレクトロニクスの関連部品である。現在，地域で生産している樹脂部

品や板金部品にも，今後は電動化の影響が出てくるゆえ，電動化への対応が急務である。こういった中国地域の自動車産業を表8-2にSWOT分析してみる。

プレス部品や樹脂部品には世界的な競合力のあるサプライヤーが立地しているが，エンジン系に代表されるエレクトロニクス部品のサプライヤーがほとんどいないことや資本金，売り上げ規模等が小さく，新技術の開発体力や海外進出能力など企業体力が充分でないことがあげられる。

5.2. 自動車の電動化が地域へ及ぼす影響

こういった地域の特性を理解しつつ，今後HEV/PHEV/EVにと進化していく電動系の自動車の影響を分析してみると，エンジンの残るHEV/PHEVとエンジンおよびその補器が全廃されるEVとでは，その影響が大きく違っていることが分かった[9]。

HEV，EVによって影響を受ける部品と，地域で生産している部品でどういった影響が中国地域にもたらされるかを分析したのが図8-19である。

分析結果からは中国地域で担当する部品の6割が今後，何らかのエレクトロニクス化の影響があるとされ，対応ができない場合，地域自動車部品産業

表8-3　HEV/PHEV化で影響を受ける自動車部品

（出典）平成23年度「広島県環境対応車社会適合性研究事業」報告書。

220　第2編　メガ・モジュール化戦略と競争環境の変容

表8-4　EV化で影響を受ける自動車部品

（出典）平成23年度「広島県環境対応車社会適合性研究事業」報告書。

図8-19　中国地域へのエレクトロニクス化の影響
（出典）平成19年3月「自動車関連産業のイノベーションクラスター推進事業」調査報告。

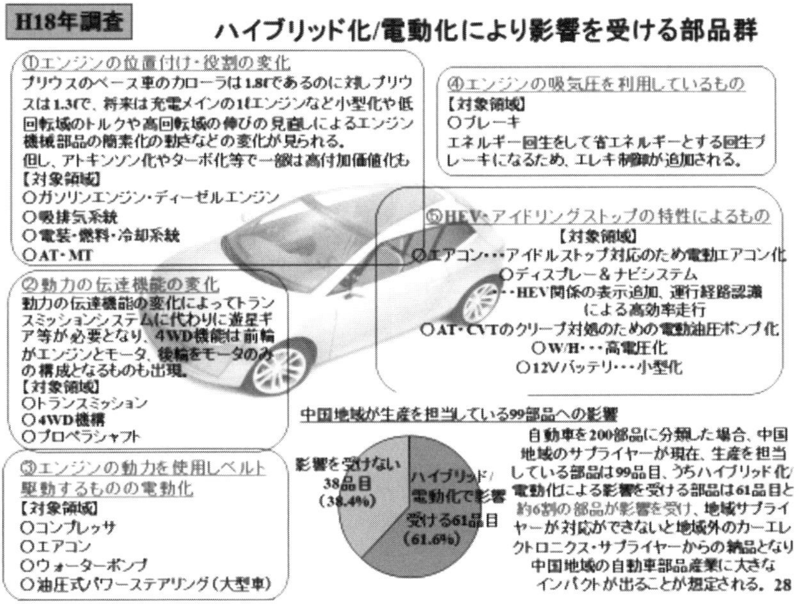

第 8 章　電動化による次世代自動車の環境対応とサプライチェーン　　*221*

H18年調査

ハイブリッド化/電動化により影響を受ける部品群

①エンジンの位置付け・役割の変化
プリウスのベース車のカローラは1.8ℓであるに対しプリウスは1.3ℓで、将来は充電メインの1ℓエンジンなど小型化や低回転域のトルクや高回転域の伸びの見直しによるエンジン機械部品の簡素化の動きなどの変化が見られる。
但し、アトキンソン化やターボ化等で一部は高付加価値化も
【対象領域】
○ガソリンエンジン・ディーゼルエンジン
○吸排気系統
○電装・燃料・冷却系統
○AT・MT

②動力の伝達機能の変化
動力の伝達機能の変化によってトランスミッションシステムに代わりに遊星ギア等が必要となり、4WD機能は前輪がエンジンとモータ、後輪をモータのみの構成となるものも出現。
【対象領域】
○トランスミッション
○4WD機構
○プロペラシャフト

③エンジンの動力を使用しベルト駆動するものの電動化
【対象領域】
○コンプレッサ
○エアコン
○ウォーターポンプ
○油圧式パワーステアリング（大型車）

④エンジンの吸気圧を利用しているもの
○ブレーキ
エネルギー回生をして省エネルギーとする回生ブレーキになるため、エレキ制御が追加される。

⑤HEV・アイドリングストップの特性によるもの
【対象領域】
○エアコン・・・アイドルストップ対応のため電動エアコン化
○ディスプレー＆ナビシステム
・・・HEV関係の表示追加、運行経路認識による高効率走行
○AT・CVTのクリープ対処のための電動油圧ポンプ化
○W/H・・・高電圧化
○12Vバッテリー・・・小型化

中国地域が生産を担当している99部品への影響

影響を受けない
38部目
(38.4%)

ハイブリッド/電動化で影響受ける61部目
(61.6%)

自動車を200部品に分類した場合、中国地域のサプライヤーが現在、生産を担当している部品は99部目、うちハイブリッド/電動化による影響を受ける部品は61部目と約6割の部品が影響を受け、地域サプライヤーが対応ができないと地域外のカーエレクトロニクス・サプライヤーからの納品となり中国地域の自動車部品産業に大きなインパクトが出ることが想定される。28

図 8-20　ハイブリッド化/電動化による影響を受ける部品
（出典）平成 19 年 3 月「自動車関連産業のイノベーションクラスター推進事業」調査報告。

の 6 割に大きな影響が出ることになる。現在，8,000 億円が地域の売り上げゆえ 5,000 億円程度の部品産業が消えてしまう可能性があるということから，この状況への対応が必要として，地域では中国経済産業省，広島県，広島市が連携して平成 25 年度よりカーエレクトロニクス推進センターを設立しカーエレクトロニクス化への対応を地域で取り組んでいった。そのプロセスは以下のようになっている。

1. 今後の電動化の影響を HEV と EV で把握
2. 中国地域の担当する部品の個数と金額を積算して全体との比率を把握
3. 地域で対応できない場合のインパクト（ロスの金額）を把握
4. 電動化で新規に必要となる部品を把握，対応を検討
5. 本格的に電動化される時期を推定し 5 年後を参入のターゲットとし

表 8-5 加速する電動化要素技術

△従来のオルタネータや鉛バッテリー，電源ケーブル等従来のものとは特殊仕様。○燃費改善上あったほうが良い。◎必要，AC100V 電源は災害時など社会的要求。

（出典）平成 23 年度「広島県環境対応車社会適合性研究事業」報告書。

　　　て開発を加速

　第 2 節で記載したように，2021 年，2025 年と順次強化されていく CO_2 規制により，電動化の要素技術が自動車全体に加速度的に広まっていく様子を表 8-7 に示す。

　2010 年当時，地域のカーメーカは，拡大していく電動化に対してビルディングブロック戦略と名付けて，内燃機関に電気デバイスを段階的に増加させていく戦略を取っている。

　地域としては，この動きに対応していく必要があるが，加えて世界最適調達という，最適な部品を世界のどこからでも調達していく戦略もとっている。地域サプライヤーにはチャンスがあるとともに強敵が世界中に存在する状況ともいえ，電動化のように急激に進みつつある分野では，対応に許される時間が充分にあるとは言えない。

第8章 電動化による次世代自動車の環境対応とサプライチェーン　223

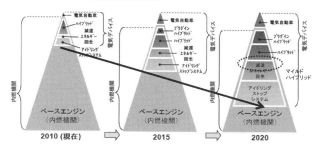

図8-21　マツダの電動化ビルディングブロック戦略
（出典）「マツダサステナビリティレポート2014」をベースに筆者が作図。

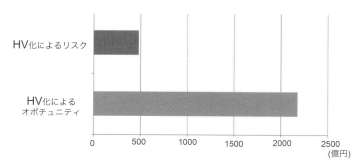

マツダ生産台数(170万台)×電動車両比率(ATカーニー予測)×部品推定価格

※　HV 17%　PHV 9%　EV1%@2020年→2020年以降拡大

図8-22　電動化がもたらすリスクとオポチュニティ
（出典）「次世代自動車の電動化技術と地域ビジネス創出への取り組み」講演資料，2012/3/23　広島大学　勝代健二 / カーエレクトロニクス推進センター，岩城富士大。

5.3. 2020年 電動化がもたらすリスクとオポチュニティ（2015 地域でのスタディ）

　2020年を電動化が大きく進むタイミングとみて，そのタイミングで地域にもたらされるインパクトを推定した。全世界における，HEVの比率を17％，PHEVの比率を9％，EVの比率を1％（A. T. カーニーの推定を用い

224　第2編　メガ・モジュール化戦略と競争環境の変容

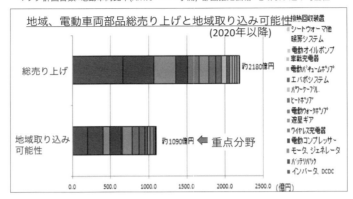

図 8-23　電動化ビジネス地域取り組みの可能性推定
（出典）「次世代自動車の電動化技術と地域ビジネス創出への取り組み」講演資料，2012/3/23　広島大学　勝代健二 / カーエレクトロニクス推進センター，岩城富士大．

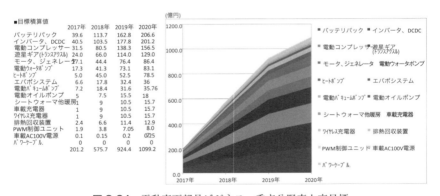

図 8-24　電動車両部品ビジネス　重点分野売上高目標
（出典）「次世代自動車の電動化技術と地域ビジネス創出への取り組み」講演資料，2012/3/23　広島大学　勝代健二 / カーエレクトロニクス推進センター，岩城富士大．

た）として，電動化の影響度を当てはめて，メカ部品が電動化されてなくなる地域産業のリスクが400億円，電動化により新規の部品の発生の可能性分が2,200億円と予測された。

その中で，地域取り組みによる取り込みの可能性を推定してみると1,000億円あることが判明した。

このオポチュニティ分の1,090億円を技術開発によって地域で獲得することで，電動化のリスクを解決しようと計画し技術開発を加速していくこととした。地域の実力と，今後の電動化の進化とを検討して，優先度をつけて開発を進めていこうとした開発案であった。

5.4. 中国地域におけるカーエレクトロニクス化，電動化への取り組み

2008年，広島県はカーエレクトロニクス推進センターを設立し中国経済産業局，広島市と一体となって地域企業のエレクトロニクス化への取り組み

表8-6　ベンチマーキング活動経緯

年度	No.	メーカー	車種	内容
2009年度	1	スズキ	ワゴンR	スズキグループ展示商談会に向けたBM
	2	トヨタ	プリウスHV	HV車のBM
2010年度	3	ダイハツ	ミラ	ダイハツグループ展示商談会向けたBM
	4	日産	マーチ	海外生産車のBM
2011年度	5	日産	リーフ EV	EV車のBM
2012年度	6	トヨタ	プリウスPHV	PHV車のBM
	7	トヨタ	アクアHV	HV車のBM
2013年度	8	ホンダ	N-One	ホンダグループ展示商談会に向けたBM
	9	スズキ	ワゴンR	軽量化・低コスト技術のBM
	10	ホンダ	アコードHV	HV車のBM
2014年度	11	日産	ノート	軽量化・ダウンサイジング技術のBM
	12	ダイハツ	ムーブ	軽量化・低コスト技術のBM
2015年度	13	トヨタ	クラウン	電動化・高級車のBM
	14	トヨタ	新型プリウス	電動化の進化
2016年度	15	VW	パサート	欧州車のテイスト把握
	16	日産	セレナ	先進運転支援技術「ADAS」

2010
トヨタ自動車
「プリウス」

2011
日産自動車
「マーチ」

2012
日産自動車
「リーフ」

2013
トヨタ自動車
「プリウスPHV」

2014
ホンダ自動車
「アコード ハイブリッド」

ベンチマーキング活動の結果は日経Automotive誌と共同で発刊

（出典）「自動車技術会東北支部講演」資料，201501，岩城富士大。

の支援を開始した。続いてベンチマーキングセンター，VEセンター，ひろしま医工連携・先進医療イノベーション拠点を発足，その後，平成25年にカーテクノロジー革新センターと改組し支援活動を継続している[10]。

ベンチマーキングセンターはワゴンR，プリウスのベンチマーキングを皮切りに地域のサプライヤーと共同で車を購入し，試乗から始まって，構造の把握と部品を分解，分析を行うことで競争力の強化を狙って活動を行っている。

5.5. ニーズ発信会とシーズ発信会への取り組み

2010年より，地域自動車メーカから直接，欲している技術，部品について要求を聞くニーズ発信会を実施し，後日これに答える形でサプライヤサイドからのシーズ発信会を実施している。

図8-25は平成25年度　地域カーメーカからのニーズ発信会の様子である。

シーズ発信会

直近の事例では，2015年に三菱自工，2016年にトヨタ向けシーズ発信会を開催した。

地域における取組によって，電動化に向けての地域の産業振興策の進行状況がどの程度に進んでいるかを，取組み前の9年前のトヨタグループ向け

図8-25　ニーズ発信会

第 8 章　電動化による次世代自動車の環境対応とサプライチェーン　　227

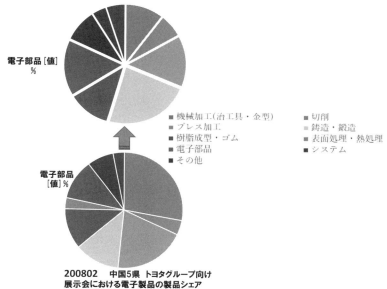

図 8-26　シーズ発信会への取り組みと成果
(出典) 201703　トヨタグループ向け展示会の出展内容と 9 年前の 2008 年の展示会における出展内容で比較分析，岩城．

「中国地域　新技術・新工法展示商談会」の 2008 年の実績と直近の 2017 年 3 月の出展データとを出展内容で比較分析を行ってみた．

地域におけるモジュール化やエレクトロニクス化など種々の取り組みで樹脂やゴム成型の出展が大幅に増加し，相対的に機械加工が減少している．一方で電子部品については地域の最大サプライヤーであった三洋電機の破綻にもかかわらず僅かに増加したものの，その比率はまだ 12% であり HEV や PHEV/EV 等のコスト比率（40% 以上）から考えると，電動化に対する対応部品への取り組みはまだまだ充分ではないと言える．すでに述べてきた各種の電動化の中で，48 V 電動化は重量級の電動化とはいえないものの，まったく新しい電動化の波であり，これから急拡大していく波である．

電動化に遅れ気味の，機械系重点の中国地域のサプライヤーにとっての大

228 第2編 メガ・モジュール化戦略と競争環境の変容

きなチャンスをもたらす可能性があり効果的な情報発信を心掛けたいと思っている。

おわりに

すでに始まっている2000年代からの電動化をドイツのシンクタンク，ローランドベルガーはAutomotive3.0と定義し，加えて2030年代には自動運転，シェアード，コネクテッドの組み合わせである次世代自動車Automotive4.0[11]が登場するとしている。同様の予測でダイムラーは次世代自動車としてAutomotive3.0とAutomotive4.0を組み合わせたCASEを提唱している。CASEとは以下の4つの技術が同時進行していく次世代自動車を提示している（パリショー2016）。

Connected（つながるクルマ），Autonomous（自動運転），Shared &
Service（カーシェアリング），Electric Drive（電動化）

いずれの予測でも自動車産業には，より高度のエレクトロニクス技術，通信技術，AI技術，ビッグデータ処理技術等の革新的な技術が必要となってくる。その全てを地域の自前技術でカバーするのは，たとえトヨタといえども困難と考えられ，カーメーカ，部品サプライヤー，大学，公的研究所などの密接な連携体制，国内のみならずグローバルな連携までが必須となると思われる。

本書を分担して執筆したメンバーも，その中で意味ある調査や分析などを分担し，情報発信を行っていきたい。

追記　42Vシステムの轍を踏まない

2000年当時，GMやトヨタを中心として42Vのマイルドハイブリッドが開発されていた。

しかし当時の環境対策や電動負荷の状況からは十分な効用が見いだせずに，開発が頓挫した形となった。一方でトヨタが先導したフルハイブリッド技術は，様々な障害を乗り越えて環境対策エンジンの主流として大きな橋頭堡を築いたといえる。しかし2021年以降の厳しい開発競争を考えるとフルハイブリッドのみに

安住はできない。プラグインハイブリッド，EV/FCV といった重量級の技術に加えて全車平均値を安価に達成する手段として欧州勢が先行する 48 V マイルドハイブリッドが，全世界でどう評価されその開発が広がっていくか興味深くフォローしていきたい。

注

1 ）鶴原吉郎他著『テクノロジー・ロードマップ 2018-2027 自動車・エネルギー編』，岩城富士大「第 5 章 開発手法−3　モジュール化」日経 BP 社，2017 年。

2 ）Transport & Environment "2015 TE cars CO2 report v6_FINAL"（2015）© 2015 European Federation for Transport and Environment（T&E），https://www. transportenvironment.org/sites/te/files/2015_TE_cars_CO2_report_FINAL.pdf#search=%272 015+TE+cars+CO2+report+v6_FINAL%27, accessed 2015/09/30

3 ）2015 年の科研欧州調査時。フランクフルトモーターショー2015, Bosch ブース展示パネル。

4 ）「次世代自動車戦略　2010」（経済産業省）。

5 ）このようなシステムはマイルドハイブリッドと呼ばれてきたが，ハイブリッドシステムのように動力源にエンジンとモーターとの 2 つを持つわけではないのでハイブリッドの呼称はふさわしくないとしてマイクロハイブリッドとの呼称は近年使用しなくなった（2015 年科研調査，Bosch）。

6 ）2017 年 科 研 調 査，Continental 提 供 資 料 "Global PV/LV Engine Production（2015-2030）", Continental Powertrain Outlook.

7 ）2015 年科研調査，Bosch.

8 ）2015 年科研費研究調査，Bosch.

9 ）「次世代自動車の電動化技術と地域ビジネス創出への取り組み」2012/3/23 広島大学勝代健二 / カーエレクトロニクス推進センター　岩城富士大。

10）『東北地方と自動車産業─トヨタ国内第 3 の拠点をめぐって─』岩城富士大「第 9 章　中国地方における自動車産業の課題と取り組み─モジュール化からカーエレクトロニクス化へ─」（創成社，2013 年）。

11）"Think: Act Automotive 4.0"（Roland Berger），https://www.rolandberger.com/ja/ Publications/pub_automotive_4_0.html, accessed 2018/02/05.

第9章
中国における新エネルギー車市場形成の道筋

太田　志乃

はじめに

　中国が世界最大の自動車市場であることは，もはや自明である。2015年には中国の自動車生産・販売台数はそれぞれ2,450万台（対前年比3.3％増），2,460万台（同4.7％増）に達し，過去最高を更新した。販売台数でみると，中国のそれは世界全体の27.4％をも占める。同国のみで全世界の1／

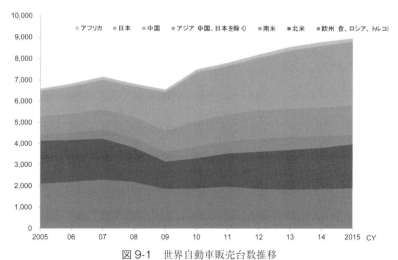

図9-1　世界自動車販売台数推移
（出所）国際自動車工業連合会（OICA）より筆者作成。

4 のシェアを有しているのである（図 9-1）。

　その中国には，生産拠点を構える自動車組立メーカーは 120 を超え，2,000 を超えるサプライヤーが操業していると言われている。しかし，生産台数トップ 10 社で中国の自動車総生産台数の 9 割を占めていることから，おおよそ 100 社の組立メーカーは，後述の LSV（Low Speed Vehicle）の生産・販売メーカーを含めた中小零細規模のメーカーが多いとも言える。

　また，他にも中国自動車市場の特徴に挙がるのが，外資企業が乗用車市場の 6 割を占めている点である。中国で市場を拓いた VolksWagen（VW）をはじめとするドイツ勢，またドイツ勢に遅れたものの，中国市場でも人気が高い日本車などが激しいシェア争いを展開している。

　他方で，表 9-1 にみるように自動車市場全体としては小さいものの，商用車については内資メーカーの牙城となっていることから，中国の自動車市場は，外資メーカーが圧倒的な存在感を示す乗用車市場，そして内資メーカーが主役となる商用車市場とに二分されている。本章ではそれを背景に，中国自動車市場・産業が迎えている大きな動きを俯瞰する。

表 9-1　中国自動車販売台数の推移（2011〜2016 年）

単位：台，%

車種	2011	2012	2013	2014	2015	2016	対前年比	全体に占める割合（2016）
基本型乗用車（セダン・ハッチバック）	10,122,703	10,744,740	12,009,704	12,376,702	11,720,184	12,149,861	3.7%	43.3%
SUV	1,593,714	2,000,410	2,988,758	4,077,897	6,220,279	9,047,010	45.4%	32.3%
MPV	497,708	493,396	1,305,181	1,914,255	2,106,729	2,496,529	18.5%	8.9%
微型バン	2,258,291	2,256,694	1,625,215	1,331,715	1,099,128	683,502	-37.8%	2.4%
乗用車計	14,472,416	15,495,240	17,928,858	19,700,569	21,146,320	24,376,902	15.3%	87.0%
乗用車のうち、EV	2,568	8,719	10,789	26,950	65,016	170,267	161.9%	(0.6%)
乗用車のうち、HEV	0	5,101	6,797	7,001	10,329	32,811	217.7%	(0.1%)
乗用車うち、PHEV	613	1,201	1,147	14,747	58,587	68,418	16.8%	(0.2%)
商用車	4,032,698	3,811,195	4,055,221	3,791,324	3,451,263	3,651,273	5.8%	13.0%
総計	18,505,114	19,306,435	21,984,079	23,491,893	24,597,583	28,028,175	13.9%	—

（出所）マークラインズより筆者作成。

1. 中国の自動車市場・産業の特徴

1.1. 中国自動車市場と環境規制関連法制度の動き

　この中国自動車市場において，新たな動きも形成されている。世界最大の温室効果ガス排出国である中国は，国際社会からもその対応を求められ続けてきた。昨今では，2015 年 11 月にパリで開催された気候変動枠組み条約第21 回締約国会議（COP21）において，京都議定書に代わる温室効果ガス排出削減に向けた新たな枠組みが採択され，気温上昇抑制 2 度の目標達成が合意された。最大排出国である中国もここで 2030 年までに GDP 当たりの CO_2 排出量を 2005 年時と比べて 60〜65％削減するなどの目標値を立てており，この課題に対して真剣に向き合う姿勢が求められた。

　それが顕在化したのが自動車産業における取り組みである。環境規制への対応については，中国のみならず，各国・地域でも自動車に対する規制の改訂に急いでいる。例えば自動車先進国の欧州では，2021 年までに 1km 走行時当たりの CO_2 排出量を 95g 以下にしなればならないという厳しい規制対応が求められている。この数値をクリアするには多くの技術課題が横たわっており，完成車メーカーはハイブリッド車（Hybrid Energy Vehicle，以下，HEV）以外にもプラグインハイブリッド車（Plug-in Hybrid Vehicle，以下，PHEV）や EV（Electric Vehicle，以下，EV）[1]，燃料電池車（Fuel Cell Vehicle，以下，FCV）などの環境対応車の開発，市場投入を急いでいる。

　これらの動きと同様に，中国も環境規制への対応を急ピッチで進めている。

　例えば 2015 年に発表された第 13 次 5 ヵ年計画では，「新能源汽車」すなわち新エネルギー車（New Energy Vehicle，以下，NEV）の普及を加速化する方針が打ち出された。

　それ以前にも，中国では NEV の産業化条件が明示されてきた（表 9-2）。例えば 2001 年に展開された 863 ハイテク開発計画には EV，HEV，FCV の3 つの電動車の技術とバッテリー技術，駆動モーターなどの電気技術，そしてパワートレーンとその制御技術といったシステム技術を掛け合わせる「三

234　第2編　メガ・モジュール化戦略と競争環境の変容

表9-2　中国における新エネルギー車関連政策（一部）

法制度	発表年	位置付け	概要
863プロジェクト	2001年	≪技術強化≫	・中国における新エネルギー車の軸をFCHV、HEV、BEVに据えることを明言
産業構造調整指導目録	2007年	≪インフラ整備≫	・新エネ車の充電ステーション設置を奨励
自動車産業調整・振興計画	2009年	≪目標値≫	・中国におけるBEV、PHEV、EVなどのNEV生産能力向上を目指し、これらの車両の販売台数目標値を全体の約55%に設定
			・NEVの基幹部品の国際競争力強化
		≪市場形成支援≫	・大中都市での省エネ車、NEVの普及加速を支援
		≪生産支援≫	・今後3年間、完成車メーカーによるNEVの開発、生産に当たる奨励金を用意
省エネ・新エネルギー車普及事業に関する通知	2009年	≪購入支援≫	・北京、上海など3都市で省エネ・新エネ車モデルの普及事業を実施
個人の新エネルギー車購入助成に関する通知	2010年	≪購入支援≫	・上海、長春など5都市で個人のNEV購入助成を実施
省エネ・新エネルギー車産業発展計画（2012〜2020年）	2012年	≪目標値≫	・2015年までにEV、PHEVを累計50万台販売、2020年までに同500万台販売
			・2015年に生産される乗用車の平均燃費を6.9L/100kmに、2020年までに5.0L/100kmまで引き下げる
			・電池など基幹部品の技術を世界先端水準まで向上
EV充電用接続装置に関する4規格	2012年	≪技術基準≫	・EV充電口の国家統一規格の導入
EV乗用車技術条件	2012年	≪技術基準≫	・EVに関する技術基準の発表—動力源や座席数、連続運転距離など
新エネルギー車応用普及加速のための指導意見	2014年	≪市場形成支援≫	・EVなどの充電施設の規格を統一化し、都市整備計画等にも充電施設の配置計画を盛り込む
			・地方自治体による規格の乱立、特定車種の斡旋リスト排除し、国家規格の準拠を明確化
			・2016年までに中央および地方政府機関の車両更新時には少なくとも全体の30%以上をNEVすることを明示
新エネルギー車に対する車両購置税の免除に関する公告	2014年	≪市場形成支援≫	・中央政府の審査を経てリスト Hに掲載された車両に対する購置税の免除支援
2016〜2020年における新エネルギー車普及促進のための財政支援策に関する通知	2015年	≪市場形成支援≫	・NEVの累計販売台数を2020年までに500万台をターゲットとすることを再提示
省エネ・新エネ車の車両船舶税に対する新優遇政策	2015年	≪市場形成支援≫	・NEV、省エネ車の車船税税制度の改訂　NEVは全額免除、省エネ車は1.6L以下のエンジンタイプの車両に限り半額免除）
中国製造2025	2015年	≪目標値≫	・2020年に生産される乗用車の平均燃費を5.0L/100kmに、2025年までに4.0L/100kmに、2030年には3.2L/100kmまで引き下げる
			・2020年までに中国自主ブランドのPHEV、EVの年間販売台数を100万台超　国内シェア70%）、2025年までにPHEV、EV、FCHVの年間販売台数を300万台超　同80%）
			・2020年までに電池、モーターなどの基幹システムの水準を世界先端水準まで高め、国内シェア80%を目指す
電動自動車の充電インフラ設置加速に関する指導意見	2015年	≪市場形成支援≫	・2020年までに500万台超のEV充電を満たす充電インフラ網を全国に配置
電気自動車の充電インフラ発展に関するガイドライン（2015〜2020年）	2015年	≪市場形成支援≫	・上の指導意見を受け、全国をエリア別に区分し、各地域の充電インフラ整備の数値目標を提示
			・上の数値目標を達成するために「5大重点任務」を提示
新エネ車充電施設への奨励政策及び新エネ車の普及・応用を強化する通知	2016年	≪市場形成支援≫	・充電インフラ施設が整備されており新エネ車がある程度普及している省に奨励金を支給

（注）表の「位置付け」に関しては筆者によるもの。
（出所）国務院発展研究センター産業部　王暁明「中国の省エネ・新エネルギー車の発展構想」2010年11月2日（http://www.jari.or.jp/Portals/0/resource/pdf/china_2010/rt2010-1J.pdf），国家製造強国建設戦略諮問委員会『《中国製造2025》重点領域技術路線図』2015年10月より，筆者作成。

縦三横」の産業構造の構築目標が明示されている。ここでは明らかに自動車の電動化が重視されており，「三縦三横」の構造をもって世界自動車産業の先端に立つことが意図された。

　そして2009年以降には，北京などをはじめとする大都市で省エネルギー・新エネルギー車モデルを普及すべく，購入補助金制度を展開，2014年以降は新エネルギー車市場の形成を目的とする政策が相次いでいる。

第9章 中国における新エネルギー車市場形成の道筋 235

これらの政策展開の中でも 2012 年に発表された「省エネ・新エネルギー車産業発展計画」においては，2015 年までに EV，PHEV を累計で 50 万台販売することを，そして 2020 年前には累計 500 万台販売することを目標に掲げられた。加えて，2015 年に生産される乗用車の平均燃費を 6.9ℓ/100km に，そして 2020 年までには 5.0ℓ/100km まで引き下げる目標も設置された。この「省エネ・新エネルギー車産業発展計画」で掲げられた内容は，例えば 2015 年に発表された「中国製造 2025」でも引き続き展開されており，平均燃費の目標値は 2025 年までに 4.0ℓ/100km に，2030 年には 3.2ℓ/100km への引き下げが追加されている。

この数値目標を単純に読み解くと，2015 年時の目標値 6.9ℓ/100km，2030 年時にはそれが 3.2ℓ/100km と，倍以上の燃費向上を図る必要がある。他方で，中国現地の日系完成車メーカーによれば，2015 年時の平均燃費自体もクリアしておらず，あくまでも目標値に終わっていることが指摘できる。

1.2. 新エネルギー車優遇策の展開

ただし，これらの高い燃費向上の目標値についても，中国政府は完成車メーカーの開発，生産意欲を高めるような制度を設けている。その一例が補助金制度である。中国の NEV 市場では，EV，PHEV などの販売に関する優遇措置を設けており，そこを目指したビジネスが活発化している。もちろん，この優遇措置を受けるために必要な規格要求事項も設けられており，そこをターゲットにした技術開発，新車の投入に各社が急いでいる。

① 車両購置税の免除（2014 年 8 月施行）

その一例が車両の購置税の免除である。これは 2014 年に設けられた制度で，日本の自動車取得税に該当する。車両を販売するメーカーは，助成金額を差し引いた金額で消費者に販売，その助成額が国からメーカーに支払われるシステムである。車両価格の 10% に該当する税金が，EV では EV モードでの走行距離が 80km 以上，PHEV では 50km 以上，そして FCV では 150km 以上を達成できる車両に限り免除される。期間は 2014 年 9 月から 2017 年末までに及び，免税による消費者の購買意欲を促進させたい意向が強く表れている。2017 年以降は助成額の上限を年々減少させるとの報道もあるものの，

やはり減税額が金額的にも大きいため，消費者には魅力的な制度である。

② 省エネ・新エネ車の車両船舶税の免除（2012年施行，2015年5月改訂）

省エネ車，NEVの車両船舶税に対する優遇措置も中国独特の制度である。これは自動車や船舶に対する地方税に該当するもので，従来からの内燃機関車，省エネ車，NEV別に免税額が異なるものである。2012年の施行時以降，EVやPHEV，FCVなどのNEVの車船税は全額免除，HEVが該当する省エネ車は半額免除だったところ，2015年の改訂からエンジンが1.6ℓ以上の大きな省エネ車は免税対象から外された経緯もある。

③ 省エネ車・NEV購入時における補助金支援策（2013年9月施行，2014年1月改訂，2015年4月改訂）

購置税，車両船舶税の免除に加えて，省エネ・NEVに対する補助金支援策も設けられている。購入支援に関しては，例えば2010年には個人のNEV購入助成に関する通知が発表され，上海，長春など5都市で個人のNEV購入助成が実施され，以降も全国的に補助金支援策が展開されてきた。

例えば2014年9月には，排気量1.6L以下の省エネ乗用車を対象とする補助金政策の第1弾リストが発表されている。第1弾リストでは補助金対象車として，BYDの「G5」や広汽トヨタの「雷凌（Levin）」，上海GMの新型「科魯茲（Cruze）」など新モデルを含む計163車種が選ばれており，リストに掲載される車両の購入者には，1台につき3,000元が補助金として支給された。ここでは車両の排気量1.6ℓ以下であることに加え，燃費の上限も5.9ℓ/100kmが定められている。

もちろん，NEVの補助金支援策も展開されており，ここではNEVの普及によってCO_2排出削減や大気汚染の防止の強化が目的とされた。特にPM2.5濃度が高い地域でのNEV普及が求められている。

施行時2013年の支給額は表9-3に示すように，乗用車仕様のEVではEVモード時の航続距離が80km以上150km未満であれば3.5万元，150km以上250km未満で5.0万元，250km以上で6万元となっている。同様に乗用車仕様のPHEVではEVモード航続距離50km以上で3.5万元が，そして乗用車仕様のFCVであれば20万元が支払われる。表9-3では乗用車で例示しているが，この他にもEVバスやPHEVバス，EV特殊車両（配送車など）の支

第 9 章　中国における新エネルギー車市場形成の道筋　　237

表 9-3　乗用車 EV における補助金額の動き

単位：万元／台

2013年時	車種	EVモード航続距離			
		50km 以上	80km 以上 150km 未満	150km 以上 250km 未満	250km 以上
	EV	―	3.5	5.0	6.0
	PHEV	3.5	―	―	―
	FCV	20.0			

2014年時 ※2013年を基準に 5% 引き下げ		50km 以上	80km 以上 150km 未満	150km 以上 250km 未満	250km 以上
	EV	―	≒3.3	≒4.8	≒5.7
	PHEV	≒3.3	―	―	―
	FCV	19.0			

2015年時 ※2013年を基準に 10% 引き下げ		50km 以上	80km 以上 150km 未満	150km 以上 250km 未満	250km 以上
	EV	―	≒3.2	≒4.5	≒5.4
	PHEV	≒3.2	―	―	―
	FCV	18.0			

2016～2020年		50km 以上	100km 以上 150km 未満	150km 以上 250km 未満	250km 以上
	EV	―	2.5	4.5	5.5
	PHEV	3.0	―	―	―
	FCV	20.0			

（注）2014 年時，2015 年時の支給額については，2013 年時を基に筆者が試算したもの。2014，2015 年時の具体的金額については中国政府 Website でも提示されていない（http://jjs.mof.gov.cn/zhengwuxinxi/tongzhigonggao/201402/t20140208_1041234.html）。
（出所）2013 年時の支給額については中国政府 Website.
（http://www.gov.cn/zwgk/2013-09/17/content_2490108.htm）より，2016～2020 年については中国財政部 Website より筆者作成（http://jjs.mof.gov.cn/zhengwuxinxi/zhengcefagui/201504/t20150429_1224515.html）。

給額についても細かく規定が設けられている。ここでは詳細は省くが，例えば EV のカテゴリーの中でも乗用車よりもバスに対する補助額が大きく設定されている。

　そして 2015 年 4 月には，補助金政策を 2020 年まで延長すると政府が発表，2016 年以降 2020 年までの補助金額が従来のそれとは改訂される形で補

238　第2編　メガ・モジュール化戦略と競争環境の変容

助金が設定された。ここでは乗用車仕様の EV に対し，100km 以上 150km 未満で 2.5 万元，150km 以上 250km 未満で 4.5 万元，250km 以上では 5.5 万元と，2013 年時よりも補助金額自体は引き下げられ，かつ，航続距離も 80km 以上の EV から 100km 以上と厳しい条件となっている。なお，2017 年以降は FCV 以外の補助金を徐々に減額するとも発表されており，2017 年〜2018 年にかけては 2016 年ベースから 20％ が，2019〜2020 年にかけては同 2016 年ベースから 40％引き下げるとされている。

　また，これらの中央政府の施策とは別に，地方政府が司る NEV 補助金政策もある。中央政府による NEV 補助金と地域の補助金を比べると，例えば北京市では 1：1 の割合で支給が可能となる。割合は，成都市では 1：0.6，吉林省では 1：0.5 など地域によって異なり，対象となる NEV の車種も異なるが，いずれにせよ消費者にとっては補助金支給総額が大きくなり，より安価に NEV を購入することができる。

　一例を実車に見てみよう。図 9-2 は，北京新能源汽車が 2017 年 1 月に発売を開始した EV「EC180」である。それを日本の代表的な EV「i-MiEV」，「LEAF」と比較すると，「EC180」は約 5〜6 万元，日本円では約 80〜100 万円と，日本 EV の半値ほどで入手が可能である。

　以上にみた中国の NEV 規制の特徴は，明らかに中央政府や省政府の意向が強く反映していることである。中国自動車技術研究センター（以下，

	価格	寸法 （全長×全幅×全高 mm）	バッテリー 容量	最大航続 距離
「i-MiEV モデル M」 （三菱自動車）	約210万円 （補助金適用後）	3,395×1,475×1,600	10.5kWh	120km （JC08モード）
「EC180」 （北京新能源汽車）	15万1,800元／ 15万7,800元 ↓ 4万9,800元（約80円）／ 5万5,800元（約90万円） （北京市補助金適用後）	3,672×1,630×1,495	20.3kWh	180km （NEDCモード： 156km）
「LEAF」（日産自動車）	約245万円 （補助金適用後）	4,445×1,770×1,550	24.0kWh	280km （JC08モード）

図 9-2　北京新能源汽車「EC180」と主要日系 EV との比較
（注）「EC180」の価格は北京市の補助金申請を想定。1 元／16 円にて算出（2017 年 2 月現在）。
（出所）各社 Website より抜粋，筆者作成。

CATARC）によれば，これらの規制については「2015年末までに，国家12の部門／委員会が20超の政策を発表しており，地方37の都市県と70の都市が190以上の政策を発表」[2]しているという。これら規制の数が示すように，中国自動車産業ではNEV市場の形成，拡大に向けた取り組みが主に官を中心に展開されている。

以上の動きが中央政府の意図通りに展開すれば，少なくとも交通運輸部門における中国の環境規制問題が改善していくものと想定される。他方で，注目すべきはこれらの積極的展開策の背景に，中央政府による自国自動車産業の競争力強化に向けた思惑も見え隠れしている点である。

2. 中国の省エネルギー車，新エネルギー車市場における主役とは

2.1. NEV市場拡大予測とHEV市場開花の可能性

ここで注目するのは，中国のNEV市場の推移である。2001年「863ハイ

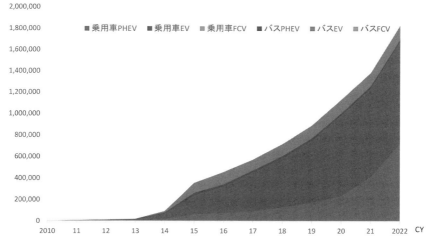

図9-3 車種別新エネルギー車生産実績・予測（2010～2016年実績，2017～2022年予測）
（出所）FOURIN「中国自動車調査月報」No.250, 2017年1月号, p.12, マークラインズより筆者作成（基データはCATARC）。

240 　第 2 編　メガ・モジュール化戦略と競争環境の変容

テク計画」以降，急速に拡大してきたわけではなく，図 9-3 に示すように
2014 年以降に急拡大しているのが実態である。

　中国自動車産業に詳しい有識者によると，2014 年以前の市場の小ささは，
「NEV の価格帯」，「EV に対する安全性への懸念」，「PHEV，EV に必須とな
る充電器スタンドの未整備」などによる消費者の不満・不安が反映している
という。他車両に対して高価格で，未だ充電器スタンドなどのインフラが整
わない状況では，これらの車両を選択する消費者が少ないのももっともだろ
う。しかし，上述のように車両購置税や車両船舶税の免除，補助金支給など
の枠組みが整うに従って，その販売台数は右肩上がりとなっている。前述の
CATARC は 2022 年の NEV 市場を 189 万台と予測している。2010 年時の
NEV 市場がわずか 0.2 万台だったことと比較すると，実に 950 倍近くの市
場へと膨らむことになる。

　他方で，2016 年末に入り，新たな動きも生じてきた。

　2015 年に発表された「中国製造 2025」では，冒頭に示したパリ協定の
CO_2 排出量 60〜65％削減を達成したいという考えが，NEV の販売台数を市
場の約半数までに引き上げること，そして FCV や自動運転車の実用化など
の項目に反映されている。他方で NEV の範疇からは外れた HEV について
は具体的な普及目標値などは盛り込まれていなかったものの，2016 年 10 月
に発表された「省エネ・新エネ車技術ロードマップ」では，HEV 乗用車を
2030 年に販売台数の 25％達成，2020 年比で燃費を 20％改善する政府目標が
設けられている。HEV 商用車についても，2030 年までに重型トラックでの
導入を目指す方針が示されており，HEV に対する位置づけが大きく上昇し
ている。省エネ車としての HEV の位置づけ自体は変わらないものの，2020
年から 2030 年にかけて「低コストで燃費に優れた HEV システムの開発，
段階的な大規模普及の実現」が重点技術として盛り込まれていることに注目
が集まる。

　日本に目を転じると，今や HEV のシェアが高いことは自明だが，中国の
NEV 市場ではおそらく意図的に HEV がその対象から外されてきた。その背
景には，上述したように NEV 市場拡大の真の目的であろう中国地場企業の
競争力強化が考えられる。グローバルにも日系企業が大きなシェアを占めて

きた市場において，中国企業が参入，参戦を図るのではなく，未だ主たるプレイヤーが見えてこない PHEV，EV，FCV 市場でのシェア拡大を図りたい意向があると思われる。

　HEV が除外されてきた経緯は，例えば車船税の動きにも反映していると思われる。HEV が該当する省エネ車は，車船税は半額免除だったところ，2015 年の改訂からエンジンが 1.6ℓ より大きな省エネ車は免税対象とならない決定が下されたのである。それにより，消費者は HEV よりも「お買い得感」が大きな NEV から車両を選択することは明らかである。

　それがここにきて，HEV 市場拡大の可能性も見え隠れしていることは注目される。民間調査会社 FOURIN によれば，中国の HEV 生産能力は 2015 年時に 8.7 万台だったところ，2018 年には 54.7 万台に達する見込みという[3]。ここでの HEV がどの方式を採るのか，HEV についても言及があった 2016 年版からも明らかではない。ただし，ロードマップでは省エネ車のコア技術のうち，ハイブリッド技術として「48V システム用モータと一体化した製品の開発（～2020 年）」，「48V システムの電動機械式ターボチャージャーの開発（2025～2030 年）」，「48V システム用モータと変速機が一体化した集積技術」などが盛り込まれていることを踏まえると，48V 電源を使用したマイルドハイブリッドシステムも含まれると想定される[4]。

2.2. NEV 市場における外資企業の展開

　これまでみてきたように，今後も中国の NEV 市場が拡大していくことは明らかである。その中で，先に中国自動車産業の特徴として挙げたように，乗用車市場において圧倒的な存在感を示す外資企業はどのような動きを呈しているのだろうか。

　ちなみに，2016 年 12 月に工業情報化部が公表した，車両購置税の免除対象車両となる車のリスト第 9 弾を確認すると，EV のカテゴリーでは乗用車が 73 車種，バスが 487 車種，トラックを含む特殊車両が 382 車種と，乗用車数に比べて圧倒的にバスや特殊車両車種が多い。PHEV も乗用車が 20 車種，バスが 130 車種計上されており，こちらもバス需要に向けたものが多い[5]。

242　第 2 編　メガ・モジュール化戦略と競争環境の変容

　他方で乗用車の購入層についても，2014 年の「新エネルギー車応用普及加速のための指導意見」にあるように，「2014〜2016 年に中央および地方政府機関が配置・購入する車両の 30％以上を NEV とすること」とする指示を踏まえると，乗用車の生産台数の出荷先の多くにはこのような行政部門の購入も想定される。

　加えて 2016 年の NEV 販売台数 51.6 万台のうち，バスが 26％，トラックなど特殊車両が 11％と合わせて 4 割近くを商用車が占めていることも注目すべきである。上述のように，中国の商用車市場はそのほとんどが内資企業で構成されていることから，NEV 市場においては内資企業が投入車種，そして生産企業としても数的に外資企業を圧倒しているのである。

　ただし，中国自動車市場の大きさを鑑みると，外資企業の動向も重視すべきである。そして，ここで注目したいのが外資出資規制と NEV 市場の関係である。

　中国では，自国の自動車産業に参入する外資企業の出資比率を 50％以下とすること，そして合弁先企業数を 2 社とすることが定められている。例えば日系企業ではトヨタが一汽汽車，広汽汽車の 2 社と，日産が東風汽車と，ホンダが広州汽車，東風汽車とそれぞれ合弁会社を設けて自社ブランドの車を上市している。また，完成車の生産には，総投資額が 20 億元以上であること（うち，自己資本が 8 億元以上であること），製品開発に向けたインフラ設備の投資額が 5 億元以上であること，そして内製エンジン工場を保有することなど，完成車メーカーが海外に工場を設けるには厳しいともいえる要件が含まれている。しかし，中国という巨大市場で商機を狙うには，同地での生産が必須である。そのため，2017 年に入り本田技研工業が 2019 年春をめどに湖北省武漢市に乗用車の新工場（第 3 工場）を建設すると発表したように，厳しい外資規制がある中でも企業の進出は活発である[6]。

　他方で，この政策については 2010 年を目処とし，その後は懐柔策へと転換すると思われていたが，2016 年現在においても改訂される様子はない。この規制の下では，中国の合弁企業サイドにある程度の自社技術を公開せざるを得ず，中国市場で何をつくり，何を売るかの戦略に大きな影響を与える。この合弁規制の問題については，特に目新しい話題ではないが，こと上

第9章　中国における新エネルギー車市場形成の道筋　　243

述の NEV との関連でみると，日系企業側にはかなり厳しい規制であること
が指摘できるだろう。なぜならば，上述のような NEV に対する購置税の免
除や補助金の助成などを自社の販売戦略に加味すると，これらの車を生産，
上市する必要性が当然のように高まる。すなわち，高い技術力を要する
NEV を中国国内で生産するには，自社技術を合弁先にも開放せざるを得な
くなるからである。

　また，2015 年 6 月には EV 乗用車メーカーの新設に関する規制も発表さ
れた[7]。ここでは，EV 乗用車生産企業の新設に対する投資条件が設けられ，
EV 乗用車に関するシステムや構造設計をはじめとし，試作車の研究開発，
製造，試験，型式承認までの経験がある企業であること，専任の研究開発
チームと完成車の研究開発能力を有していること，また，新設企業は EV 乗
用車のみを生産し，ガソリンエンジン車等の内燃機関駆動車を生産してはい
けないことなど，厳しい規定が設けられている。

　この規制も踏まえると，例えば外資企業が EV 乗用車の上市を中国で行い
たい際には，研究開発や生産基盤を中国に移管する必要がある。これらの規
制の背景には，あくまでも筆者の推測であるが，中国政府は日系企業の存在
力が強い HEV 市場ではなく，PHEV や EV，FCV など未だトップメーカー
が確立していない市場において中国自動車産業の競争力強化を図りたい狙い
を有していると考えられる。HEV 市場は，特にトヨタをはじめとした日系
企業の技術，特許で縛られており，参入余地を計るのも難しい。そのため中
国はこの市場ではなく，EV などの新たな市場で中国の完成車メーカーやサ
プライヤーの技術力強化を狙いたい構えであると想定される。その証左とし
て，先述の購置税対象車種リスト（第 9 弾）のほとんどは内資企業製による
車両が連なっている。消費者にとって「お買い得感」がある車種を内資企業
製で占めることにより，内資企業による新エネ車市場の拡大を意図したい思
惑が見え隠れする。

244　第 2 編　メガ・モジュール化戦略と競争環境の変容

3. 中国の新エネルギー車市場の実態

3.1. NEV 市場形成の裏側

　以上に中国 NEV 市場形成の動きをみてきたが，その実態は中国政府が描いた展開とは異なるものと指摘できる。

　中国政府は 2001 年の 863 ハイテク開発計画で「三縦三横」に重点をおくことを明示し，2009 年以降も具体的な購入支援策を投入してきたものの，当時の NEV の販売台数はおそらく中央政府の想定以上に少なく，市場に占める規模もわずかであった。これは明らかに，消費者の購買意欲が低いことの表れであり，内燃機関車に比べると高価であること，または EV に対する安全性への懸念，EV や PHEV に必須となる充電器スタンドの未整備，そして中国市場に特徴的な規制外自動車の存在が一因となっていると考えられる。

　これらの負の要因を払拭するため，中央政府は NEV 購入支援のための補助金政策を実施，その結果，2015 年以降，販売台数が急速に増加したことは先述の通りである。もちろん，よく指摘されるように，この増加の背景にある購入補助金目当ての不正受給の存在も明らかになっている。例えば，江蘇省蘇州市の大手バスメーカー金竜聯合汽車などは，NEV 販売資料を偽装し NEV 販売に対する補助金を不正に受給したと報道された[8]。同社はこの不正により，5 億元（約 75 億円，1 元＝約 15 円）を詐取したとされている。恐らく，ここまでの金額規模には上らないものの，同社のケースは氷山の一角ではないだろうか[9]。

　他方で乗用車の購入層についても，2014 年の「新エネルギー車応用普及加速のための指導意見」にあるように，「2014～2016 年に中央および地方政府機関が配置・購入する車両の 30％以上を NEV とすること」とする指示を踏まえると，乗用車の生産台数の出荷先の多くにはこのような行政部門の購入も想定される。

　また，個人のインセンティブ狙いのための EV 購入が相次いでいるのも現状のようだ。例えば上海市のように慢性的な交通渋滞に悩まされている大都

市では，ナンバープレートの取得にも抽選などの措置が施されているが，同市ではEV購入時にプレートがストレートに取得できるといった特権も付与した。そのためにEV購入に動いた消費者も多くいた模様である。

3.2. 課題となるインフラ整備

また，問題は不正受給による販売量の操作にとどまらない。

中国自動車産業に詳しい業界関係者等によると，「中国国内ではいまだ充電スタンドが不足していること，そしてNEV技術が未成熟であるために，安全性に不安を抱く消費者が多い」のも現実という。

それを如実に示しているのが，EVやPHEVの充電に必要な充電施設における充電口の形状である。これらの充電口は，日本や欧州の主要メーカー間でも標準規格の争いが続いており，日本でもCHAdeMO（チャデモ）での統一普及を図った取り組みが進んでいる。中国も同様に中国企業製のNEVが優位になるようなインフラ作りが進むとされるが，筆者らが2016年7月に北京で開催された展示会を視察した限りでは，図9-4に示すように，異なる

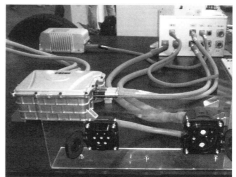

図9-4　展示会出展企業で異なる充電口の形状
（出所）筆者撮影（2016年7月）。

6社が異なる6種類のソケットを展示しているなど標準化は遅れている[10]。要は同じ国内でも形状がまったく異なっており，その形状に合った車しか選択できないのだ。

同様の例が政府主導で行われるインフラ整備にもみられる。例えば中国の主要都市をつなぐ高速道路沿いに設けられたEV高速充電スタンドでは，「中国規格対応のEVしか充電できない」と紹介されている[11]。この規格では，それに対応しない外資企業のEVは充電ができないことは明らかであり，環境対応のためというよりもむしろ，中国メーカーの産業振興のためにEVインフラの整備を進めているかのように捉えられる。

加えて，充電設備が必須となるEVは，大都市に多い高層住宅での設備完備が難しいとも言われている。中国では日本のように自動車を購入，登録する際の駐車場証明が必ずしも必要ではないため，自家用車を路面駐車するケースも多くみられる。普通のガソリン車などではそれでも駐車スペースは確保できるかもしれないが，特にEVでは充電スポットが必要となる。そのため中国では，マンションの上階にある自室からケーブルを垂らして充電するという嘘のような光景も見受けられると耳にする。また，駐車マナーの面からも問題は多く，充電設備が設置されている駐車場に普通のガソリン車が駐車されている場面も珍しくない。

他にも，補助金が付与されるPHEVを購入しながらも，使用時にはガソリンを給油し走行するケースも続出していると指摘する声も上がる。自宅で充電できるプラグインの機能を用いず，HEVとして使用しているのである。これは充電インフラ設備が未整備であることに加え，PHEVは補助金の対象になり，HEVはその範疇外である制度に着目した購入パターンである。冷静に考えると，PHEVとしてのメリットを享受していないわけだが，購入者サイドにたてば「なるほど」と思いたくなる着眼点だ。ただし，この使用の仕方では補助金制度の真の目的である環境対応への寄与はほとんどなく，本末転倒である。

3.3. 世界が注目する中国のNEV市場形成に向けて

以上にみたように，中国のNEV市場は購入補助金などの優遇策で盛り上

がりを呈する一方で問題も山積していることを踏まえると，NEV市場が真に構築されるための必要条件は整っていないと判断せざるを得ないだろう。中国が真に環境問題に立ち向かうには，そして2020年までにNEVの走行台数を500万台とする目標到達に向けて進むためには，多くの課題が立ちはだかっているのである。

　ただし，それは中国に限ったことではなく，例えば日本でも同様である。環境対応車普及のための施策は多く展開されているものの，やはりEVやFCVなどはその航続距離や充電インフラ設置数，車体本体コストなどの課題から，多くの消費者の購入意欲を削いでいる。

　この日本の例にみるように，消費者はやはり購入コストやインフラ等の使い勝手を含めて車両を選択する。中国の中央政府もそれは認識しており，例えば2015年に発令された「電動自動車の充電インフラ設置加速に関する指導意見」や「電気自動車の充電インフラ発展に関するガイドライン（2015〜2020年）」では，2020年までに全国で集中式充電スタンドを1万2,000ヵ所以上設置，分散式の充電装置も480万基以上設置するほか，全国の高速道路網に800ヵ所以上の高速充電ステーションを建設することを明示している。

　先に中国のNEV市場の特徴として，中央政府主導による市場形成を指摘したが，やはりインフラ整備などは行政サイドが同じベクトルを目指した規制を展開しなければ市場は成立しない。この官の役割に加え，民の立場にある完成車メーカーや部品メーカー，そして購入者も一つになった市場形成が求められてくる。

おわりに

　以上にみたように，中国の自動車産業は新エネルギー車普及に向けてドラスチックに変容しつつある。本節執筆中にも中国政府による新たな政策が，そしてそこに向けたメーカー側の対応も相次いで発表されている。特に外資メーカーの対応をみると，巨大な中国自動車市場に向けて商機を逃さないよう，スピーディーな動きが展開されている。他節にも述べられているよう

248　第 2 編　メガ・モジュール化戦略と競争環境の変容

に，世界の自動車メーカーはプラットフォームの共通化などを含め，自動車生産のあり方を見直しつつあり，中国の自動車政策の動きはそのベクトルを示す大きな要因となっていると言えよう。EV 市場拡大の動きも含め，今後も中国の自動車市場，産業のあり方に注目が集まる。

注
1 ）中国では電気自動車を「純電動汽車」と称していることから BEV（Battery Electric Vehicle）と略されることが多いが，本章では EV に表記を統一する。
2 ）FOURIN「中国自動車調査月報」2016 年 9 月号，No. 246，p. 29 参照。
3 ）FOURIN「中国自動車調査月報」2016 年 11 月号，No. 248，p. 8 参照。数値は FOURIN が中国に生産拠点を置く各社の広報資料，環境影響評価書等より算出したもの。
4 ）48V システムについては第 8 章に詳しい。
5 ）中国工業情報化部 Website より「免征車輌購置税的新能源汽型目録（第九批）」参照。なお，燃料電池車は乗用車が 1 車種，バスが 3 車種，特殊車両が 3 車種。2016 年 6 月に発表された第 8 弾では燃料電池車の登録はなかった。
6 ）本田技研工業（株）2016 年 12 月 8 日ニュースリリース参照（http://www.honda.co.jp/news/2016/c161208.html）。なお，同発表によれば，稼働開始は 2019 年前半で，年間生産能力は 12 万台，投資額は約 30 億元が予定されている。また，「中国四輪車市場で今後拡大が見込まれる電動化にも対応したコンセプトの工場」となる旨も同時に発表されている。
7 ）「新建純電動乗用車企業管理規定」http://www.sdpc.gov.cn/zcfb/zcfbl/201506/W020150604631327281089.pdf, accessed 2018/02/27
8 ）日本貿易振興機構「通商弘報」2016 年 10 月 7 日付参照。
9 ）この不正受給問題が顕在化したことにより，中国政府は申請要件を厳格化する通知を 2016 年 12 月に提示したため，今後は沈静化の方向に進むと考えられる。
10）「北京国際新エネルギー車および充電施設展覧会」2016 年 7 月 15〜17 日開催，主催：中国汽車工程学会電動汽車分会，中国電工技術学会電動車両専業委員会，北京新能源汽車発展促進中心。
11）日本貿易振興機構「通商弘報」2015 年 1 月 27 日付参照。

第 10 章
自動車部品の新素材（材料）増加
——自動車の軽量化に関する考察——

内田　和博

はじめに

　温暖化防止策の新たな枠組み「パリ協定」は，2016 年 11 月 4 日，発効された。その目標は，①地球の気温上昇を産業革命以前に比べ，2℃ 未満に抑える。②努力目標として 1.5℃ 未満に気温上昇を抑える。③今世紀後半には実質排出ゼロを実現する。実現のためには，発電を始め産業，自動車，さらに家庭の照明に至るまで世界規模での削減活動が義務付けられた。

　一方，自動車は，工業・産業の発展，人口の増加に比例し増加し続ける。過去，自動車増加は，石油燃料の消費増加となり，排気ガスによる大気汚染，CO_2 増加による地球温暖化，石油等エネルギーの将来不安とつながった。さらに，2050 年には，現状に対し，人口は 1.3 倍の 93 億人，自動車は 2 倍の 20 億台を超える予測がされている。

　この状況に対応すべく，自動車の燃費・CO_2 排出規制強化は，欧州では，現状の 130g/km から 2021 年に 95g/km に引き下げ，2025 年にはさらに 68〜78g/km に引き下げることが検討されている。米国も同様に，CAFE（企業平均燃費）規制を，2025 年には 61.4mpg（89g/km）に引き下げていく。自動車メーカーにとって，これら規制強化への対応は必須であるとともに，自動車を開発・生産・販売し利益を得る企業として，温暖化防止と両立できる自動車を存続させる重大な責任がある。

1. 軽量化の必要性について

　CO₂削減には，種々の対応手段がある。CO₂排出を減らす動力源の対応として，エンジンの効率化，電動化では，EV，HEV，PHEV など，また，水素を活用した FCV などが挙げられる。

　図 10-1 は，乗用車の CO₂ 排出量を表したものであるが，動力源別にみると，ガソリン，ディーゼル，HEV の順に CO₂ が少なくなっている。注目は，各動力源に共通して，車車両重量が軽いほど CO₂ が少ないことである。

　図 10-2 に B カークラスのガソリン車と EV の車両の部位別重量を示すが，共通して最も重いのは，ボディである。また，電動化によるモーター，バッテリーなどの重量増加が課題である。

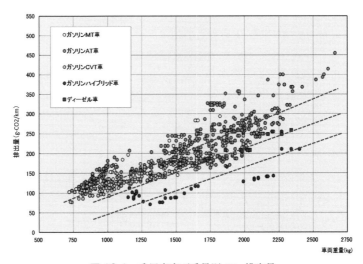

図 10-1　乗用車車両重量別 CO₂ 排出量
（出所）国土交通省 Web サイトより「乗用車の燃費・CO2 排出量」https://www.mlit.go.jp/common/000206640.pdf#search=%27%E4%B9%97%E7%94%A8%E8%BB%8A%E8%BB%8A%E4%B8%A1%E9%87%8D%E9%87%8F%E5%88%A5CO%E2%82%82%E6%8E%92%E5%87%BA%E9%87%8F%27

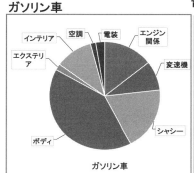
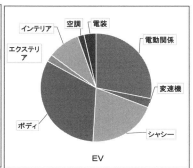

図10-2　Bカークラス　ガソリン車 vs EV 重量比（筆者作成）

　また，車両重量は，自動車の基本性能である「走る」，「曲がる」，「止まる」に大きく関係している。例えば，自動車の加速性は，a（加速度）= F（駆動力）/m（質量）で表せるように，軽いほど良い。自動車の軽量化は，性能向上に効果がある。

　CO_2削減対応は，国内では，プリウスなどHEVを中心とした電動化技術の導入に積極的であるのに対し，欧州では，クリーンディーゼルエンジン，ダウンサイジングを中心としたエンジンの改良と車両の軽量化が中心となっている。ユーザーニーズや，自動車企業の戦略により，日本と欧州でアプローチに違いはあるが，今後の環境対応を地球規模で捉えたとき，地域を超えた相互のベスト技術の融合が必要になってくると思える。

2. 軽量化素材の動向と課題

　自動車を構成している素材は，鉄，アルミニウム，樹脂，ガラス，ゴムなどであるが，最近注目されている軽量化素材は，薄肉化した高張力鋼板（以下，ハイテンと記す），アルミニウムなどの非鉄金属，軽量と強度を両立させたCFRP（炭素繊維強化樹脂）がある。

252　第2編　メガ・モジュール化戦略と競争環境の変容

　自動車メーカーは，軽量化の取組手段として

　　ステップ1：構造・形状の見直し

　　ステップ2：加工方法の改善

　　ステップ3：素材置換

の順に取り組んできた。素材置換は，コスト，加工性，リサイクル性などの課題もあり，最終手段として考えられてきた。特に素材置換によるコスト増は自動車メーカーにとって大きな障害であり，アルミニウムも，当初は，スポーツカーや高級車に採用されるに留まっていた。軽量化への取り組みの考え方に変わりはないが，燃費が規制だけでなく，自動車選びの選択肢となってきた今日，部品重量は自動車メーカー間のベンチマークアイテムとしてとりあげられている。

　　参考：軽量化素材の比重（コスト比（参考値）……鋼板を1として）

　　　　鋼板……7.8（1）

　　　　アルミニウム……2.7（3）

　　　　樹脂……0.9～2.2

　　　　CFRP……1.6（5～10）

　　　　マグネシウム……1.7（3～5）

　ここで，テーマの「自動車部品の新素材（材料）増加」にふれておく。取り上げている軽量化素材は従来からあるもので「新素材」ではないものもあるが，自動車部品として採用するには，多くの課題解決が必要であり，新たな研究・開発を伴い，また，従来にない新たな材料・工法に変化していくものであり，「新素材」として捉え取り上げた。また，対象部位を各動力源に共通し重量比率の高いボディに注目し調査を行ったものである。

　以下，軽量化素材の採用動向，課題，素材メーカーの取り組みなどについて紹介する。

2.1. ハイテン（高張力鋼板：High Tensile Strength Steel Sheets）

　自動車を構成している主な材料は鉄鋼である。比重は 7.8 と重いが，強度，生産性ともすぐれた性質を持ち，コストも安価である。また，生産からリサイクルを含めた CO_2 発生を考えた LCA（Life Cycle Assessment）は，素

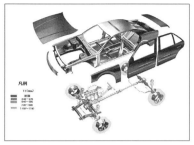

図 10-3　ハイテンの使用例
(出所) 新日鉄住金 Web サイトより「商品・利用技術・ハイテン」http://www.nssmc.com/tech/nssmc_tech/car/car_01/index.html

図 10-4　マツダ CX-5
(出所) マツダ (株) マツダメディア Web サイト http://www.media.mazda.com/

材の中でも最も低い。自動車の構造部やボディやボンネットやドアに採用されている。

　鋼板は，引張強度を高めることにより，板厚を薄くすることが可能である。通常の鋼板の引張強度 300MPa に対し，〜790MPa のものをハイテン，980MPa 以上のものを超ハイテンとも呼んでいる。ただし，国や，メーカーによって数値は異なる。

　図 10-3 にハイテンの使用例を示すが，主に車体の構造部位に使用され，衝突安全性から高強度が求められている。例えば，図 10-4 のマツダ「CX-5」では，バンパーの内側にあるバンパービームに 1,800MPa 級のハイテン (ホットプレス品) を採用している。従来では相反した関係にあった安全対策 (重量増加) と軽量化の両立を図るとともに，車両先端の軽量化によるハンドリングの改善にも貢献している。また，近年の軽自動車は，本田技研工業の「N BOX」以来，スズキの「ワゴン R」「スペーシア」，また，ダイハツ工業の「ムーブ」など，装備の充実，安全技術の導入とともに，燃費改善に大きな進化がみられる。それらには，980，1,180，1,470MPa 級の超ハイテンの採用が貢献している。

　鋼材は，高強度化するほど延性が低下し，成型時の割れが発生したり，従来の常温プレスで加工した場合は，プレスにより鋼板に発生した応力が金型

から解放される際スプリングバック（弾性変形する現象）により狙いの寸法精度が出ない問題がある。ハイテンの課題は成形性にあり，いいかえると，成形しやすいということは，さらに薄くすることが可能であるという意味であり，最適な形状を作りだすことができるということでもある。

　成形性の課題解決には，工法と材料の両面でアプローチしている。工法については，常温プレスでは，980MPa ぐらいまで加工は可能であったが，それ以上は，鋼板を加熱し，軟化させた状態でプレスし，金型内で急冷（成形＋焼入れ）することにより，寸法精度と高い引張強度とを実現する工法，ホットプレス（ホットスタンプともいう）を導入している。しかし，金型の部位により急冷条件が異なるため，高い焼入れ性を確保したホットプレス材の提供や成形シミュレーションを織り込んだ金型技術の向上を図ってきている。結果，1,500MPa クラスのホットプレス品が実用化されてきている。

　一方，ハイテン材の改善については，組織をより微細構造にすることにより延性を高め，常温プレス加工を可能としてきている。アメリカのナノスチール社では，2016 年，1,200MPa の実用化に至っている[1]（出所：ナノスチール）。今後は，2025 年に間に合わせるべく 1,500MPa 級へ高めていく開発が進むであろう。

　今後も，ハイテンを含めた鉄鋼は，衝突強度や衝撃吸収などのニーズに応えるため，材料の持つ引張強度や加工特性を考慮し，適材個所に幅広く使われていくと予測される。

　また，東南アジアなど自動車産業の発展に欠かせない現地調達の要請に応えるため，グローバル生産拠点など鉄鋼メーカーの対応が求められている。

2.2. アルミニウム合金

　鉄の 1/3 の比重であるアルミニウムは，軽量化に欠かせない材料である。純アルミニウムは引張強度が低いため，Mg，Mn，Si，Cu，Zn などを添加し合金として使っている。従来から鋳造やダイキャスト品は，アルミニウムの特性である高い熱伝導率や，加工の容易性から，自動車のエンジン，熱交換器，ホイールなどには幅広く使われていた。しかし，鋼板に代わるアルミパネル材については，次に述べる課題がある。

第 10 章　自動車部品の新素材（材料）増加　　255

図 10-5　Audi　Q7
（出所）Audi Web サイトより「Technology」
http://www.audi-press.jp/technology/index.html

図 10-6　JaguarXE
（出所）JLR jaguar Web サイトより「軽量アルミニウム構置」http://www.jaguar.co.jp/jaguar-range/xe/features/index.html　2017.3 時点。

・コストが，鉄の約 3 倍（単位重量当たり）であること
・成形性と接合に関する技術的課題があること
・異種金属接合では電蝕の問題があること

　鉄に比べ伸びが少なく，鉄の 2/3 の深絞り特性で，割れやスプリングバックが起こりやすくプレス成形が難しい。つまり，鉄板と同じ設備・工法では成形が難しく，アルミニウムに合ったプレス機，金型が必要とされている。また，接合については，熱や電気の伝導率が高いため熱が逃げやすく，鋼板では一般的なスポット溶接は難しい。リベットや摩擦熱を利用した摩擦攪拌やレーザー溶接の開発・実用化が進められている。

　日本の自動車メーカーは，車両がもともと小型でありアルミパネルの採用にはあまり積極的ではなかった。反面，欧米では，アルミパネル採用も比較的早くから行われ，車体部位へのアルミニウムの採用には積極的である。近年では，Ford の代表的ピックアップトラック F150 は，フレームにハイテン，ボディをオールアルミニウムにすることにより，約 300kg，14％の軽量化に成功したと言われている。欧州メーカーの Audi や BMW，Daimler，英 Jaguar Land Rover（JLR）も採用に積極的である。図 10-5 に示す Audi Q7 は，Audi によれば，軽量設計に関する 20 年の技術の蓄積を集約，従来モデルに対しボディだけで 71kg，車全体では最大 325kg の軽減を行った。フロン

256　第 2 編　メガ・モジュール化戦略と競争環境の変容

トエンドとリヤエンド及びキャビンの外殻に鋳造アルミやアルミ押し出し材
を，そのほか，ドア，フロントフェンダー，ボンネット，リヤハッチなどに
もアルミパネルを採用している[2]。

　図 10-6 は，D セグメントである Jaguar XE であるが，ボンネットやサイド
パネルの外板に限らず，ピラーやサイドメンバー，ルーフメンバーなどの骨
格構造部位に広く展開している。マグネシウム合金も一部に使用している。
それは，「Lightweight Aluminium Architecture」と称して，耐久性を妥協する
ことなく重量を抑え，ほぼ 50 対 50 の最適な重量バランスを実現，CO_2 排出
量を削減するだけでなく，最高速度 250km/h など，あらゆる性能達成に貢
献している。さらに，モジュラーアーキテクチャーとして，XF，SUV の
F-PACE にも展開しており，JLR は，取り組みを次のように述べている。

　　The key benefit of aluminium is the fact that it's a third the weight of the
　　equivalent amount of steel. This gives us the ability to build a chassis that is
　　significantly lighter than a steel counterpart, helping to improve fuel economy,
　　lower emissions and provide a more dynamic driving experience.
　　Our aluminium philosophy is not just about saving weight, though – it's also
　　about creating designs that are stiffer, safer, stronger and more reliable.[3]（出所
　　JLR）
　　「軽量アルミニウム構造」
　　・アルミニウムの主な利点は，同等の量の鋼の 3 分の 1 ということで
　　　す。これにより，スチール製のカウンターパーツよりも大幅に軽量化
　　　されたシャーシを構築することができ，燃費を向上させ，排気ガスを
　　　削減し，よりダイナミックな走行体験を提供します。
　　・私たちのアルミニウム哲学は，重量を節約することだけではなく，よ
　　　り硬く，より安全で，より強く，より信頼性の高いデザインを作成す
　　　ることにもなります。（出所　JLR）

　欧州車メーカーは，アルミニウム化を軽量化の重要なアイテムとしてとら
え，軽量化をクルマづくりのフィロソフィーとして，研究・開発・実用化に

図 10-7　マツダロードスター
(出所) マツダ (株) マツダメディア Web サイト
http://www.media.mazda.com/

取り組んできていることがうかがえる。

　国内では，主にボンネットやバンパーであるが，中・大型車に使われ，小型車は一部にとどまっていた。2016 年の WORLD CAR DESIGN OF THE YEAR を受賞したマツダのロードスターは，その素晴らしいデザインを成形する高い生産技術があったと推測されるが，フェンダー，ルーフ，バンパービームなど構造部位に使用範囲を広げ（図 10-7），前モデルから 100kg の軽量化を図っている。車の重心・重量配分の適正化は操縦安定性の改善に寄与していると思われる。また，バッテリー搭載の重量増がある日産リーフ，トヨタプリウス，ホンダアコード HEV など環境対応車のボンネットやバックドアへ採用されている。

　アルミニウムマーケットの関係者によると，世界の自動車材料のアルミニウムの構成比率は，2015 年の 10％に対し，2025 年に 15％に，欧州と北米では，20％になるといわれている。

　今後，国内自動車メーカーは，先行する欧州車の軽量化適用例をベンチマークし，アルミニウムの採用拡大のみならず，後述する軽量化素材を含め，コスト，接合技術などの課題解決と合わせ，どのような軽量化コンセプトを描いていくか明確にすることを期待する。

2.3. 樹脂

　用途は，エンジン，内外装部品，燃料系統，電装系統，ありとあらゆると

ころに使われ，自動車の軽量化とコストダウンにはなくてはならない素材である。

最近，軽量化に貢献している主だった部品には，バンパー，燃料タンクなどがある。また，窓ガラスに置き換わる樹脂として注目されている PC（ポリカーボネート）は，耐衝撃性や断熱性に優れ，ガラスに比べると 40% 以上の軽量化が可能である。ガラスの代替として必要な透明性の確保と強度，材料や成形技術の進化により採用が広がりつつある。これはトヨタプリウスのパノラマルーフなどに使われている。

将来は，フロントガラスへの採用も考えられているが，ガラスに比べ，傷つきやすく，紫外線の吸収による経年劣化など，解決すべき課題も多い。

2.4. CFRP

軽量化に対し，最も注目を浴びている材料である。比重は 1.6 と，鉄の 1/4〜1/5 であり軽量化素材として最も軽い。

図 10-8 に示す BMW i3 は，EV 用にゼロから開発された専用設計アルミニウム合金製のシャシー（ドライブモジュール）と，CFRP 製のパッセンジャー・セル（ライフ・モジュール）の 2 つのモジュールを組み合わせて（接合されて）つくられている。ドライブ・モジュールには，アルミ合金製のシャシーに，モーター，バッテリーなどの駆動コンポーネントを組み込んでいる。ライフ・モジュールは，より広くゆとりのある空間をつくりあげている。1 回の充電での走行距離 60Ah 仕様で最大 190km（NEDC），94Ah 仕様で 300km 走行可能，なお，CFRP は，熱硬化性樹脂を使っており，生産タクト的には課題もあるものの，すでに量産車として日本国内でも市販されている。

BMW によると，電動化による重量アップを抑えることと環境にやさしい生産を実現している。炭素繊維化する時に大量の電力が必要となるため，炭素繊維の焼成を，水力発電による環境にやさしい安価な電力（3 ¢ /kWh）の利用が可能なアメリカワシントン州の合弁会社で行っている。生産による環境負荷を考慮した事例である。

また，帝人は 4 人乗りのコンセプトカーを制作，車体骨格は，熱可塑性

第 10 章　自動車部品の新素材（材料）増加　　259

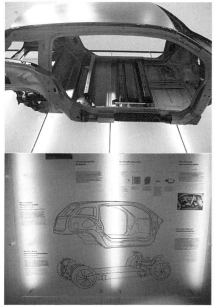

図 10-8　BMW i3　BMW ミュージアム　　図 10-9　BMW i8　ウィーンモーターショー
（筆者撮影）　　　　　　　　　　　　　　　（筆者撮影）

CFRP で，ボディの重量は 50kg 弱である。従来，成形に数分を要した熱硬化性樹脂に替えて，加熱すると軟らかくなり，冷えると固まる熱可塑性樹脂を使用したプレス成形で成形タクトを 1 分以内にすることに成功，量産車への採用が可能となっており，GM 社と共同で量産向け開発を進めている。

　トヨタの燃料電池車「MIRAI」は，燃料電池を搭載するスタックフレームにこの熱可塑性 CFRP を採用している。この他，CFRP の採用は，Lexus LFA，図 10-9 に示す BMW i8，また，BMW7 シリーズでは，CFRP とハイテンとを組み合わせ CFRP 骨格で補強する方法を取っている。このように CFRP は，各社で徐々に使用されてきている。

　CFRP は，軽量化に最も効果のあるものの，コスト，生産タクト，設備投資，材料自体の問題も皆無ではない。また，成形方法は，温度を上げて硬化・成形する熱硬化法，温度を上げて溶融させ，冷やして成形する熱可塑

260　第2編　メガ・モジュール化戦略と競争環境の変容

法，また，注入成形，圧縮成形，中間材料を使うか否か等，各々メリット・デメリットがある。また，熱膨張係数が0であるCFRPと他素材との接合等，解決すべき課題は多いが，強度と軽量化を両立できる自動車部材としてCFRPの今後の動向が注目される。

2.5. マグネシウム合金

　マグネシウムは，金属ではもっとも軽量で，重さは鉄鋼の1/4，アルミニウムの2/3であり，比強度（強度/比重），比剛性（剛性/密度）は鉄やアルミニウムより高く，軽量化への期待が高い素材である。マグネシウムは，アルミニウムや亜鉛等を加えたマグネシウム合金として，パソコン・携帯電話・カメラの筐体に使われている。例えば，AZ91は，アルミニウムを9％，亜鉛を1％程度添加し，機械的性質や耐食性を向上させた代表的なマグネシウム合金である。

　自動車では，日本マグネシウム協会によれば，1960年代にすでに，マツダR360クーペのトランスミッションケース，オイルパン，タイミングケースカバー，クラッチハウジング，シリンダーヘッドカバー，クーリングファンに使われていた。最近では，RX-8のホイール，アテンザのステアリングホイール，アクセラのコラムブラケット，デミオのキーロックハウジングに使用されている[3]（出所　日本マグネシウム協会）。

　かつて，マグネシウムは，燃えやすいと敬遠されていたが，Caの添加により改善が図られている。コスト，加工性の向上，耐食性の向上，機械的性質の向上，接合性の改善など課題は多く，広島県では，ひろしま産業振興機構にマグネシウム研究会，茨城県では，茨城マグネシウム工業会などを設置し，マグネシウム用途拡大に向け，研究活動を進めている。

2.6. 軽量化素材についてのまとめ

　各素材について動向，課題について述べてきたが，総合的な見方で所見を述べる。コストは，ハイテンを1とした場合，アルミニウムは3，マグネシウムは3〜5，CFRPは5〜10，並べてみると，CFRP＞マグネシウム＞アルミニウム＞ハイテンとなる。コスト的に優位なハイテンは，ほとんどの自動

第 10 章　自動車部品の新素材（材料）増加　261

図 10-10　VW ID MEB
（出所）VW 提供。

車に採用されてきている。今後は，1,500MPa クラスの成形性を改善していくことになるであろう。アルミニウムは，SUV などの重量車，プレミアムな車，また，バッテリー等搭載による重量増加を解消する EV に採用されてきている。CFRP は，プレミアム車と EV，PHEV に採用されている。いいかえると車のカテゴリーにより，コストバランスと規制を考慮した使われ方になっている。

　今後の環境改善を目的とした規制強化に，各自動車メーカーは，アルミニウム，マグネシウム，CFRP の使用拡大を進めていくと考えられる。自動車の開発は，2〜数年の期間を要するものであり，長期的な軽量化計画の策定が必要である。それはまた，モジュール化戦略とも関係が強い。図 10-10 に，VW が 2020 年に市販予定の EV，ID にも使用する電動用プラットフォームとして考えている「MEB（モジュラーエレクトリックドライブ）」を示す。先に述べた BMW i3 とも類似しており，将来のプラットフォームにどのような軽量化技術を織り込むのか注目したい。

3. クルマの軽量化と接合技術

　自動車を構成する部品は，1 台あたり数万点に及ぶと言われている。それ

262　第2編　メガ・モジュール化戦略と競争環境の変容

ら部品が結合されることによってクルマが完成する。その中で，エンジンや足回りなど分解を必要とする箇所の結合と，ボディなど分解を必要としない部位の結合に分かれる。前者は，ボルト・ナット，クリップなどにより狭義では「結合」と言われ，後者は，溶接やろう付け，接着剤による「接合」である。ここでは，接合について取り上げる。

　軽量化部材に関して，素材そのものの特性を理解し，適切な加工，接合技術で有効に活用することが望まれる。また，軽量化素材を自動車に活用する上で重要なことは，コストと軽量化のバランスである。コストのかかる材料と低コストの材料を組み合わせることにより，コストを抑えながら，強度と，軽量化をバランスさせる複数部材の接合，「異種材料接合技術」が注目されている。

　鋼材とアルミニウム，樹脂（含むCFRP）とアルミニウム，鋼材と樹脂，さらには，チタンやマグネシウム等の異種材料接合が考えられるが，アルミニウムは，鉄に比べ，熱や電気の伝導率が高いため熱が逃げやすく，鋼材では一般的なスポット溶接は難しい。また，異種素材の接合では電蝕の問題がある。熱膨張差も考慮しなければならない。

　最近注目されつつある接合技術として，

・アルミニウムなど熱伝導率の大きい素材に，摩擦熱を利用した接合技術溶接に代わる機械的接合技術
・接着剤機能（接着強度，接着硬化速度，熱膨張の差を吸収する追従性と強度の両立，耐候性，経年劣化等）の改善，向上
・密着性を向上させるため，接合する合わせ面に細かな凸凹をつける表面処理技術

などがある。

　しかし，接合技術は，新しい軽量化素材の開発，また，異種素材接合のニーズ拡大に対して同期しているとは言えず，特にCPRPの接合に必要と思われる接着剤は，硬化時間と生産性など解決すべき課題も多い。

　マルチマテリアル化は必須であり，「素材」と「接合」は，言わば「自動車の軽量化推進の両輪」と言え，接着技術は，注力すべき領域であるとともにビジネスチャンスとなる。

4. 構造・形状の見直しについて

2節で，自動車メーカーの軽量化の取り組みとして紹介した「ステップ1」，その基本となる構造・形状の見直しについて触れておく。

近年の，プラットフォームのモジュール化と合わせ，車体の基本構造について改善が図られている。マツダによると，理想のボディ形状を追求し，高い剛性と軽量化の両立（従来比8％の軽量化，30％剛性アップ）を図った。基本骨格を可能な限り直線で構成する「ストレート化」と，各部の骨格を協

図10-11　連続フレームワーク
（出所）マツダ（株）マツダメディアWebサイト
http://www.media.mazda.com/

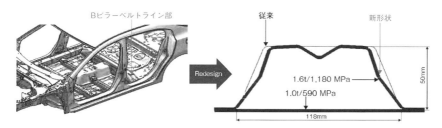

図10-12　鋼板本来の性能を活かすフレーム断面
（出所）自動車技術会Webサイトより「オートテクノロジー2017 技術創造人」Chapter 6 マツダ㈱
https://tech.jsae.or.jp/auto_tech/pdfdl.aspx?id=auto_tech2017i&m=i

264 第2編 メガ・モジュール化戦略と競争環境の変容

調して機能させる「連続フレームワーク」，衝撃を骨格全体に広く分散させ
ながら受けていく「マルチロードパス構造」を採用している。図 10-11 に連
続フレームワークを示す。

また，同じくマツダでは，同じ材料で，形状を工夫することにより強度を
向上させている。図 10-12 は，単純な断面形状であったフレーム面に，追加
の形状を与えることで衝突による曲げ荷重がかかった際の座屈強度を高めて
いる。

5. シンポジウム，素材メーカー等への軽量化動向調査記録より

下記に，この度の調査で得た個別記録情報を記す。参考としていただきた
い。

5.1. 人とくるまのテクノロジー展 2014
・日時；平成 26 年 5 月 22 日～23 日
・調査概要；自動車，部品，また材料メーカーからの情報では，今後の自動
車素材は，引き続き構造部へのハイテンの採用，ボンネット，バンパーへの
アルミ材の適用，内外装と一部構造部への樹脂材料の採用，特に樹脂におい
ては無塗装で製品化するトータルコスト視点からの提案，また，CFRP の部
分的採用など，軽量化のためのマルチマテリアル化に進むとの確信が得られ
た。ただし，コスト面など，大きな課題があり，産業界の総合的な視点に
立った検討が必要。図 10-13 に軽量化素材の適用例を示す。

5.2. 次世代ものづくり基盤技術産業展　TECH Biz 2014
・日時；平成 26 年 10 月 23 日～24 日
・調査概要；自動車の電動化，軽量化，効率化技術，今後の拡大が予想され
るレーザー加工，3D プリンタ，CFRP 製造加工技術などの展示，また，技
術セミナーが開催された。軽量化手段として注目した CFRP について，日・
欧の自動車メーカー，材料メーカー，製造機械メーカーからの情報をまとめ

第 10 章　自動車部品の新素材（材料）増加　　265

ハイテン　Bピラー

アルミニウム　フロントフード

バンパーレインフォース

CFRP バンパー

CFRP ボンネット

CFRP クラッシュボックス

図 10-13　軽量化素材の適用例　人とくるまのテクノロジー展 2014（筆者撮影）

ると，軽量化の期待度は大きい反面，生産性（製造タクト），コスト面の課題は多い。しかし，製造技術は着実に進化し，製造タクトの短縮等改善は図られている。レースカー，高級車などの少量生産車への限定的な使用から，欧州自動車メーカーは BMWi3 など，大幅な軽量化を織り込んだ EV を日本でも発売している。併せて，地球環境に考慮した製造展開，また，廃車後のリサイクルも考慮したものづくり技術として，CFRP 化の基盤を確立してきていることが分かった。図 10-14 に CFRP を採用した車両を示す。

5.3. 鉄鋼メーカー
・日時：平成 27 年 2 月 10 日
・調査概要；自動車の軽量化技術の中核であるハイテンの技術，及びマーケット動向について，鉄鋼メーカーの取り組みや考えを調査。

　ハイテンは，高強度化することで薄肉化が可能となり，軽量化素材として採用されその使用割合は増加している。高強度化は，鋼板自体の引張強度を高める方法と，ホットスタンプ（熱間プレス）の熱間成形後の金型焼き入れ

TOYOTA　MIRAI

BMW i3

図 10-14　TECH Biz 2014
（筆者撮影）

による方法，いずれも高強度化と加工性を両立すべく開発が進められ，今後もステップアップしていく。

　自動車部品への適用対応で，特記すべきことは，単なる素材提供だけでなく，構造設計の提案と成形・接合などの工法提案のトータルソリューションの取り組みをしている点である。

　また，自動車生産拠点の海外進出に対し，自動車メーカーの現地調達のニーズを受け，世界展開を進めている。鉄鋼は，素材の製造からクルマの廃棄まで，クルマの「一生」で発生する CO_2 排出量を判断する LCA（Life Cycle Assessment）においては他の軽量化素材より有利である。

5.4. 国内自動車会社

・日時；平成 27 年 2 月 12 日
・調査概要；関心事は，欧州 CO_2 規制，規制に対応するにはパワートレインの改善だけでなく，車体の軽量化が必要，及び車両重量区分を 1 ランク下げるレベルの取組みを考えている。CO_2 規制 95g/km までは，スチール，アルミニウム，樹脂のマルチマテリアル，68～75g/km では，CFRP の部分使用も考慮する必要がある。

5.5. 樹脂メーカー

・日時；平成 27 年 2 月 19 日
・調査概要；自動車の軽量化の最先端技術である CFRP について，メーカーの取り組みや考えを調査。

　CFRP は，一部の高級車，スポーツカーに採用されてきた。一般車への展

第 10 章 自動車部品の新素材（材料）増加　　*267*

開はなされておらず，今後この領域に取り組んでいきたいと考えている。自動車へは，従来は，熱硬化性樹脂を用いた「熱硬化性 CFRP」が使われていた。優れた特性を持ち実績はあるが，生産に時間がかかるなどの問題があった。今後は生産性を改善した熱可塑性樹脂を用いた「熱可塑性 CFRP」であると考えている。熱可塑性は，生産時間を縮小でき生産設備も縮小できるほか，特性を活かし接着剤を使わない接合が可能で，CFRP のメリットである部品の統合がより活かせる。CFRP 等，素材の判断に，○○円/kg と，重量単位でコスト比較するが，自動車メーカーは，部品統合，生産プロセスの縮小など，トータルで判断すべきといえる。

　（CO$_2$ 規制が強化される）2025 年が大きな節目となるであろう。じっくりと，よく考えて，性能評価を行いたいとのこと（樹脂メーカーとして）。

　単なる素材提供ではなく，加工方法も加え，製品として提供，メガ・プラットフォーム戦略に向け，自動車メーカーと一緒になってベストな車体構造の提案が期待できる。

5.6. 軽金属関連の協会

・日時：平成 27 年 3 月 27 日
・調査概要：自動車の軽量化基盤技術であるアルミニウムは，欧米での積極的な採用が注目されており，世界の動向と，課題についてヒアリング調査を行った。

　厳しい燃費基準を達成するため，自動車の軽量化対策として，アルミ化が進展し，特にアルミパネルの採用が広がっている。

　日本でのアルミ化は，今までのスポーツカーや高級車から，EV，HEV，PHEV などの環境対応車への拡大が進んでいる。

　北米では，厳しい燃費基準を背景に，特にピックアップトラックで，車体のオールアルミ化が進むなど鉄からアルミへの革命的な材料置換が今後予測されている。アルコア社によると，北米でのアルミパネル使用量の将来予測は，乗用車 1 台当たりのアルミボディシート量が，2012 年の 6.3kg から，2025 年では 61kg と，約 10 倍になると予測している。

　欧州では，各社の企業平均燃費向上に寄与するよう，メルセデスの C ク

ラスなど，普及モデルへのアルミ化が進んでいる。

　燃費基準達成に向け，日本ではパワートレイン（動力系）の改善を行うが，欧米では，軽量化が主な対応策となっている。

　軽量化素材の内，アルミ化の課題は，コスト，生産性，メリットはリサイクル性である。ボディパネル材アルミ合金の課題としてプレス成形性があげられ，鋼板と比べ難易度が高く，アルミの特徴を考慮した加工方法が必要，逆にバンパーやドアービームなど構造材に使われるアルミ押出形材は，断面の形状の自由度が大きく，部品点数の削減に有利である。接合について，熱，電気伝導率の高いアルミは，その特性に合った接合技術が開発されている。レーザー溶接や摩擦攪拌溶接（FSW：Friction Stir Welding）やFSSW（Friction Stir Spot Welding）などが注目されている。

　優位とされるリサイクル性，リサイクル技術とリサイクルのシステム，両面からの整備が必要であること，また，異なるリサイクル合金材料の選別技術など，最近ではレーザーを用いた研究が進められている。ボディパネル材には，強度，成形性，耐食性から，アルミ合金，5000系，6000系，7000系があるが，東京メトロではアルミでできている電車の材料を6000系に統一し，将来のリサイクル性向上の取組みも行われている。

　アルミ材の原材料について，日本では，新地金の生産は，2011年では5％，今は0％で輸入に頼っている。一方，海外では，北米でのアルミ化に対応する必要が出てきており，今後グローバル調達，現地での生産対応が必要となってくる。新地金の原材料調達，再生地金の調達を含め，海外材料メーカーとの提携やプレスラインの現地化などの検討が進められている。

　従来，材料メーカーや部品メーカーに要求されていた「差別化」や「独自性」という言葉は，現在では「優位性」また「標準化」（共通化）に置き換わり，総合的な対応が求められている。

5.7. 次世代ものづくり基盤技術産業展　TECH Biz 2015
・日時：平成27年11月18日〜19日
・調査概要；軽量化と結合について，アルミニウムの同種・異種接合，表面処理，接着剤を中心に調査を行った。種々の接合技術が紹介され技術進化が

第 10 章　自動車部品の新素材（材料）増加　269

　　ロッド部材の摩擦圧接　　　FSW 線接合　　　樹脂射出による異種金属接合

　　　BMW i8　　　　　　　　BMW i3
図 10-15　TECH Biz 2015（筆者撮影）

見られた（図 10-15）。

　BMW i3 のアルミニウムのシャシーと CFRP のライフ・モジュールは，4 本のボルトと接着剤で接合されているが，接着剤について調査した。使用された接着剤は，シーカ社のシーカフレックス UHM（高弾性速硬化型接着剤）（出所　SIKA Group/ 日本シーカ）[5]である。

5.8. 日本接着学会　接着関連講座
・日時：平成 28 年 1 月 29 日
・主催：一般社団法人　日本接着学会　中部支部
　『自動車用接着剤の実態と動向』（サンスター技研（株））

　自動車 1 台当たり，約 5〜10kg の接着剤を使用する。自動車組み立てラインでは，車体工程，塗装工程，艤装工程，内装部品に使用されている。車体には，鋼板の端部の折り曲げカシメ部へのヘミング用接着剤，スポット溶接部へのウェルドボンド用接着剤，ボディとガラスを直接接着するダイレクトグレージング用接着剤などがありその使用目的は，ヘミング用は防錆性及び

剛性の付与，ウェルドボンド用はスポット溶接の応力集中を防ぐことによる疲労防止や，車体剛性の向上，ダイレクトグレージング用はその高い接着信頼性から衝突安全性向上など，重要な役割を持っている。図 10-16 に各部への使用例を示す。

　今後は，軽量化の目玉である樹脂化に対し，ウレタン弾性接着剤の開発，難接着である PP（ポリプロピレン）樹脂への接着，コロナ放電，プラズマ処理などの表面処理，また，硬化促進剤を用いた速硬化型ウレタン接着剤などの紹介があった。

　軽量化素材の異種接合，特に，CFRP を含めた樹脂の接合には，下記に示す接着剤の長所を活かし，確実な接着に向けた開発が必要である。

《接着剤の長所・短所》

長所；　　　　　　　　　　　　　短所；
　応力集中が少ない。　　　　　　　耐熱性に限界がある。
　異種材料の接着が可能　　　　　　硬化に熱や時間が必要。
　接合部の形状に左右されにくい。　接合部の解体が困難。

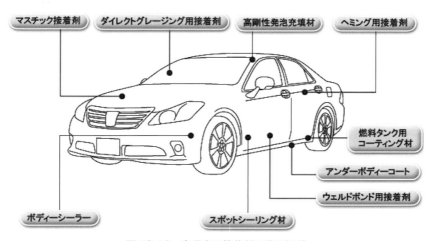

図 10-16　自動車用接着剤の使用個所

（出所）サンスター技研 Web サイトより「自動車接着剤・シーリンク剤」http://jp.sunstar-engineering.com/business/car/

5.9. トヨタプリウス　ベンチマーク活動
・日時：平成 28 年 1 月 25 日〜2 月 2 日
・主催：ベンチマークセンター利活用協議会
・概要：新型プリウス　軽量化領域の特徴

　トヨタ次世代プラットフォームである TNGA（トヨタ・ニュー・グローバル・アーキテクチャー）の新しいプラットフォームである。

　特徴は，パワートレインの低重心・低配置化，低重心高のプラットフォーム。軽量化と強度・剛性を両立させるため，1,500MPa 級のホットスタンプ（プレス）材を採用している。

　構造は，B ピラーを中心に前後を "日" の字の形に環状でつなぎ（図

"日" の字環状

C ピラー環状

LSW による溶接点数の増加

図 10-17　トヨタプリウス　ベンチマーク活動（筆者撮影）

10-17左上），また，後部，両サイドのCピラーと天井と床を環状でつなぐ構造（図10-17右上）を採用し，ループ断面化することで高い強度と高剛性を成立させている。注目すべきは接合方法であり，LSW（レーザースクリューウェルディング）を採用し，溶接点数を大幅に増大させていることである（図10-17左下）。また，構造用接着剤を有効に採用し，結合強度を高めることにより，新高剛性ボディを実現している。

5.10. 人とくるまのテクノロジー展2016名古屋

・日時：平成28年6月30日
・調査概要：ハイテンや，アルミニウムを使用した車体など，軽量化は注目されていた。

　その中で，軽量化とともに，感性に訴える新素材の展示があった。ひとつは，漆加飾であり，生産性や耐久性の問題を改善し，自動車部品として性能要件をクリアしてきた。コスト的には，まだ課題があると考えられる。もう一つは，藍染建材であり，これは杉板に藍染を施したものである。インテリアに和のテイストを提供するものとして興味深い（図10-18）。

5.11. マグネシウム利用研究会・講演会

・日時：平成28年8月29日
・概要：マグネシウムの技術開発状況，適用事例を共有化し，広島地区における利用促進を目的に立ち上げられた研究会に参加し，2つの講演を聴講した。

　テーマは，「マグネシウム研究のコア知識とその利用への課題」（大阪府立大学）と，「茨城県におけるマグネシウムに関する取組」（茨城県工業技術センター）の2題である。マグネシウムについて，軽量化素材として優れた素材である材料の特性，利点，課題について理解するとともに，燃えやすさに関する偏見を正すことができた。また，各機関で推進している取り組み，活用事例の紹介があった。

　今後，マグネシウム合金の軽く，比強度が高いという利点を生かし，自動車の軽量化素材の一つの柱として活用拡大されると思われる。

第 10 章　自動車部品の新素材（材料）増加　　273

マツダ　ロードスター　アルミ　　　ホンダ S660　ハイテンを 60% 使用

　　　　漆加飾　　　　　　　　　　　　　　藍染建材

図 10-18　人とくるまのテクノロジー展 2016 名古屋（筆者撮影）

5.12. VW パサート　ベンチマーク活動

・日時：平成 28 年 9 月 23 日〜30 日
・概要：VW の新しいプラットフォームである MQB 車両について調査した
VW は，MQB の導入にあたって，衝突安全性能と優れた運動性能，静粛性，乗り心地を確立するため車体剛性を高くするとともに，CO_2 削減のため車体の軽量化に取り組んでいる。この考え方は，欧州車のクルマづくりに共通するものである。軽量化については，前提条件があり，車に乗る楽しさを第一に車体剛性を確立し，その上で軽量化を両立させていく。

　MQB のプラットフォームでは，車体にホットプレス材とハイテンを使用し，ボディに使う鋼板の接合には，レーザー溶接を使っている。日本車はス

274　第 2 編　メガ・モジュール化戦略と競争環境の変容

 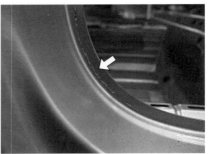

　　　MQB プラットフォーム　　　　　　　　　　　　レーザー溶接

図 10-19　VW パサート　ベンチマーク活動（筆者撮影）

ポット溶接であるが，それは，「点」接合，レーザー溶接は「線」接合であり，車体のねじり剛性を高められる（図 10-19）。
　一方，アルミニウムは，リヤーパッケージトレイの一部に使用する程度で，ドアやボンネット，フェンダーには使っておらず，メッキ鋼板が使われている。

5.13. 次世代ものづくり基盤技術産業展 TECH Biz EXPO 2016

・日時：平成 28 年 11 月 15 日～18 日
・概要：軽量化材料では，非鉄金属では従来のアルミニウムに加え，マグネシウムの活用，また，発泡金属など，軽量化に向けた技術の進展がみられた。
　マルチマテリアル化に伴う異種材料の結合については，接合力の向上を目的とした結合面の表面処理技術の研究紹介が多くあった。軽量化とコストのバランスを考えた接合・接着技術に注目度が高まってきており，クルマづくりの重要な技術分野であることを再認識した。下記に講演内容から，要旨を記す。

5.13.1. 軽量化材料；軽量化技術を支える材料開発の現状と未来
・『ポーラス構造による金属材料の軽量化と超軽量 Al-Ti 合金』（名古屋大学　大学院　小橋 眞氏）

第 10 章　自動車部品の新素材（材料）増加　　*275*

内部に多量のガス（気孔）を含むポーラス金属は，超軽量（比重 <1.0），高比剛性（曲げ），吸音特性，振動吸収能，高衝撃エネルギー吸収能などの特徴を有する。その特徴は，気孔の形状や量により，大きく変化する。ポーラス金属の製法は様々であり，固相を利用する方法，液相を利用する方法，化学反応を利用する方法など多岐に亘っている。今回，様々なポーラス金属の製造方法と，それにより製造されるポーラス構造の特徴及びそれらの性質について紹介があった。また，発熱反応を利用した独自の発泡 Al-Ti 合金の製造方法についても紹介があった。

● 『金属部品から樹脂部品への切り替え提案』（大和合成（株）岡田純志氏）

主に自動車やバイク部品において，燃費向上や環境面への配慮から，強度や耐熱性を維持しつつ軽量化することは喫緊の課題である。これまでに培った技術力を活かすとともに，高強度・高耐熱・高摺動性材料などを材料メーカーとともに開発し，自動車部品メーカーやバイク部品メーカーに提案し，採用されてきた経緯や実績の紹介があった。また今後はカーボン繊維などを含有した熱硬化性樹脂などを開発し，さらなる軽量化を推し進めていく。

● 『軽量材料としてのマグネシウム』（不二ライトメタル（株）佐々木美波氏）

軽量化非鉄金属として，アルミは鉄の 1/3，マグネシウムは 1/4 の軽さである。マグネシウムは比強度，比剛性が高く，振動吸収，耐くぼみ性に優れている。これまで，切粉や粉末状態で燃えやすい課題があったが，現在は難燃性マグネシウム合金などの開発で改善している。また，自動車向け耐熱マグネシウム合金の研究紹介があった。

（参考）マグネシウム粉は，昔，写真撮影に使っていた閃光粉である。酸化しやすく，水と反応して分解し発熱する。

5.13.2. 接合・接着技術；溶接・接合技術最前線ものづくり接着・接合技術

● 『異種材料の接合』（大阪大学接合科学研究所 中田一博氏）

マルチマテリアル化の観点から，構造材料である金属，樹脂・CFRP およびセラミックスの異種材料接合が注目されている。これらの異種材料間の接合について，その可能性と接合原理，ならびに接合技術の現状について，アルミ合金／鉄鋼材料，アルミ合金／樹脂・CFRP および金属／セラミックス（ダイヤモンド）を例にとり紹介があった。

- 『ものづくり接着・接合技術：現実と将来』（中部大学薄膜研究センター 多賀康訓氏）

　素形材を接着剤接合により部品化する物作りプロセスは生産技術の基本である。先人の膨大な技術・ノウハウ蓄積によりあらゆる接合系に対し接合法，接合条件，使用環境耐久性，コストを考慮したプロセス解が得られているにもかかわらず，生産現場にはなお低温接合，極薄接合，リワーク接合，生体適合接合，新素材接合，応力制御接合等の課題が存在する。この講演では接合の基礎的理解とともに上記課題への対応法を具体的事例の紹介があった。

- 『ロボット摩擦撹拌接合（FSW）システムの開発』（トライエンジニアリング（株）岡 丈晴氏）

　自動車の軽量化及び航空産業の発展とともにアルミ製品が増加傾向にある中，様々な接合メリットを有するFSWが注目されている。従来はいわゆる加工機タイプのFSW装置が主流だったが，より生産性が高く，設備導入コストを抑制できる産業用ロボットを使用したFSWシステムの開発秘話と，今後増加する異材質接合への可能性について紹介があった。

- 『ナノ・モールディング・テクノロジーによる金属とプラスチックの接合』（大成プラス（株）板橋雅巳氏）

　環境負荷に配慮した燃費向上の要求の高まりにより，移動機械では，軽量化への取り組みが加速されている。その中，金属の高剛性・熱伝導性が優れるが重いという特性と，樹脂の持つ形状の自由度・軽量という特性を補完し合う異種材料のハイブリッド接合工法が注目されている。工程の簡略化・デザインの自由度を向上させるべく，射出成型による金属・樹脂のハイブリッド接合を開発したNMT：ナノ・モールディング・テクノロジー，その技術概要及び製品例，応用技術について紹介があった。

5.14. 日本機械学会中国四国支部シニア会・講演会

・日時；平成28年11月25日
・概要；講演テーマは『高い衝突安全性と軽量化を実現した，最適手法による超軽量・高強度フレーム断面技術』（マツダ（株）本田正徳氏）である。

第 10 章　自動車部品の新素材（材料）増加　277

当講演内容は，2017 年度自動車技術会技術開発賞を受賞したものであり，衝突安全から重要なフレーム曲げ強度の確保において，フレーム側面の座屈で，質量効果（質量当たりの曲げ強度）を改善するため，座屈を抑制し，フレーム曲げ強度を制御する断面形状の設計技術を開発した。当技術は，マツダ車に採用されているとともに，今後の，新機能材料を使ったマルチマテリアル車体にも幅広い適用が可能であるとの紹介があった。

軽量化取り組みの「ステップ 1；構造・形状の見直し」に他ならず，すべての素材に適用できる素晴らしい技術であると言える。

5.15.　欧州調査「電動化欧州自動車動向調査」

・日時：平成 29 年 1 月 10 日〜17 日
・概要：自動車の環境対応について，技術動向調査，欧州の CO_2 規制，2021 年に 95g/km（25km/l）以下とする規制強化に対応する欧州自動車メーカー，自動車部品メーカーを訪問，ウィーンで開催されるモーターショーの出展企業より情報収集を行った。

軽量化については，欧州自動車メーカーが重要としている "車両剛性" を下げないで，性能と軽量化を両立させる取り組みがなされている。ハイテン材，ホットプレス，アルミニウムを採用，特に，アルミニウムの採用については積極的であり，押し出し成型など強度を考えた取り組みが見られる。なお，CFRP については，プレミアム車に限定している。Audi 社の見学では，スタート地点には A3 のホワイトボディが展示され，スチールからアルミニウムへ材料置換を行ったボンネットを持たせて，重量の比較を体験させるなど，軽量化への積極的な取り組みをアピールしていた。

ウィーンモーターショーの各ブースの状況と見学後の補足調査内容を記す。

【Audi】排気量 1L，1.4L のダウンサイジングエンジンを搭載する A1 シリーズから，5.2L10 気筒の R8 シリーズまで，幅広く展示している。

アルミニウムを積極的に採用，ルーフやボンネットなどのパネル部へは，アルミニウムの板材を，また，サイドレールなど構造部にアルミ押し出し＋ハイドロフォーム，ピラーには，アルミ鋳造に一体成型など強度との両立を

考えた手法を使っている。R8 は，高力アルミニウムと CFRP 素材によるハイブリッドなスペースフレーム構造により，軽量化と高レベルの車体剛性を実現している。

【BMW】1 シリーズ「116d」，「X5 xDrive40e」，環境対応車として，EV では「i3」，PHEV では，「225xe iPerformance」「330e iPerformance」「X5 xDrive40e iPerformance」「i8」の展示があった。

アルミや高張力スチールの使用を拡大している。5 シリーズでは，最大100kg の軽量化を実現している。7 シリーズは，ピラー，ルーフレール，フロアーのセンタートンネル部，サイドシルレインフォース部を CFRP で補強し，ボンネット，フロントのドア，サスタワーにアルミニウムを使っている。

注目すべきは，「i3」BEV と「i8」PHEV，「i3」は，車体は 2 つのモジュール構造で，上部はカーボン・ファイバー強化樹脂（CFRP）製のライフ・モジュール，下部はアルミニウム合金製シャシーのドライブ・モジュールからなる。車重は 1,300～1,420kg である。「i8」も「i3」と同様に，車体は CFRP のライフ・モジュールとアルミのドライブ・モジュールの PHEV 環境対応スポーツカー，車重は 1,490kg と軽い。

【VW】ガソリンエンジン車，ディーゼルエンジン車，CNG エンジン車，EV，PHEV，また，乗用車，スポーツ，SUV など幅広く 33 種の車両を公開し，出展車両台数は最も多い。ICE 仕様では，「Golf Highline R-Line」1.4LT/C，EV では「e-up」「e-Golf」，PHEV では，「Golf GTE」，「Passat Variant GTE」の展示があった。

軽量化については，車両が C，D セグメントであることもあり，ハイテン，ホットプレスが主体，車体剛性と軽量化を両立させている。

【メルセデス・ベンツ】VW に次ぐ，23 種を展示。

軽量化に関しては，車体剛性は確保したうえで，ピラー等にハイテン，車体骨格部分に，ホットスタンプ材，アルミは，車種によって異なるが，ボンネット，ドア，ルーフ，トランクに，またサスペンションタワーにアルミダイキャストを使っている。

5.16. 平成28年度ものづくり技術講演会

・日時；平成29年2月16日
・概要；CFRPの関する講演を聴講，工業技術グランプリ受賞製品等の展示を見学した。聴講した講演内容を記す。

- 『自動車用CFRP技術の動向と成形加工技術』（金沢工業大学 影山裕史氏）

CFRP（炭素繊維強化樹脂）は，航空宇宙，スポーツ，産業（鉄道，エレクトロニクス，産業機械，建築・土木，環境・エネルギー，医療などの多くに使われている。CFRPの成形法には，熱硬化CFRPとして，プリプレグ圧

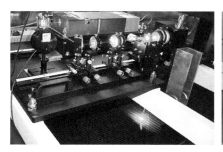

図10-20　CFRPレーザー加工装置
（出所）最新レーザー技術研究センター

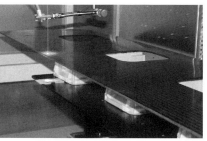

図10-21　加工事例（飛行機のスキンパネル板厚6.7）
（出所）最新レーザー技術研究センター

左から，CFRP＋アルミ（250g），CFRP＋SUS（480g），SUS＋SUS（1,040g）
図10-22　CFRPのレーザー接合の紹介（H28年度　ものづくり技術講演会，筆者撮影）

縮法，RTM 法，SMC 法，FW 法があり，最近では，熱可塑樹脂，CFRTP（炭素繊維強化熱可塑性樹脂）の研究が多いとのこと。CFRP の採用には，生産性，成形時間や成形圧力（設備投資）をどのようにして少なくしていくか目標設定し，技術開発を進めている等の紹介があった。

• 『CFRP 等のレーザー加工技術の動向』（最新レーザー技術研究センター 沓名宗春氏）

CFRP 等の複合材料を損傷なくレーザー加工する技術の紹介があった。超短（ナノ秒）パルスレーザーなど，切断，穴あけ加工，また，接合に，革新的なレーザー加工技術の開発・研究の紹介があった。図 10-20 に加工装置，図 10-21 に加工事例を示す。

また，技術展示では，エストラマー材をインサートした金属と CFRP のレーザー異種材接合技術の紹介があった（図 10-22）。

CFRP の採用には，多くの周辺技術の開発に支えられ成り立っていくものであることを再認識した。このことは，新素材採用を考える部品メーカーにとって，製品品質を確保する加工技術の確立に向け，設備投資を含めた広範囲の検討が必要となってくることを示唆している。

おわりに

現状の自動車構造材は，鉄鋼が主体で，ハイテンを中心に，アルミニウムの比率が徐々に高くなり，CFRP が実用化へ向けて動き出した段階である。今後は，さらに軽量化素材の比率が増した形でのマルチマテリアル化が予測される。図 10-23 にその一例を示す。

軽量化素材の採用には，自動車としての機能的要求特性，生産における生産性とコスト，さらにはリサイクル性を具備していることが必要である。素材メーカーにおいては，これら課題解決を推進するとともに，自動車メーカーのニーズに応えるべく改善，開発を行ってきている。

軽量化は，自動車メーカーにとって環境対応と共に注目されているモジュール化，つまりプラットフォームを決定づける大きな要素である。

第10章 自動車部品の新素材（材料）増加

環境対応車について，EVだ，HEVだ，いや内燃機関だ，水素だと，それぞれが「これしかない」と発言した時代から，総合的に考える時代になってきた。

筆者自身，この度の素材の調査研究過程で，同じ意識の変化があった。つまり，自動車の素材構成についても同様で，今後は従来の自動車メーカーによる素材選択から，各自動車メーカーと各種の素材メーカー，また接着剤などの関連するメーカーが共同で，生産に関わる環境負荷を含め，進化する最新技術を共有化し，あるべき姿を描く総合的な連携強化が必要であると考える。環境対応は1企業の問題ではない。自動車メーカーにとって，自動車の軽量化素材，接合は共通の課題であり，相互が情報を共有化し，言わば共通領域を共に確立していくべきと考える。その上で，変動領域で差別化を図るクルマづくりができることを提案したい。

このような観点から，自動車，材料に関するプロジェクトを見ると，アメリカでは，米国エネルギー省がリードしているプロジェクト「Multi Material Lightweight Vehicle (MMLV)」など，ひとつの自動車メーカーと一体活動により，軽量化自動車のコンセプトをつくりあげている[6]（出所 米国エネルギー

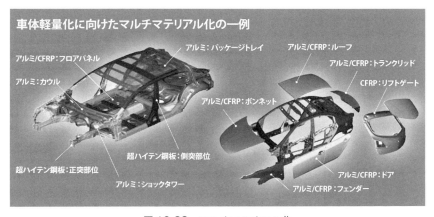

図 10-23　マルチマテリアル化
（出所）ISMA新構造材料技術研究組合Webサイトより「ISMA REPORT ①」
http://isma.jp/pdf/isma_report_01.pdf

省）。また，国内においても，「新構造材料技術研究組合（ISMA）」では，自動車メーカー，素材メーカー，大学等で体制をつくり，輸送機器の軽量化に対して，5種類の材料と接合技術を合わせた研究プロジェクトが推進されている。クルマに関わる総合的な活動になることを期待する。

注
1）ナノスチール　https://nanosteelco.com/news-and-events/news-and-pr/nanosteel-delivers-advanced-automotive-steel-to-general-motors/
2）Audi Web サイト https://www.audi-press.jp//press-releases/2015/10/MediaInfo_Audi_Q7.pdf
3）JLR Jaguar Web サイト https://www.jaguar.com/about-jaguar/reliability/aluminium.html 2017.3 時点
4）日本マグネシウム協会　http://magnesium.or.jp/_wp/wp-content/uploads/2013/12/car-nihon.pdf
5）SIKA　Ltd/ 日本シーカ　Web サイト　http://jpn.sika.com/ja/group/Information/media_archive/2015/Sika_News_PaceAward_20150625_1.html
6）米国エネルギー省　Multi-Material Lightweight Vehicles - Department of Energy https://energy.gov/eere/articles/multi-material-lightweight-vehicle-hurdles-future

第 11 章
自動運転技術

竹原　伸

は じ め に

　コンピュータによる AI（Artificial Intelligence）技術，センサー類の小型高性能化技術をはじめ能力・機能が飛躍的に進歩し，自動運転車の商品化はますます現実的になってきている。自動運転車が開発されれば国内外の環境は大きく変化し，市場はさらに活性化され，企業や設備投資，道路整備などが進展していく。しかし，AI やセンサー類はさらなる高度化・軽量化を目指して今後進展するだけでなく，事故を起こした時の法律問題などの新たな課題が山積している。夢を追い続けるばかりでなく，現実に直面した自動運転車があることを念頭に議論を進めてみたい。

1. 自動運転技術の現状と将来

　コンピュータの高性能化，情報技術の高度化，センサー技術開発などが飛躍的に進歩し，自動運転車の商品化はますます現実的になってきている。
　2016 年にフルモデルチェンジした日産セレナは，プロパイロットと呼ばれる装置を内蔵している。これらのシステムは運転の自動化ではなく，ドライバーの負担を軽減することが目的である。たとえば，エマージェンシーブレーキは，車両や歩行者を検知してブレーキを掛けて減速し，緊急の場合に

284　第2編　メガ・モジュール化戦略と競争環境の変容

は緊急ブレーキを作動させる。踏み間違い衝突防止アシスト機能は，低速走行時や進行方向に壁などの障害物がある場合に作動して衝突を回避する。車線逸脱防止支援システムは，同一レーン内の走行だけでなく，運転者の注意力低下を判断し休憩を促す。駐車支援システムは，車庫入れにも縦列駐車にも対応して自動でハンドル操作を行う。このように現状のシステムは，一部の機能を優先させた部分的な開発の途上にあり，多くの企業は完全自動運転者に向けて開発を進めている。

　自動運転の発想は，1939年GMが展示したニューヨーク万博博覧会のFuturamaに遡ることができる。政府，企業が主体となり「20年後の未来のアメリカを見せる」というテーマで理想社会のモデルを作りハイウェイ・アンド・ホライズン館で公開した。大きな円形ジオラマの周りに椅子席を用意し，摩天楼などミニチュアの建物が立ち並び，1万台以上のミニチュアカーが走るハイウェイなどを紹介した。また，GMはコンピュータやセンサーなどのITS技術も提案するとともに，高速道を自動的に走行し目的地に向かうことを想定していた。さらに，1964年から1965年にかけて「Futurama II」というタイトルを掲げて，再度進化させている。「近未来」をテーマとし，月面基地の活動，海底探検，砂漠の灌漑なども同様に展示している。

　車両にコンピュータを搭載したのも1976年GMによる点火時期制御装置が最初である。GMは燃費と性能の両立を満足させるためのシステムとしてこの装置を開発し，成功した。このような成功例をみて全ての他社は追随し，エンジン以外にもトランスミッション，シャシー，ボディーなど多くのシステムに拡大していった。ITS（Intelligent Transport Systems）技術やGPS（Grobal Positioning System）の開発も進み，車載ナビゲーションにより移動経路を設定するだけでなく，渋滞や道路工事，駐車場などをリアルタイムに提供するシステムが開発されるようになってきた。

　人工知能（AI：Artificial Intelligence）が初めて世間に知られるようになったのは，1956年のダートマス会議である。この会議ではコンピュータプログラムを作る科学と技術で説明されているが，研究者によっては個別に解釈している。当時は，ニューラルネットワークや遺伝的アルゴリズムとして技術論文等になったが，知性や知能が定義されていないため「人間のように考

えるコンピュータ」という考え方はなかったようである。さらに 1980 年代にはコンピュータが認識できる知識表現を専門家のように自ら収集し蓄積していくことを目指したが，1990 年代でブームは去った。

　2000 年台になると識別・予測・実行するという新しい分野が到来した。推論，機械学習，ディープラーニングという言葉が注目されている。推論とは，人間の思考過程を実行し，解くべき問題をコンピュータに適した形で表現し，階層別に正しい答えを導く方法である。機械学習とは，数値，画像，音声などで大量のデータから知識を導き，様々な方法を広めていく方法である。ディープラーニングはニューラルネットを用いた手法の一つで，情報の抽出を多くの層で構成し，次第に具体化していく方法である。膨大な知識を用意しコンピュータが知識に基いて推論する方法であり，今後の向上により適用範囲が広がり自動でのプランニングが可能となる。車両の自動運転や自動物流化などが可能となることが想定される。

　表 11-1 に各社で商品化された運転技術を示す。衝突軽減ブレーキは，車載コンピュータが常時前方に警戒し，前方車両の接近や障害物を感知すると音声など警告が発せられる。衝突が不可避とシステムが判断した時点で自動的にブレーキをかけて被害の軽減を図る装置である。レーンキープ装置は，白線を検知してステアリングを制御し，白線からはみださない装置であり主に高速道路で使用される。車間距離維持装置は前方との車間距離を維持して，一定の距離を維持しながら走行する装置である。渋滞時追従走行装置は，低速時でも前方車両を追尾する装置で，多くは高速道路で使用される。自動パーキングは，車間距離センサーを装備することでバック駐車や縦列駐車を自動で駐車する装置である。このように近年では赤外線センサー，カメラ，超音波センサーなどを備え，様々な装置を駆使して自動運転へと向かっている。

　将来，完全自動運転車が開発されれば国内環境は大きく変容する。国内外の高度な自動運転技術を目指して市場はさらに活性化され，企業や各県や市など設備投資や道路整備や環境などがますます進展していくと思われる。経済効果として，2035 年から 2050 年には 10 倍弱の効果があると試算されている。国内経済ばかりでなくインフラ整備が整い，交通事故や渋滞の解消，

286   第 2 編　メガ・モジュール化戦略と競争環境の変容

表 11-1　商品化された自動運転技術

車種名	モデル	機能
BMW	5 シリーズ 2017 年	・衝突軽減ブレーキ ・自動パーキング ・レーンキープ（高速道路） ・車間距離維持装置（高速道路） ・渋滞時追従走行（高速道路）
Mercedes-Benz	E クラス 2016 年 7 月	・衝突軽減ブレーキ ・自動パーキング ・レーンキープ（高速道路） ・車間距離維持装置（高速道路） ・渋滞時追従走行（高速道路） ・異常時対応システム
Audi	A4 2016 年 2 月	・衝突軽減ブレーキ ・自動パーキング ・車線距離維持装置（高速道路）
Subaru	レヴォーグ（アイサイト） 2014 年	・衝突軽減ブレーキ ・レーンキープ（高速道路） ・車間距離維持装置（高速道路）
Nissan	セレナ 2016 年 8 月	・衝突軽減ブレーキ ・自動パーキング ・レーンキープ（高速道路） ・車間距離維持装置（高速道路） ・渋滞時追従走行（高速道路）

資源削減など利点もある。企業での自動車生産，移動方法や物流移送，ITS や GPS なども活用される。これにより，人工知能（AI）の進化による社会構造そのものが変革すると思われる。

　道路輸送に着目すると，直接的に変革が及ぶ産業として長距離輸送や宅配の分野がありドライバー不足の問題が緩和されるとしている。また，交通事故や渋滞の解消効果が大きい。交通事故数は 100 万件近くになった時期も

あった。現在では50万件以下となったが，4千名弱の死者が発生し負傷者は60万人以上である。原因は運転者に起因する事故が多く，約50%は発見の遅れ，30%は判断の誤り，15%は操作の誤りと言われている。高速道路での渋滞は，上り坂，トンネル付近，合流地点，料金所などで発生し，一般道路では朝夕の通勤ラッシュや行楽地に向かう車両で，特に年末年始やお盆の帰省ラッシュに発生しやすい。通勤ラッシュ時には，信号交差点や右折待ち，車線数の減少，踏み切り，橋などで発生する場合が多く，悪天候も影響する。

　本章では，主として進化する自動運転車の概要に着目し，「自動運転技術の現状」について述べ，自動運転の目的や分類・定義を明確にする。次に，「自動運転に必要な部品と技術」について，必要なセンサー技術，人工知能や認知技術，GPS と地図データ，法制度の課題について述べる。各企業における「各企業の現状や計画」を説明し，「自動運転の将来」について論じる。

1.1. 運転のプロセス

　通常，ドライバーは以下のことを考えながら周囲に気を配り運転している。

・どこを走行しているか。

・目的地はどこか。

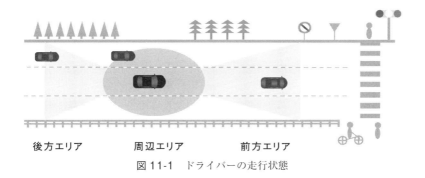

図 11-1　ドライバーの走行状態

288　第2編　メガ・モジュール化戦略と競争環境の変容

・周辺，前方，後方エリアの他車の走行状況はどうか。

・飛び出しそうな自動車，歩行者，自転車はいないか。

・歩行者，自転車など障害物との距離はいくらか。

・どの道路でどの車線にいるか。

・信号はどうか，見落としていないか。

・自車速度はいくらか。

・一般道か高速道路か。

・道路標識の指示はどうか。

・雨，風，トンネル，橋など走行していないか。

・まぶしくて見えないことはないか。

・気温は適切か。

　ドライバーは，上記のことに気を配ると同時に，他のことを考えながら散漫になって走行している場合がある。交通事故の多い交差点を走行する場合に特に周辺に気を配り，交通量が少ない中山間地域での走行では緩慢になるなど，運転への集中度は様々である。この状況をドライバーの走行状態（図11-1）に示す。

　これらを運転プロセスを整理して示すと図11-2に示すことができる。ドライバーは，認知→判断→操作→応答を繰り返している。

　認知については，多くのドライバーは目を使って周囲の状況を認識する。目により，走行する道路状態のほか，他車の走行状況，信号や道路標識など様々な状況の情報を得る。また，耳により後方車両の接近やサイレン音など目では認知できない状態を知る。判断は，ブレーキを踏むかハンドルを操作するかなど，様々な状態を脳で判断し決定し，場合によっては瞬時で判断することも必要になる。操作は，ステアリングやブレーキに対する操作である。操舵による遅れやブレーキ操作による停止距離などは車両によって異なるため，それぞれの車両に適合した応答が必要となる。人はこのようなプロセスを常に繰り返しながら運転しているが，同時に運転には関連しないことにも考えを巡らせながら運転していることも考慮すべきであろう。

　図11-3は，交通事故による死者数推移を示した平成29年の警察白書のデータである。平成4年をピークに次第に減少してきており，飲酒運転の防

第 11 章　自動運転技術　　289

図 11-2　自動車の運転プロセス

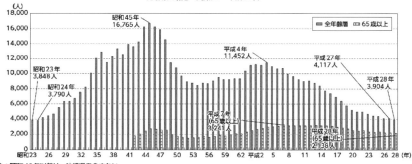

図 11-3　交通事故による死者数推移　「H29 年警察白書」
（出所）国家公安委員会・警察庁編『平成 29 年　警察白書』2017 年。
Website, https://www.npa.go.jp/hakusyo/h29/pdf/pdf/03_tokusyu.pdf, accessed 2018-02-10.

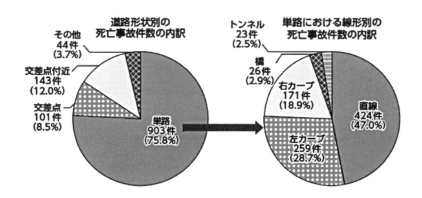

図 11-4　正面衝突等死亡事故の内訳　「H29 年警察白書」
（出所）前掲『平成 29 年　警察白書』。

止や自動車事故による傷害軽症化などが役立ってきた。同様に，図 11-4 に交通事故による正面衝突死者数の内訳，図 11-5 に交通事故による死者数推移と高齢者の交通事故による死者数推移を示した。高齢者や移動弱者の方々には自動運転が役立つと思われる。

自動運転車は，情報収集，分析／認識，判断，機構制御というプロセスに分類して実行する。自動車の基本機能として，「走る」「曲がる」「止まる」が考えられているが，自動運転車では全てをシステムに依存して実行する。

情報収集はカメラやレーザーセンサーなどで行い，情報を分析，認識する。次に，人工知能を用いて対象物を判断し，最後にシステム化された機構で制御する。これを常時繰り返し行う過程を，図 11-6 の自動運転車の運転プロセスとして示す。

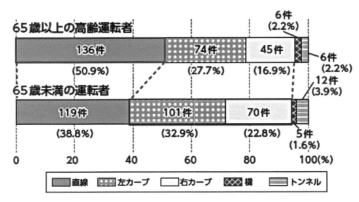

図 11-5　高齢運転者の内訳　「H29 年警察白書」
（出所）前掲『平成 29 年　警察白書』。

図 11-6　自動運転車の運転プロセス

1.2. 自動運転車の目的

　平成 28 年に発生した交通事故は約 50 万件である。これらの事故により約 3,904 人が死亡し，約 62 万人が負傷した。自動運転車が実現すれば，交通事故を大幅に削減でき，輸送コストなどが低減できるという大きな期待がある。

①交通事故の削減

　現状での交通事故の要因はドライバーの認知や判断のミス，脇見運転や居眠り運転，誤操作などである。自動運転車はドライバーのミスを防止し，交通事故を画期的に減少させることができる。非自動運転車と自動運転車が混在する状態であれば減少は難解と想定されるが，自動運転車が広く普及すれば減少する。

②渋滞の解消・緩和

　国土交通省によれば渋滞における日本国内の経済損失は 12 兆円と推定され，1 人あたりでは年間 30 時間となる。渋滞の発生は走行する自動車台数の多さに依存するが，交通信号や道路工事，上り坂や橋なども要因とされる。自動運転車が実現すれば，渋滞情報や道路工事の状況によりルート変更などが可能になり，大幅な渋滞解消が期待される。

③輸送コスト削減

　物流システムの対応により，移送コストを大幅低減が可能になる。日本では長距離トラックドライバー不足や加重労働による事故が発生している。自動運転車が実現すれば，トラックはドライバーが不要となりシフト調整などの業務管理が変化する。また，トラックの隊列走行により燃料消費も削減することができる。

④高齢者等の移動支援

　高齢者や移動弱者の移送手段が困難になりつつあり，高齢者が引き起こす被害事故や加害事故が多発している。シフトの入れ間違いによる誤発進，ペダルの踏み間違えによる急発進，高速道路などの逆走事故などが挙げられる。都市部では電車やバスなどを用いる移動が可能であるが，自動運転車が実現すれば多くの場合は移動方法が改善される。中山間地域においては適切な移動方法がないため活躍が期待される。

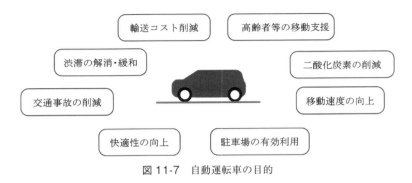

図 11-7　自動運転車の目的

⑤移動速度の向上

　一般道路や高速道などでは，登り坂やトンネル，橋梁で速度が低下するが車両速度を向上することが可能になり，人や荷物の移動が迅速になる。ただし，法規上の問題があり速度向上が前提となる。

⑥温室効果ガスの削減

　電気自動車での活用が前提となるが，二酸化炭素の削減は，現在のガソリン車と比較して大きく低下することができる。

⑦駐車場の有効利用

　都市部では駐車場不足が問題になることが多いが，自動運転車により車両と駐車場との通信網が整備され最近の駐車場案内システムが整備される。また，カーシェアリングによる有効活用も期待できる。

⑧快適性の向上

　車室内は対面式座席といった車内レイアウトも可能になり，快適になる。食事をしながらのドライブも楽しめる。

　上記①～⑧の他にも移動時間を有効利用できるなど様々な利点が生まれる。一方，交通事故の発生にどのように対処するかなどの課題も山積している。

1.3. 自動運転の分類と定義

　米国運輸省道路交通安全局（NHTSA）は，2016年これまでのレベル定義

第 11 章　自動運転技術　*293*

表 11-2　自動運転車のレベル

自動運転車 レベル		内　　　容
レベル 0		ドライバーが加速，減速，操舵など全ての操作を行う．事故の深刻さを軽減する運転支援システム装置は保持している．
レベル 1	運転支援	加速，減速，操舵のいずれかを支援する装置．車間距離を一定に保持するアダプティブコントロール（ACC），衝突被害軽減ブレーキ，レーンキープアシスト，車庫入れ駐車アシストなどを含み，アクセル，ブレーキ，ハンドル操作のいずれかを行う．
レベル 2	部分自動運転	システムが環境を観測しながら，加速，減速，操舵を行い，ドライバーは短期間（10〜15 秒）のみハンドルから離すことはできる．常時監視する必要があり，オートクルーズとレーンキープアシストなどの組み合わせ等により，アクセル，ブレーキ，ハンドル操作を同時に行う．
レベル 3	条件付自動運転	周囲の状況を確認することはできるが，緊急時はドライバーが必要となる．システムを更に高度化させ，アクセル，ブレーキ，ハンドル操作を全て行うが緊急時のみドライバーが操作する．
レベル 4	高度自動運転	特定環境などの範囲でのみでドライバーが操作を行うが，その他の条件下ではシステムが加速，減速，操舵を行い，ドライバーが関与しない．
レベル 5	完全自動運転	ドライバー操作は全く必要のない自動運転車で，全ての条件下で操作をシステムに委ねる．

を改訂し，新たな定義を公表した．自動運転車を車両システムと連動してレベル 0〜5 に分類している．自動運転車のレベルを表 11-2 に示す．

　レベル 0 は，ドライバーが加速，減速，操舵を行い，予防安全システムによって支援されている場合を含むが，全てはドライバーの責任において実施する．

　レベル 1 は，既に実用化されている自動ブレーキなど運転支援で，ブレーキやステアリングなどの単独システムに対応する．ドライバーはシステム制御に支えられる場合があるが限定的であり，安全な運転を支援することだけ

294　第2編　メガ・モジュール化戦略と競争環境の変容

に徹する。

　レベル2は，高速道路の走行や渋滞時など一定の条件下で自動運転を対応する。アクセル，ブレーキ，ハンドル操作といったクルマを操る基本的な作業について，複数の操作をシステムが対応する。ただし，ドライバーは走行中の常時監視が前提であり，手動運転に切り替えることができる。

　レベル3では，アクセル，ブレーキ，ハンドル操作全てを自動運転システムが行い，システムが要求した場合のみドライバーが操作する。通常の運転では本を読んだり映画を見たりすることも可能である。

　レベル4の自動運転車は，極限状態のみドライバーが操作する。全てをシステムが行いアクセル，ブレーキ，ハンドル操作，ドライバーが全く関与しない。無人車につながる自動運転車である。

　レベル5は完全自動運転で，いかなる状況でもドライバーは不要となり，全ての条件でも操作をシステムに委ねる。

2. 自動運転に必要な部品と技術

　自動運転を実現するためには，様々なセンサー類，人工知能技術，地図データなどを進化させることが課題であり，訴訟問題などへの対応も必要となる。

　センサー類として運転時の最重要情報は視覚である。ドライバーは周辺の状況や車両の状態を常に把握しながら走行する。視覚情報を検知するセンサーとして，情報を分析する画像処理技術も重要となる。一般に，各種センサーには一長一短があるため単独で使用することはなく，複数のセンサーを設けて相互に情報を確認し合って利用される。

　人工知能技術は，ドライバーが行っている運転プロセス（認知，判断，操作，応答）を全てセンサー，コンピュータ制御，車両で行うことである。ドライバーには初心者と熟練者がいるように運転レベルにも高低差がある。初心者は運転経験が増す毎に運転技術が向上する。この進化のアルゴリズムを適用するのが人工知能であり，特にディープラーニングについて説明する。

第 11 章　自動運転技術　*295*

　自動運転では目的地を設定するため詳細な地図データが必要となる。ETC
はよく使われるが，指示や指定しやすい装置としてさらに発展すると思われ
る。また，万一の事故が発生した場合の安全確保や事故責任などの問題が解
決されていない。今後の自動運転車には重要な課題として法制化されなけれ
ばならない。

2.1. センサー技術

　視覚情報を検知するセンサーとして，カメラ，超音波センサー，レーザー
センサー，レーダーなどがある。視覚以外にも，聴覚，触覚などのセンサー
が存在するが，本項では，これらの技術内容を紹介する。

①カメラ

　自動運転を目指す多くの試作車にはカメラが用いられる。カメラ画像はコ
ンピュータに取り込み画像処理するため，解像度が重要である。現状では
100 万画素程度が多く，2018 年には 200 万画素，将来の実用では 1,000 万画
素のカメラが使われると想定される。また，人の目は夕暮れになると見えに
くくなるが，赤外線などを用いた高感度カメラにより，人の目よりもかなり
明るく鮮明な画像を取り込むことが可能である。

　カメラは種々の対象物を検出・認識することができ，対象物に応じて複数
の用途に利用することができる。速度制限の標識を認識して速度警告を行う
機能，道路上の白線を認識しその位置から自車のレーン逸脱を警報する機
能，前方の車両や歩行者を検知して衝突の危険がある際に警報を出し緊急時
には自動でブレーキを掛ける機能，夜間の運転時に対向車のヘッドライトを
検出することにより自車のヘッドライトのハイ／ロービームの切り替えを自
動で行う機能など様々な用途に用いることができる。

　他にもカメラを使った環境認識センサとしては，側方や後方を撮影して周
囲の車両や歩行者を検出するセンサや，前方を 2 台のカメラで撮影し，両者
の映像の視差から物体までの距離を推測するステレオカメラなどが利用され
る。カメラには，単眼カメラと複数設けるステレオカメラがある。単眼カメ
ラは，一般的には対象物との距離を認識することができないとされている
が，Mobileye のカメラは，遠近法の原理を利用して距離を計算する。ピン

ト合わせが不要な道路の幅や車線が無限遠な地平線で消失点に収束させ，消失点からどの程度下にずれるかがカメラによりリアルタイムに分かるという技術である。

このように運転支援の用途だけではなく，自動運転を行う際にも周囲の車両や歩行者，交通標識，道路上の白線などを検出・認識できるセンサーとして活用される。

Boschは，カメラ技術でソニーセミコンダクタソリューションズと技術提携すると発表した。日差しが直接差し込むような太陽光，強い光がある車のヘッドライトのような状況や，トンネルの出入り口といった照度条件が厳しい環境下でも車両周辺の状況を確実に検知できる画期的なカメラ技術であるCMOS（Complementary Metal Oxide Semiconductor Image Sensor）の開発を目指す。CMOSは，表面照射型から裏面照射型へ進化することで高速・高感度化を実現する。

コンチネンタルは先進運転支援システムとして新世代カメラシステムを発表した。このシステムは，優れた夜間の視認性があり1〜8メガピクセル（解像度100万画素）の高解像度である。レンズの口径角度も最大125度まで拡大して，交通量の多い状況でも対象を早期に検出することができる。

パナソニックは車載用カメラなどに実績がある。10年後には世界で車載カメラの総数が1,500万台程度になるとの予測がある。パナソニックは2020年に自動運転車をサイバー攻撃から守るシステムを開発すると発表した。

クラリオンは自動車の四隅にカメラを設置し上空から俯瞰するアラウンドビューモニターに実績があり，自動駐車システムの実用化に注力している。

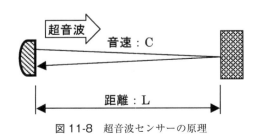

図11-8　超音波センサーの原理

このようにカメラメーカー各社は，高性能化，小型化，低コスト化を目指した開発を進めている。

②超音波センサー

コウモリは喉から超音波を発し，暗闇の洞窟の中でも自分の子を見つけることができる。超音波センサーとは，超音波の交信原理を応用したセンサーで，送波器対象物に向け発信し反射波を受波器で受信することにより，対象物の有無や対象物までの距離を検出するセンサーである。

音の速度は，空気中や水中など音を伝える媒体によって異なるが，空気中では毎秒約 340m の速度で伝播し，温度，湿度によって変化する。一般に温度が高いほど音速が速くなる傾向があり，絶対温度を T とすれば，C ＝ 331.5 ×（（273 ＋ T）／2 × 273）の計算で内蔵システムにより温度補正をする。

超音波センサーは 20kHz から 400kHz で使用され，人間の耳には聞こえない音である。周波数が低いと（波長が長い）減衰が小さく遠くまで届き，周波数が高い（波長が短い）と距離分解能が高いという特徴がある。通常，10m 以下の比較的近距離にある障害物を検知するために使われ，広範囲で色や透明度などの影響を受けずに測定することができる。また，人体にも安全で比較的安価なセンサーである。

超音波センサーの原理を図 11-8 に示す。この装置は，送波器から超音波を対象物に向けて発信し，反射波を受波器で受信し，時間を計測して対象物までの距離を測定する。対象物までの距離を L，音速を C（毎秒 340m），発信から受信までの時間を t とすると，センサーと物体との距離は以下の式となり，上述の温度補正を行うことが多い。

L ＝ C × t／2

鳥取県に本社にある日本セラミックは，長期的に安定した需要が見込めるとして設備や研究投資を継続している。キーエンスは高い安定性と信頼性の研究を進め，オムロンは軽量システムを開発している。

③レーザーセンサー

レーザーセンサーは，可視光線や赤外線などの光を投光部から発射し，検出物体によって反射する光を，受光素子により時間を測定して距離に換算する。音波とレーザーとの違いはあるが，原理としては図 11-8 とほぼ同等で

ある。小さな物体の検出または特に精密な位置検出が必要な場合に利用することができるが拡散角度が狭い特徴があり，150m 先の 5cm 以下の物体を認知することができる。1 秒間に進む距離は，約 30 万 km であり，超音波センサー同様の原理で物体を検知する。レーザーはビームを細く絞り込むことができるので，電波よりも精密に物体の存在する角度や形状を検知できる。しかし，識別範囲は比較的近距離にかぎられ悪天候に弱いという点も指摘されている。

　Google カーのルーフ上で回転している LiDAR（Light Detection and Ranging）で知られるようになった。周囲を把握するという目的で高い位置に設置されているが，サイズやコスト面で課題とされている。マサチューセッツ工科大学（MIT）では，システムを 1 個分の極小チップ上に搭載することを計画している。また，可動部を持たない装置とすることでコストを下げ，信頼性も向上させるというチップも研究開発されている。

　Velodyne は Google カーに搭載され，複数の新製品ラインをサンプル出荷している。Ford Motor と中国系 Baidu と共同で 1 億 5,000 万米ドルを出資した。Quanergy Systems は，低コスト化や小型・軽量化，信頼性の向上を期待されている。コンチネンタルは，3D フラッシュLiDAR テクノロジーについて量産化を目指すと発表した。音響測深機のように非常に正確で歪みのない技術である。Bosch は TetraVue に投資し，自動運転車両の機能性向上への寄与が期待される超高解像度 3D データおよび画像技術の開発をリードする企業である。国内企業では，リコーが半導体レーザーミラーを使ってスキャンする方式を開発し，パイオニアは自動運転や運転支援システムを高度化する研究に取り組んでいる。

④ミリ波レーダー

　ミリ波レーダーは，波長の長さが 1〜10mm の電波を発射し，反射波を測定・分析することで対象物の距離・方向・サイズを計測する装置である。ミリ波は，レーザーレーダーやカメラなど比べ，雨，霧などの影響を受けにくいことから視界の効かない夜間や悪天候時に強いという特徴があり，自動車や歩行者を検知するための手段として注目されている。測定可能距離は 200m 程度と長いが，分解能が低いという短所がある。

表 11-3　各センサーの長所と短所

センサー	長所	短所
単眼カメラ	・対象物を認識できる ・悪天候や夜間に低下	・距離測定ができない ・高解像度化が必要
ステレオカメラ	・距離測定が可能 ・悪天候や夜間に低下	・高解像度化が必要
超音波センサー	・正確な距離測定 ・低コスト	・測定距離が短い
レーザーセンサー	・詳細形状を検知できる	・降雨の影響を受ける ・価格が高い
ミリ波レーダー	・測定距離が長い ・悪天候時に対応できる	・分解能が低い

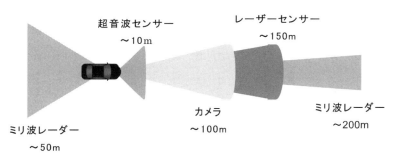

図 11-9　各センサーのレンジ

　ミリ波レーダーは反射波の時間差や強度などから距離や相対速度を計算して物体を認識する。トヨタや VW は，カメラとミリ波レーダーを共有し，歩行者認知の機能を高めている。デンソーはトヨタと共同でミリ波レーダーと画像センサーといった安全分野の中心部分を新型プリウス向けに開発し，富士通は，マルチアングルビジョンやミリ波レーダーなどのセンシング技術を展示した。パナソニックは，ミリ波と呼ばれる高い周波数の電波を使った高精度で高視野角のレーダー技術を開発し，40m 先にいる 20cm 以上離れた歩行者や自転車などを 0.1 秒という速さで見つけ出すことができることを示

300　第2編　メガ・モジュール化戦略と競争環境の変容

した。

　これらの視覚情報を検知するセンサー類は表11-3にまとめることができる。また，距離別にまとめると図11-9に示すことができる。各センサー類は，長所短所が存在するためそれぞれ補完し合うことも重要である。

2.2. 人工知能（AI）技術（AI：Artificial Intelligence）

　総務省は，平成28年度に人工知能を中心とするICT（Information and Communication Technology）の進化が雇用と働き方に及ぼす影響等を総合的に検証し，人工知能の進化が雇用と働き方に及ぼす影響に関する調査や雇用と働き方に及ぼす影響に関する調査を行い，事例を図11-10に「ICTの進化が雇用と働き方に及ぼす影響に関する調査研究」として示した。日米双方で，「コンピューターが人間のように見たり，聞いたり，話したりする技術」

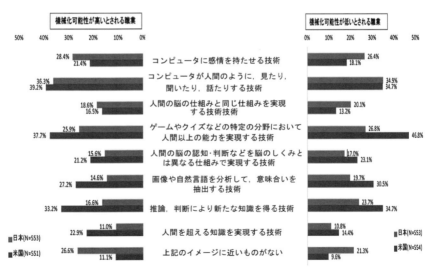

図11-10　総務省「ICTの進化が雇用と働き方に及ぼす影響に関する調査研究」平成27年度（一部変更）
（出所）総務省「ICTの進化が雇用と働き方に及ぼす影響に関する調査研究」（株式会社野村総合研究所報告書），2017年3月，Website, http://www.soumu.go.jp/johotsusintokei/linkdata/ h28_03_houkoku.pdf, accessed 2018-02-10.

という人間の知覚や発話の代替に近いイメージを抱く者が多い。米国では人工知能は「人間の脳の認知・判断などの機能を，人間の脳の仕組みとは異なる仕組みで実現する技術」という人間の脳の代替に近いイメージも浸透しているが，人工知能に対するイメージは日米で必ずしも一致するものではなく一様ではないようである。

現時点の研究水準に基づいて人工知能を定義すると，人工知能の研究とは「知能を構成論的に解明する」すなわち人工知能を実際に作ることによって理解するという方法論に基づく傾向があることから現時点までに到達できた技術を整理した定義となるとしている。また，現時点で結論を導くことは難しく，人工知能に固有の事情をふまえ，特定の定義を置かず，人工知能を「知的な機械，知的なコンピュータプログラムを作る科学と技術」と一般的に説明するにとどめるとしている。また，総務省は今後の労働に影響が大きく，さらに新しい仕事も発生すると予想している。

最近注目を集めている技術として，人工知能によるディープラーニング（深層学習）がある。情報・通信に関する技術と関連したディープラーニングを中心に記述する。

トヨタ自動車は2016年，ラスベガスのモーターショーで人工知能を搭載した数台の模型自動車を使って実験を行った。枠で囲まれた市街地を模したミニチュアの町を作り，模型自動車を走行させる実験である。最初は，車同士がぶつかり合い互いに進めなくなるが，1時間ほどすると他車や交差点を認識して走れるようになる。さらに実験を重ねて，学習を繰り返すと，ますます運転精度は向上する。これは，運転未熟者がさまざまな運転経験を増すごとに運転技術が向上していく姿に似ている。人間がドライバーの運転技術を向上させるのと同じプロセスである。人工知能は，自動運転車両の現在地

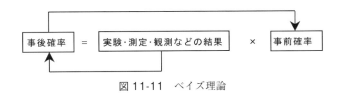

図 11-11　ベイズ理論

302 第2編　メガ・モジュール化戦略と競争環境の変容

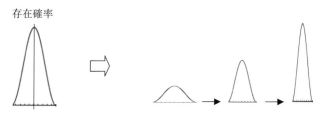

図 11-12　Kalman Filter の理論

を知るための位置確認を知り，周囲の歩行者，走行車両，障害物など様々な移動体と相対速度を把握する。

　この基本となる理論がベイズ定理である。ベイズは18世紀初頭に英国で生まれた牧師で，ベイズ定理として後世へ継承された。ベイズ定理とは，何度も繰り返して適用することがポイントである（図11-11）。最初に事前確率を決め，実験や測定を加えて事後確率を得る。さらに，事後確率を右辺の事前確率の項に代入して，実験や測定を行う。最初は精度が悪かった確率をどんどん精度の高い確率へと改良し，何度も繰り返すことで真相に近づくことができる。

　ベイズ理論には，Grid Localization，Kalman Filter，Monte Carlo Localization の3つのアルゴリズムがある。ここでは Kalman Filter について説明する。Kalman Filter は，正規分布あるいはガウス・カーブなどと呼ぶ釣鐘型の曲線を用いる。ミリ波レーダー，ビデオ画像などから，周囲の歩行者，走行車両，障害物などの対象物を検知し，それら移動体の存在位置を確率的に算出する。最初の計測だけでは精度の低い値になるが，高い確率へと繰り返していく方法である。Kalman Filter では図11-12に示す正規分布を使用する。センサーによる位置測定を繰り返し，誤差を収束させて対象物の位置を精度よく把握する。Kalman Filter による誤差を収束するための方法は，障害物に衝突しない場合は OK，障害物に衝突する場合は NG とし，これを繰り返す。

　Google Car では3種類のアルゴリズムを用途に分けて使用している。走行レーン内の位置推定や，地図上の位置推定などそれぞれ使い分けて推定している。

第 11 章　自動運転技術　*303*

　人工知能は柔軟性，発展性があり，経験，ルールに基づいて継続的に進化することが期待できる。商品車両として販売していくためには，障害物との距離を確保するだけでなく，一定の車両速度確保して全く事故を起こさないためさらなる改良が図られている。

2.3. GPS（Global Positioning System）と地図データ

　自動運転車は，GPS と地図データを利用することが多い。どこを走行していてどこに行くのかを設定するため協調して使用される。自車がどの地点を走行しているかは GPS により情報を求めることができるが，図 11-1 に示したような位置情報など様々な情報が必要となる。
　　・緯度，経度，高度の情報
　　・移動速度，加減速，旋回速度
　　・他車，歩行者，自転車，障害物
　　・信号の状態
　GPS は三角測量の方法により，3 基の衛星から現在位置を特定するシステムである。自車の位置を特定するには道路の地図情報精度が重要であるが，リアルタイムで分析・通知するため道路工事などの交通規制や混雑情報も必要である。特にビルが多い都市部では，電波が反射して誤差が生じる「マルチパス」という問題が発生し，時間に遅れを生じる可能性があり数メートル程度の誤差を許容していた。受信側に電波が複数届くため経路距離が異なり波形に位相のずれが生じるためである。また山の陰ができる中山間地域やトンネル内では速度信号などでは GPS 衛星の電波が届かない場合があり，GPS には誤差が発生するため位置情報を正確に知るには限界がある。
　2010 年 9 月に JAXA（宇宙航空研究開発機構）が打ち上げた「みちびき」は日本上空を通る軌道としており，ビルの谷間でも誤差を数 cm レベルへ測位精度を上げることを可能とした。日本の真上を通る軌道により，GPS 衛星だけでは捕捉できなかった都会のビルの谷間や山間部でも GPS の表示精度を飛躍的に向上させることが実証された。さらに，2017 年から 2019 年までに衛星 3 基を追加して打ち上げる予定で，計 4 基の衛星が運用される。宇宙空間には電波を反射する層などがあり，位置測定のデータはこれらの影響

を受けて乱れが生じ易いため補正装置が開発され測定精度を飛躍的に高めている。天頂付近から正確な電波を受信できるため正確な位置を測定することが可能となる。

日本自動車工業会は自動運転ビジョンを公開し，実用化と普及に向けた活動を進めている。高精度地図においては社会インフラとしての役割も併せ持つことが重要であり標準化に向けた産官学の連携した取り組みが必要としている。

また，地図が道路標識や交通規制の情報などを事前に把握しておけば，車載コンピューターの負荷を減らせることができ，3D地図によって道路勾配を把握していれば，事前に減速したり加速したりすることができる。

国内では，三菱電機やゼンリン，自動車メーカー9社が共同事業としてダイナミックマップ基盤㈱が2016年6月に発足した。静的情報は基本的な地図情報で，路面，車線，三次元構造物などで表現する。准静的情報は，交通規制，道路工事，広域気象情報などを対象とし，准動的情報は，交通事故，渋滞ゲリラ豪雨などの突発的な事象が対象となる。動的情報は，周辺車両や信号情報を含み人口知能を使った信号にも対応することができる。

欧州では，地図情報サービス大手のドイツHERE社がAudi，BMW，Daimlerで組織する企業連合を買収した。HERE社は世界最大の地図メーカーで自動運転時代を見据えて技術やサービスの開発を強化している。通信衛星を通じた位置情報のほかアクセル開度，ブレーキによる減速度，ハンドルの切れ角等，ドライバーの運転データを考慮した対応を目指している。

2.4. 法制度の課題

グローバルな法制度として，ジュネーブ条約とウィーン条約がある。ジュネーブ条約は，「自動運転システム搭載車でも運転の責任は運転者にある」としているのに対し，ウィーン条約では一定条件下ではあるが「自動運転システムに運転の責任を任せていい」と考えている。両条約には差がありシステムの責任と，運転者の責任のあり方について世界各国での共通理解は得られていない。ウィーン条約は欧州各国が批准しているが，日本やアメリカなどは批准していない。ただし，日本で発行された国際免許証はウィーン条約

加盟国での運転はできないがドイツ，フランス，イタリアなどは日本と二国間道路交通協定を結んでおり日本の国際免許証が有効とされている。

日本が加盟しているジュネーブ道路交通条約や国内の道路交通法では，無人自動運転車は認められていないため，運転者自身が運行管理責任者として責任を負うことになる。車に不具合があり事故を起こせばメーカーは当然責任を問われるが，誰の責任かが重要になる。交通事故の9割が人為的ミスと言われているが，事故をゼロにすることはできない。現在，自動運転車が進歩しており国際基準や国内道交法は変革すると想定される。

2016年5月には「米国初の自動運転による死亡事故」について米国家運輸安全委員会が発表した。車両自体に欠陥はなく，運転者がハンドルに手を添えるようにとの警告を無視していたとのことである。さらに，2017年6月にも交通事故が発生し，衝突時のクルマはオートパイロットモードになっており運転者は長時間にわたってハンドルに手を添えていなかったという。国内でも2016年11月に事故が発生した。日産の試乗車がプロパイロットシステムを使った走行中に追突事故を起こした。

法律問題を論じるとき，法律家や哲学者が話題とするトロッコ問題がある（図11-13）。トロッコ問題とは，「ある人を助けるために他の人を犠牲にするのは許されるか？」という倫理学の思考実験である。「線路の分岐器のすぐ側にいる人がトロッコの進路を切り替えれば5人は確実に助かるが，別の路線でも1人で作業しており，5人または1人がトロッコに轢かれて確実に死ぬ」ということになる。この課題は人が判断することのできない問題であり，永遠の課題である。

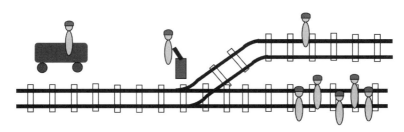

図 11-13　トロッコ問題

306   第2編   メガ・モジュール化戦略と競争環境の変容

　自動運転車が実用化すれば交通事故を大幅に減らすことは可能となるが，事故をゼロにすることはできない。晴れていても前方視界が悪い場所が全国各地に無数にあり，多くの人が遭遇している。自走運転と自動運転車が並走する場合は，さらに一層の混乱を招くと思われる。自動運転車は多くのビッグデータの法律問題を背景にして，搭乗者の安全を優先に考えて行動すべき思想であり，法的責任を問われないようプログラミングする必要がある。多くのセンサーや人工知能に安全規格を設け，その基準を満たすことも重要であるが，避けられなかった被害について「不可抗力」として責任を問わないという制度も検討されるべきである。

　全ての交通事故は千差万別で，似たような事故はあるが同じ条件で発生することはない。これら全てについて自動車メーカーに責任を負わせると大きな賠償リスクを負うことになり，倫理的な面にまで踏み込んだ対応が必要になる。また，自動車損害賠償責任がどのような形態になるかなど今度の展開となる。

　自動運転技術は急速な進歩を見せているが，発展途上の段階である。実環境への適応や人間が運転する自動車や自転車，歩行者の行動予測など克服するべき技術的課題も多く，哲学的・倫理的・法的に検討すべき課題も多い。

3. 各企業の現状と計画

　現在多くの車両メーカーが自動運転車を開発している。自動運転車への注力，技術開発のアプローチには差があるが，主要な自動車メーカーでの自動運転車の研究開発は，試作車を公道で実証実験ができるレベルである。ここでは，Google（Waymo），Ford，GM，Daimler，Volkswagen，トヨタ，日産，ホンダの現状を調べる。

3.1. Google（Waymo）

　Google 社は米社を傘下にした Waymo を設立し，完全自動運転車の共同研究をホンダと行う方向で覚書を交わした。また欧米自動車大手の Fiat や

第 11 章　自動運転技術　　*307*

Chrysler などと共同開発し公道試験をさらに進めるとともに，米国で普及している配車サービス業界の Lyft とも提携し，今後の注目を集めている。

　Google 社は自動運転車の研究開発で他社を凌駕し，レベル 5 の開発を目指しているが，商品化については明言していない。実験車は 2016 年に 200 万マイル（約 322 万 km）を走行し，AI におけるディープラーニング（深層学習）の技術が進んでいる。また，地図データの現地走行データも充実している。

　レーダー装置は，車両のルーフ中央で回転する装置で，垂直方向に約 30 度，最大測定可能距離は約 100m の計測が可能である。ステレオカメラは，人間の目と同じように視差を利用して 3D 情報を得る。このカメラは，水平方向に約 50 度，垂直方向に約 10 度の視野角を有し，約 30m 先まで見通すことができる。超音波ソナーは近距離測定として超音波ソナーを搭載しており，約 6m 以内の距離を水平方向 60 度の範囲でカバーする。研究車は，市街地，高速道などあらゆる地域を走行している。また，蓄積された情報により自動運転に必要なアルゴリズムを進化させるためにはさらに高度なハードウエアも必要とされる。

　Waymo は Google から生まれた新しい企業で，将来が最も期待される企業の一つに挙げられ，今後は巨大な企業価値への成長が期待される。

3.2. Ford

　自動運転技術の開発に長年取り組んでいるフォードは，資金面および研究面での投資を著しく増強し，2021 年にライドシェアリング市場に完全自律走行車の量産を開始する計画を明らかにした。運転席はなく，車に乗っている人は全員が乗客で，ドライバーはロボット化された自動運転車である。ステアリングやアクセルペダル，ブレーキペダルがない完全自律走行車で自動運転ミニバスとなり商用車として設計される予定である。米配車サービスの形態とし，Uber，Lyft 社などと連携したサービスとしている。タクシーの配車に加えて，自分の自家用車を使って他人を運ぶ仕組みを構築し，顧客が運転手を，運転手が顧客を評価する「相互評価」を実施する。

　フォードは 2015 年 1 月，シリコンバレーの中心地パロアルト市内に研究

拠点を開設した。現在は研究者や技術者などが130人であるが，2017年末までにデザイナーや新規事業開発の担当者を含め260人に倍増し，公道での走行実験で使う車数を増やして来年は約90台にする。特に，LiDARの開発に注力しており，さらにAI技術やセンサーなど自動運転の開発を加速するという。最も高い完全自動運転を目指し，坂道の勾配やカーブの正確な角度などの細かな情報を盛り込んだ立体地図が不可欠となる。

　また，他企業との連携や買収にも積極的に取り組んでいる。ArgoAIに10億ドル，BaiduとともにVelodyneに1億5,000万ドルの共同投資を行うと発表した。現在の値段は8万米ドル以上であったが，1/10の値段となりさらに低価格化を進めている。これにより，自律走行車の大規模な導入が加速され，重要で変革的な恩恵を迅速に普及させることが可能になる。

　3Dマップを手掛けるCivil Maps社にも投資を行い，コンピューター・ビジョンと機械学習を扱うイスラエル企業SAIPSも買収した。またArgo AIと提携して自動運転車の開発をさらに加速する。

3.3. GM

　GMは自動運転の開発には慎重な計画で，完全自動運転車の量産は少なくとも10年先になるとの計画である。現在，スーパークルーズという半自動運転のシステムを開発中であり，2017年モデルのキャデラックCT6から搭載すると発表した。スーパークルーズはeye-tracking systemともよばれ，360°センサー，カメラ，GPS情報などを搭載しオートクルーズと車線維持機能を組み合わせるシステムである。運転中にステアリングホイールから一定の時間手を離した場合への警告や，眠気を催した場合は音声で警告するシステムも搭載する。このように，自動運転はアクティブセーフティの延長であり，各種安全システムを集約したものが自動運転へとつながると考えている。

　GMは，自動運転システムは安全性と現実性を考え，インフラ協調型ITS技術と連携し，ドライバーと車とのコミュニケーション（ユーザーインターフェイス）を重視している。事故防止や安全対策，渋滞や省エネといった環境対策，高齢者や障碍者にも安全に運転できる車を実現するためである。自

動運転のリーダーとなり雇用を生み出すと述べ，実験車の今後のセンサーの数をさらに増やし処理速度も高めるとしている。ソフトとの連動性が高まり，データの正確性が増大するとしている。

　自動運転の開発には，オンタリオ州にソフト開発センターを立ち上げ，技術者 700 人を含めた約 1,000 人を今後数年間で雇用して規模を拡大する。総投資額は 1 千万ドルを超える見通しである。ここでは，自動運転用の制御系ソフトやインターネット，電気自動車などの開発を進め，ウォータールー大学との共同研究を進めて先進技術を取り込む。自動運転には路上データの収集拡大が欠かせない。都市部のサンフランシスコ，郊外のアリゾナ州，雪など気候の厳しいミシガン州などを拠点として実験を繰り返し走行する。

　また，独自のカーシェアリング・サービス Maven を立ち上げ，高速道路上での自動運転をめざし，配車サービスの Lyft へ 5 億ドル投じると発表した。

3.4. BMW

　2021 年に自動運転の量産開始を目指し，完全自動運転車は 2030 年頃になると発表した。米国の半導体大手メーカーの Intel は，センサー技術を得意とするイスラエルの Mobileye と提携した。Mobileye は単眼カメラによる画像認識で世界標準となっている。また，自動運転に不可欠なデジタル地図サービスを提供する Hear に出資し，Continental とも協業するとし自動運転プラットフォームとして複数の機能を統合する。自動運転システムの開発ではパートナーづくりが極めて重要な課題であり経済効果についても重視している。

　BMW は電気自動車に力を入れ，燃料電池，水素電池，充電インフラへも積極的に取り組み，環境負荷をかけず自動車産業を発展させるために取り組んでいる。開発は，BMW 本社から北に約 10km の位置にある「BMW Research & Technology House」で行われている。試作車は，BMW3 シリーズで，3 個の長距離レーダー，4 個の短距離レーダー，レーザースキャナーを装備している。この仕様には AI の搭載はなく，障害物や危険の避け方などを既に学習したソフトウェアを用いている。また，誤差を 5cm 以下に抑え

た高品位マップを活用して目的地までの最適なルートを導き出すことができる。さらに，7 シリーズを加えて自動運転車の開発を強化する方針である。自動運転プロトタイプ車を 40 台製作して，公道での走行テストを開始する。

高速道路だけでなく市街地も走行可能な「iNEXT」を販売する。近い将来に実現する自動運転車は自律走行だけでなく，自分で考えることができる交通流全体の最適化が可能になるとしている。

3.5. Daimler

Daimler は，2020 年をめどに実験車を実用化させる計画である。2016 年 7 月に発売した E クラスは，先行車両の追従機能を高速道路や市街地で使用でき，自動で車線変更をすることも可能である。Daimler は配車サービス Uber と提携すると発表し，Bosch とも共同開発して技術者 500 人規模によりソフトウェアとアルゴリズムを共同開発する完全自動運転車を目指すと発表した。自動運転システムを段階的に進化させ，2025 年までに高速道路でトラックの自動運転を実用化する。また公共交通機関を対象とした自動運転開発も進んでいる。「FutureTruck2025」と名づけた自動運転バスの試作車は，アムステルダム・スキポール空港と近郊の都市ハールレムをつなぐ市街地 20km をドライバーなしで走行した。この市街地には，信号，交差点，トンネルなどが数多く存在している。このシステムはカメラやレーダーを搭載したシステムだけでなく，ネットワークに接続したデータ融合を考えており都市を走るバスが未来の乗り物になるだろうと述べている。

Daimler と Bosch は，都市部を走行するドライバーレスな完全自動運転車を考えており，Uber とも提携し，市街地の交通状況の改善，交通面での安全性により未来のモビリティを提供したい考えている。米 NVIDIA 社は，自動運転技術に欠かせない人工知能のディープラーニングに強みを持っている。さらに Bosch 社や ZF 社が加わり，欧州競合を形成している。

3.6. Volkswagen（VW）

VW は，モビリティ戦略を推進しており 2018 年末までに 10 種類以上の新型電動車両を発売し，自動運転車は 2025 年までに実用化する計画である。

大手産業用ロボットメーカー大手の KUKA と戦略的提携関係を強化すると発表し，最新の自動運転および自動駐車技術や EV 用テクノロジーを育成する。グループ初の自動運転車のコンセプト車 SEDRIC を公開した。SEDRIC は，Self Driving Car の略で，ドライバーは不在でハンドルやペダルはなく，乗員が SEDRIC に話しかけると目的地へのアクセス方法，走行時間，交通状況などを情報提供し，常にネット接続するのも特徴である。ライドシェア（相乗り）での利用も見込む。VW は大人，子供，年配者，体の不自由な方々に，クルマや運転免許を持っていない都市生活者と旅行者など用途に合ったモビリティを提供するという。

Mobileye は自動運転車に関する技術開発を合意しており，GM とも開発を進めている地図データを最新版に更新するための技術「REM」(Road Experience Management) と提携した。

3.7. トヨタ

トヨタは，Mobility Teammate Concept を掲げて自動運転技術の開発を進めている。センサーで認識した情報をコンピュータが判断して対応すること，道路と通信することによる情報を役立てること，人とクルマが相互に情報を提供して協調してより安全に走行すると述べている。短期的には，トヨタは運転支援システムの強化に取り組む姿勢で，2017 年末までに自動緊急ブレーキ（AEB）を標準装備する。

自動運転車の開発を加速させるため，シリコンバレーに Toyota Research Institute（TRI）を設立し，10 億ドル（約 1,000 億円）を投入すると発表した。TRI は自動運転車の実現すると発表したが，完全な自動運転車の実現は20XX 年として明らかにしていない。また，米ベンチャー企業「NAUTO」との提携を明らかにした。NAUTO は小型カメラで撮影した走行中の映像などを，人工知能で分析するシステムを開発している。

特許では，「位置情報に基づき，自車両において必要な情報のみを受信できる車間通信装置」や「自車両と衝突の可能性がある車両の走行軌跡を精度よく推定することができる走行軌跡推定装置」など，海外に向けての出願も多く見られる。タクシー運用にも着目し，交通や道路環境の情報収集と解析

312　第2編　メガ・モジュール化戦略と競争環境の変容

を行い自動運転技術活用を進めることを目的として，データ収集や外国人への対応も進めている。

3.8. Renault ＝日産

　2016年8月に発売した新型セレナに自動運転システム「ProPILOT」を搭載した。このシステムは，アクセル，ブレーキ，ステアリングを自動で制御する日本初のシステムである。Mobileyeの高機能カメラが車線や車を認識して白線の中央を100km/hで走行でき，小型で高性能のレーザーセンサーと車両周囲の物体との距離を測定することができ，360度の視野をもつ8カメラを装備している。手放し運転ができる条件として，先行車があり車速が時速10km以下としている。

　一般道路での自動運転の実用化を明言している完成車メーカーは，現在国内では日産だけであり，2014年に自動運転技術の開発ロードマップを公表した。この計画では，2016年に高速道路で単一レーン自動運転を可能にし，欧州，米国，中国へと拡大展開する。2018年には複数レーンでの自動運転に拡張し，2020年に交差点や十字路を含めた一般道路での自動運転を実用化する。

3.9. ホンダ

　ホンダは「ASIMO」に代表されるロボット開発で画像認識や機械学習システムの研究開発を進めており，一連の開発は自動運転技術にも応用されている。自動運転技術は「Honda SENSING」と名づけ，2020年には高速道路での自動運転を実現させる計画であると発表した。フロントグリルに装着したミリ波レーダー，フロントウインドウ内上部の単眼カメラの2つのセンサーを用いている。このセンシング技術を利用してアクセル，ブレーキ，ステアリングを協調制御し，以下の機能で構成している。

　・衝突軽減ブレーキシステム：歩行者，対向車両に衝突の危険があるときに自動ブレーキやステアリング回避を行う。
　・路外逸脱抑制機能：白線内の走行車線から出そうなとき，ステアリングを制御して車線内にとどまる。

・渋滞追従機能付きアダプティブクルーズコントロール：前走車との車間距離を一定に保ちながら設定した速度で前走車を追従する機能。

・標識認識機能：速度規制表示や追い越し禁止などの標識を表示する機能

・誤発進抑制機能：ドライバーが誤ってアクセルを強く踏んでも急加速を抑制する機能

など様々な機能を開発している。

Waymo は Google 内で進められていた新会社で，自動運転車の開発プロジェクトを共同研究を行うことで覚書を交わし実現に向けた検討を始めている。2025 年ごろを目処にレベルを実現すると公表しているが，完全自動運転は技術的な課題も多く実現の時期については言及していない。

4. 自動運転の将来

米国運輸省道路交通安全局（NHTSA）によると，完全自動運転車はレベル 5 である。今後，レベルを上げた自動運転車が続々と商品化されると予想される。

レベル 1 の状態では，オートクルーズやレーンキープなど単独システムが作動し，レベル 2 では常時監視する必要のある部分自動運転である。レベル 3 以上から自動運転となるが条件付自動運転であり緊急の場合はドライバーが操作する必要がある。レベル 4 が高度自動運転，レベル 5 が完全自動運転となる。これらをまとめると各社公表は以下のようになる。

Google（Waymo）：実績があるが商品化は明言していない。

Ford：2021 年にライドシェア市場として実現する。

GM：完全自動運転車の量産は少なくとも 10 年先となる。

BMW：2021 年に自動運転を商品化し，完全自動運転車は 2030 年頃になる。

Daimler：2020 年をめどに実験車を実用化する。

Volkswagen：自動運転車は 2025 年までに実用化する。

Toyota：目標として 2020 年代前半に実用化するが，完全自動運転車は明

314 第2編 メガ・モジュール化戦略と競争環境の変容

言していない。

Nissan：2020年に市街地の自動運転を実現する。

Honda：技術確立を2025年までに目指す。

このように各社毎に商品化時期は分散している。また，完全自動運転車の開発時期は明らかにされていない。コンピュータが人間を超えて事故ゼロを目指す完全自動運転の実現は，まだ期待と予想の域にあると考えざるを得ない。

一方，日本自動車工業会（JAMA）は社会的な位置付けとして展開シナリオを以下のように表明している。

【年代と自動運転の社会的位置づけ】

〜2020年：自動運転技術の実用化，導入期

〜2030年：普及拡大，展開期

〜2050年：定着，成熟期

JAMAは，社会的なコンセンサスを深めるためにも予防安全や運転支援システムに努め，自動運転技術や有効利用を広く社会と議論することも大切と論じている。2020年は東京オリンピック開催の年であり，マイルストーンとして戦略的イノベーション創造プログラムを加速するとしている。

内閣官房IT総合戦略室は，近年の技術レベルの進化は目覚しいが，完全自動運転車を商品として発売するには長期の開発期間が必要と思われると述べ，表11-4に示す「実現が見込まれる技術」として時期と年代を記載している。

表11-4 実現が見込まれる技術（内閣官房IT総合戦略室）

レベル	実現が見込まれる技術	時期
レベル2	自動レーン変更	2017年
	準自動パイロット	2020年
	無人自動運転移動サービス	2020年
レベル3	自動パイロット	2020年
レベル4，5	無人自動運転移動サービス	2020年
	完全自動運転システム	2025年

第 11 章　自動運転技術　　*315*

　このように，各社では商品化時期は分離し，日本自動車工業会や内閣官房
IT 総合戦略室，さらに国土交通省，経済産業省，総務省，自動車技術会，
各種学会など統一した考え方がない状態である。
　今後，レベルを上げる自動運転車が次々と商品化されていくと予想され
る。自動ブレーキやステアリング装置などの進化に伴い，交通事故は減少
し，事故による死傷者は減少していくと予想される。さらに，センサー技術
の進化や人工知能の進化，地図データも進化して法制度も次第に確立してい
くと思われる。日本自動車工業会が提唱するように，2050 年頃には完全自
動運転車が一般に利用されるよう長期的な視点で見守りたい。

おわりに

　自動運転車は，約 80 年前に発想され，いまや近い将来に実現される時代
になった。交通事故は減少し事故による死傷者は一層減少していくと予想さ
れる。自走車両と自動運転車が併走する時代が終わるには長い年月を要する
であろう。
　自動運転車は，モータなどの原動機を備え，車体を骨格としたボディー部
品，サスペンションやタイヤなどのシャシー部品，さらに内装類がさらに充
実していく。今後，自動運転車は深層学習と呼ばれるディープラーニングが
一層進み，センサー類もさらに高機能，高度化していく。内装設備は豪華に
なり，利便設備や乗り心地はさらに向上していく。このような夢を描きなが
らエンジニアたちが日進月歩の努力を積み重ねていくことに賛美を送り，長
期的な視点で見守りたい。

終　章

古川　澄明

　本書においては，2012 年初頭から世界の自動車業界で盛んに話題を集めた「メガ・プラットフォーム」戦略（別称，「モジュールアーキテクチャー」ないし「新モジュール化」戦略）と，その導入に伴って多大の影響がでるものと予想されたサプライチェーンや自動車部品産業の変容について，さらに，それらと連動した次世代自動車開発，電気・電子・新素材部品の利用増，運転支援システムや自動運転技術の開発などの，自動車の現今・近未来に関わるイノベーションのメガトレンドについて，学際的チームが科学研究費基盤研究（A）の研究助成金を得て，2014 年 4 月から 3 年間に亘って，マルチラテラルな研究アプローチで取り組んだ調査研究の成果を世に問うている。今日，恰もモビリティ社会の新時代開闢を前に，業界内外の随所で自動車をめぐる新ビジネスの嫩芽が簇出していて，イノベーション連鎖の動態は混沌として，行き着く先に予断を許さないかのようにも見える。そうしたなか，朝野を挙げて人々は収斂に至る道筋を探ろうとしている。

　ここ終章でも，以下，跋文に代えて，1990 年代から 2010 年代中期にかけて見られた「ものづくり」の変遷に関する一連の研究のなかに，本論纂の統一命題から導き出された結論を数多の論及に介立して位置づけておく目的で，一つの捉え方を提示しておくこととする。その上で，各論の帰結について紹介することとする。

　2010 年代中期の世界自動車産業において生起していた千姿万態の出来事のなかで，とりわけ当時，業界内外で広く話題を集めていた「ものづくり」の最先端動向の一つが，日欧自動車メーカーが打ち出した「メガ・プラットフォーム」戦略であった。その意味合いを解明するために，2014 年から科

318　　終　　章

研費助成を得て 2016 年 3 月まで，自動車産業に関わって国内外調査で優れた研究実績のある，経済学・経営学・電気電子工学・機械工学分野の研究者が学際的連携研究チームを組んでそれに研究力を傾注し，世界の戦略決定本拠や主要生産拠点を現地調査し，国内外シンクタンクと意見交換を行ってきた。本書は，その研究成果を取り纏めたものである。

　研究チーム自体は，すでに 2012 年には発足していた。チームの発足は，朋友知己の青雲の交わりに切っ掛けを得たわけではない。「はしがき」で紹介した通り，チーム・メンバーは，2005〜2006 年頃から経済産業省九州・中国経済産業局の地域自動車産業クラスター政策審議会に学識経験者として協力するなかで，最先端の業界動向を多角的に捉えるべく学際的研究の必要性の意識や認識を共有した研究者である。発足はメンバーがその必要性の意識を共有して，参集を是とした帰結である。またチームを脇から支えてくださった，あるいは調査に協力を惜しまれなかった公私関係機関や関係者の方々とも，同じ認識を共有していた。

　こうした産官学識者が共有した意識や認識とは，何を意味するのか。自動車に関わって多方面の専門分野で活躍する産官学各界知識人が，一つの新しいモビリティ時代が切り開かれるような時勢の気配を敏感に感受し，共有したということであろう。多くの革新的事象が随所に起こり，生滅し，連鎖反応して，より大きな事象となって発現し，一つのうねりになって表面化する。その意味では，我々のチーム発足も，歴史的に必然の現象であるといえる。

　20 世紀末まで自動車業界の動向に目を凝らす衆説が好奇の目を向けた出来事は，概ね「ものづくり」革新の行方であったといえよう。1990 年代初頭から中期にかけて，フォード生産システムにまで系譜を遡る「リーン生産システム」のコンセプトが世界の自動車業界の隅々まで行き渡ることとなるが，時恰も東西冷戦時代の終息と民主化の嵐の真っ只中であった。さらに欧州連合の発足やアセアン地域共同体の形成，その後の，中国をはじめとするBRICs 諸国の経済発展などによって，世界の市場経済圏が新しい拡大時代を迎えることとなり，それに伴って自動車市場も拡大し，世界各地域に自動車メーカーや部品サプライヤーが新しい生産拠点の開設を推し進めた。自動車

産業のグローバル化の進展である。そうしたなか，自動車業界では，合従連衡や淘汰・再編が進み，また自動車メーカーによるブランド再構築化が進んだ。例えば，VW グループは大衆車メーカーから高級車メーカーまで傘下に収めて巨大グループに発展した。トヨタ自動車，日産自動車，ホンダなどは大衆車ブランドを多様化させるとともに，高級車ブランド市場への参入を進めた。こうした業界構造の変化は，「ものづくり」の在り方において新しい取り組みを推進させる契機ともなったといえよう。典型的事例が VW グループである。後に「MQB」（新モジュール化）戦略を打ち出す VW グループでは，VW 社やアウディ社に加えて，東欧のシュコダ社や南欧のセアト社を傘下に入れて，企業文化の違いや「ものづくり」の統合が議論されてきた。1990 年代を通じて「プラットフォーム共通化」が拡充され，部分的に同じセグメント内での「モジュール（複合部品）共通化」が推進された。やがて同一グループ内の企業ブランドやセグメントの枠を越えて「モジュール共通化」を追求する「メガ・プラットフォーム」（「新モジュール化」）戦略へと発展したといえる。

　こうした共通化への動向は，市場競争の中で，製品ラインナップの充実，開発コストの削減，生産効率の増強，車両性能の向上や車全体の最適配置設計（パッケージング）などにおいて，程度やアプローチの違いはあっても，経済合理性を追い求めて行き着くところの，自動車業界における「ものづくり」の一つの趨勢であったといえる。やがて製品開発において，グループ傘下企業やセグメント（車格）や車種や地域の枠を越えて「モジュール共通化」が取り組まれるようになった。今日，内燃機関搭載車やハイブリッド車だけでなく，EV 車にまで「モジュール共通化」が進んでいる。今後もその動きが止まることはないであろう。こうした「ものづくり」革新の進化については，本書の第 1 章から第 3 章が論究しており，贅言を要しないであろう。

　企業の戦略における経済的合理性の追求は事業のあらゆる方面で「共通化」を指向させるが，それが戦略的先進性の追求と一体となって求められないならば，得てして気付かないうちに狗賓の奢りに陥り，逃げ足の速い市場の顧客を取り損ねることにもなる。競争優位性の追求は市場の支持を獲得で

320 終章

きる技術の先進性を実現させる選択と集中を余儀なくさせる。「共通化」戦略が現下の競争優位性を期待させるとしても，有為変転の市場の奔湍に押し流されて先端を取り損ねれば，競争相手の後塵を拝す。しかし，先進性の追求が直ちに共通性の追求と一体化するわけではないので，企業は多様な選択を迫られることになる。

2010年代に入って，自動車メーカーのビジネスモデルが「ものづくり」戦略から，それを内包する形で「ことづくり」戦略へと変移しはじめている。自動車という道路交通手段をめぐって，過去100年の自動車産業史において経験することのなかったようなイノベーション連鎖が従前の業界の枠を越えて生起している。かかる状況の中にあって，表象面に変容の一端を発現させている。業界内部では，流動性の著しいイノベーションのエネルギーが噴出して，激しい勢いの流れとなっている。既存の市場支配力を保有する企業も変化に機敏に対応する選択を怠れば，奔湍に押し流されるであろう。

今日の自動車業界では，自動車メーカーや部品サプライヤーは，それらが置かれている新しい革新的な事業環境条件に応じて，事業の形態や特質に変異を生じさせている。自動車業界のこれまでの進化的変遷の延長線上において，自動車を取り巻くビジネスが既存の業界枠を越えた業際に及んで系統領域の拡大を示している。従前の自動車産業尺度で定義するにはあまりある業際方面への産業発展（進化）がみられる。自動車産業の形態上の変化は，同産業概念を構成する本質的属性を新しく定義し直すような学術的論議を呼び起こすとしても，意外とは思えない。

さて，以下においては，各章の執筆者が寄せた論究要諦を集録している。敢えて不堪の概評を避けて，読者の得心がいかない論点や論鋒については，各章の熟察に譲ることとする。

「メガ・プラットフォーム」戦略の本質的属性を定義するとすれば，それは「新モジュール化」戦略である。「モジュール化」に関する研究成果については，この領域の第一人者である目代武史（以下，敬称略）が本書の筆頭に立って，3つの章に分けて，論究している。

第 1 章「自動車産業におけるモジュラー化第 1 の波」（目代）

　筆者の撮要は，以下の通りである。

　過去 30 年間，日米欧の自動車メーカーは，製品高度化と製品ポートフォリオの拡充を図る一方，研究開発コストや製造コスト，調達コストの低減に取り組んできた。この相反する要求に応える一つの戦略が「モジュラー化」である。ただし，自動車産業における「モジュラー化」は，時期によって異なる意味付けがされている。本章では，1990 年代半ばから取り組みが始まったモジュラー化を「第 1 の波」，2000 年代半ばから推進されたモジュラー化を「第 2 の波」と名付けた。本書では，モジュール化第 1 の波を第 1 章で，第 2 の波を第 2 章と第 3 章で分析した。

　モジュラー化第 1 の波は，生産や調達の効率化を目指した取り組みであり，生産のモジュラー化といえる。生産におけるモジュールとは，製品レイアウト上もしくは生産工程上近くにある部品群をひとつの単位としてとらえ，サブラインなどであらかじめ組み立てられた状態でメイン組み立てラインに供給される部品の集合体である。生産のモジュラー化には，（1）混流生産においてメイン組み立てラインの作業負荷を平準化する効果，（2）モジュール組立の作業性改善，（3）モジュールの組立品質の向上，（4）モジュールのアウトソーシングの容易化，（5）車両組み立て時間の短縮と工場スペースの節約，などの効果がある。

　筆者らが行った実態調査により，日欧米の自動車メーカーでは生産モジュラー化のアプローチに違いがあることが明らかになった。

　第 1 に，欧米自動車メーカーは，生産モジュラー化を通じて，大胆なアウトソーシングを推進するとともに，工場ガバナンスの在り方の見直しを図った。具体的には，サプライヤーパーク方式や構内外注方式，構内同居方式のモジュール生産体制を構築し，モジュールの組み立てと供給責任をサプライヤーに任せた。それにより，モジュールコストの低減，自社工場の労務費の低減，最終組み立て工場のスペース節減などを図った。

　第 2 に，日本の自動車メーカーは，従来の JIT 生産方式を踏襲し，モジュールの組み立ても自社で行うケースが多くみられた。例外は日産で，最終車両組み立て工場内にサプライヤーのためのスペースを確保し，モジュー

322　終　章

ルの組み立てをアウトソースする構内外注方式を導入した。

　第3に，日本と欧米では，モジュール構造にも違いが見られた。欧米メーカーのモジュールは，サブアッセンブリ型が多く，モジュールを構成する部品構造や部品点数は，モジュール化前と大きな違いはない。モジュール化によるコスト削減効果は，主にモジュールを外注するサプライヤーへの外注によって得られていた。欧米では，完成車メーカーとサプライヤーとの間には，30から40％の労務費の違いがあり，これがモジュール化によるコスト低減の源泉となっていた。しかし，こうした賃金格差は，いずれ縮小していくことが予想され，持続性のあるコスト低減策とはいいがたい側面がある。一方，日本の自動車メーカーでは，生産モジュール化に合わせ，部品構造を見直すことで，モジュール化前に比べて部品点数を大幅に減少させる例が見られた。本章ではこれを機能統合モジュールと呼んだ。これはサプライヤーとの労務費の格差に依存しないコスト削減といえる。

　こうした生産モジュラー化は，工場オペレーションの合理化をもたらしたが，製品開発レベルでの開発効率向上や開発車種拡大の柔軟性向上にまで踏み込んだものではなかった。この課題への取り組みが始まるのは，モジュラー化第2の波からであった。

第2章「モジュラー化第2の波：フォルクスワーゲンMQB」（目代）

　筆者の撮要は，以下の通りである。

　モジュラー化第2の波を象徴するのが，2012年2月にVWグループが発表したMQB（Modular Transverse Matrix）である。MQBは，エンジンを車両前方に横向きに搭載する前輪駆動の車種群に適用される技術プラットフォームである。乗用車の設計は，統合型アーキテクチャの典型と考えられてきたが，MQBは製品アーキテクチャのモジュラー化を図る試みといえる。第2章では，MQBの設計思想，適用範囲，生産との連携の状況を整理し，製品開発戦略における意義について考察を行った。

　VWのMQBには，以下の特徴がある。

　第1に，VWは，MQBの開発に当たり，車両システムを大きく3つの階層に整理した。設計階層の最上位に位置するのが「ビークルアーキテク

チャ」で，車両開発の設計ルールを定めるものである。中間に来るのが「モジュール」である。モジュール自体も階層的に定義しており，モジュールクラスター（5種類）からモジュール・グループ（約30種類），モジュール・ファミリー（約90種類），ベーシック・モジュール（約500種類）へとブレークダウンしている。最後の車両開発では，モジュールを組み合わせることにより，開発の約6割が完了する。乗客が直接触れる部分や目に見える部分は，ブランドや車種ごとに固有の設計とする一方，目に見えない部分は極力モジュールを活用することで，開発の効率化と車種展開の柔軟性を図ろうとしているのである。

　第2に，VWのMQBは，複数のブランド（VW，Audi，SEAT，Skoda）にまたがって複数の車両セグメントを横断して適用される。従来のプラットフォームにおける共通化の対象は，小型車や中型車といった特定のセグメントの枠内に限られていたが，MQBでは共用化の対象を，プラットフォームという大きな塊ではなく，モジュールというより粒度の細かい単位に設定することで，セグメントを超えた共通化を図っている。

　第3に，VWは，MQBによる車両設計のモジュラー化と合わせて，新たな生産システムであるMPB（Modular Production System）を導入した。MPBでは，生産システムもモジュラー化しており，複数のブランドの多様な車種を同一の組立ラインや治工具で生産可能としている。

　以上のような特徴を持つMQBは，設計思想の面からは，次のような意義を持つ。

　第1に，MQBにおける「モジュール」とは，複数車種の開発に利用できる設計要素を意味している。この設計モジュールは，車両システムの上位の階層から下位の階層へとトップダウン的に共通化を図るためのツールとなっている。それに対し，モジュラー化第1の波における生産モジュールは，既存の部品構成や生産プロセスを起点として，ボトムアップ的に共通化を図ってきた産物といえる。

　第2に，MQBにおいては，複数の車種を生み出す柔軟性は，モジュールを細かな粒度で定義することで実現される。モジュールの粒度が細かくなるほど，モジュールの数も増えていき，その結果，モジュール組み合わせの可

324　終　章

能性も増えていくことになる。車両システムをこのように細かなモジュール
に切り分けていくと，車を構成する機能システムとの断面も増えていく。そ
のためMQBの研究開発段階においては，モジュール間のインタフェースを
慎重に設計する必要があり，非常に高度で膨大な検証作業が求められる。モ
ジュールの組み合わせにより，車両開発段階でのすり合わせ作業は減るが，
先行開発段階では非常に高度な調整作業が必要であり，いわば事後すり合わ
せから事前すり合わせへと開発の重点がシフトしている。

　第3に，MQBが目論見通り多様な車種を柔軟に生み出すためには，設計
ルール（ビークルアーキテクチャ）が長期にわたり安定していなければなら
ない。しかし，およそ10年にわたって投入する車種と構成技術を一括して
企画することには，多大な困難とリスクが伴う。MQBの計画期間におい
て，当初想定していなかった大きな環境変化（市場ニーズ，規制，技術革新
など）が発生すると，MQBの開発に投じた資源は埋没原価と化す恐れがあ
る。

　第4に，サプライヤーの部品開発・生産の在り方にも大きな影響を及ぼ
す。MQBに用いられる部品は，複数セグメントの車種群にまたがって適用
されるため，従来のように車種ごとに開発コンペを行ってサプライヤーを選
定する方式は意味をなさなくなる。すなわち，一度失注すると次の車種で挽
回するという機会を失う恐れがある。また，MQBベースの車種は，VWグ
ループの世界中の生産拠点で統一的な方法（MPB）で生産されることにな
るため，サプライヤーにはグローバルな供給能力がより一層求められること
になる。

第3章「日本の自動車産業におけるモジュラー化第2の波」（目代）
　筆者の撮要は，以下の通りである。
　本章では，VWが先鞭をつけたモジュラー化第2の波に，日本の自動車
メーカーがどのような戦略で臨んでいるのかを分析した。日産とマツダは，
VWとほぼ同時期に新たな製品開発戦略に取り組んでいる。日産コモンモ
ジュールファミリー（CMF）とマツダ・コモンアーキテクチャ（CA）であ
る。

日産 CMF は，車両を 4 つの物理的な部位と一つの電気／電子的な部位に切り分け，それぞれに 2 から 3 のバリエーションをあらかじめ設定し，その組み合わせを変えることで多様な車種を柔軟に開発しようというものである。一方のマツダは，共通の設計思想や部品システムを車格やセグメントを超えて適用する戦略である。必ずしも部品の物理的な共通化にはこだわらず，設計思想や標準構造を相似形で車格の異なる車種に適用する点に特徴がある。

　本章では，VW MQB とルノー＝日産 CMF，マツダ CA を比較分析し，次の点を明らかにした。

　第 1 に，3 社とも 10 年程度先まで見越した商品展開を一括して企画し，先行開発の段階で複数セグメントの車種に適用可能な技術基盤を構築している点は共通であった。しかし，車両システムの切り分けと事前に用意する設計モジュールのバリエーションの考え方には違いがある。3 社の中では，VW MQB が最も細かく車両システムを切り分け，500 種類ものベーシック・モジュールを用意する。ルノー＝日産 CMF も車両システムをモジュールに分割するが，その数は 4 つにとどまる。事前に 2 から 3 つのモジュール・バリエーションを用意し，その組み合わせで多様な車種を開発する。マツダ CA では，車両システムをアンダーボディやパワートレイン，トップハットに切り分けるが，事前にモジュール・バリエーションは用意しない。統一の設計思想と標準設計構造を用意するだけで，バリエーション自体は車両開発の段階で事後的に発生させる。

　第 2 に，製品アーキテクチャにおける固定要素と可変要素の定義の仕方にも相違がある。VW MQB は，設計モジュールの内部は固定要素であり，車両開発の側からはブラックボックスとなっている。インタフェースルールを厳密に守ることで，多様なモジュールの組み合わせを機能させる。一方，ルノー＝日産の CMF は，各モジュールの内部構造を完全には固定領域とせず，モジュール内部にも車種によらず共通（固定）とする部分と，採用車種により変更可能な可変部分を設けている。それにより，車種ごとの設計自由度を担保している点は興味深い。マツダ CA の場合，設計における固定要素は，必ずしも物理寸法の共通化をさすのではなく，ボディの骨格構造やエン

ジンの燃焼特性など原理を共通とする考え方である。その結果，物理的形状
については，鋼板の肉厚をボディの大きさに応じて可変としたり，ピストン
ヘッドの形状を排気量に応じて可変としたりしている。

　第3に，3社の設計戦略の違いの背景として，（1）展開車種数の違い，
（2）グローバル販売台数の違い，（3）各国に展開する生産拠点基盤の違いが
あることを明らかにした。車両システムを細かく分割し，多様な設計モ
ジュールをあらかじめ用意するVW MQBやルノー＝日産CMFは，先行開
発における投資負担が極めて大きな開発アプローチである。そのため，開発
車種の多さやグローバル販売規模の大きさは，こうした開発アプローチを可
能とする前提条件であるといえる。一方，車種数が少なく販売規模も小さな
マツダにとっては，MQBやCMFのようなアプローチは，莫大な先行開発
投資を回収できないリスクが伴うといえる。

　第4に，モジュラー化第2の波は，車種ごとの都度開発から，一括企画を
ベースとした車種群開発へと自動車メーカーを向かわせている。これは従
来，統合型が中心的であった乗用車の製品アーキテクチャをモジュラー型へ
と変容させる動きである。ただし，その実現過程では，各社が長年にわたり
取り組んできた部品共通化やプラットフォーム共通化，モジュール生産，
バーチャル開発手法（モデルベース開発）から得られてきた知見の積み重ね
が活かされている。モジュラー化第2の波は，こうした各社の開発努力の累
積進化の結果とみるべきであろう。

第4章「日本の自動車メーカーの海外生産とサプライチェーン戦略──アセ
アン地域を事例として──」(折橋)

　筆者の撮要は，以下の通りである。

　本章ではまず，アセアン各国における日本の完成車組立メーカーの戦略を
分類・分析した。先発メーカーは，域内主要各国に，各国が採用していた輸
入代替工業化政策に対応して，ノックダウン生産を行う小規模生産拠点を展
開してきた。進出当時は，当然域内貿易を自由化することを目指した関税ス
キームはなく，各国市場はそれぞれ閉じていた。その後，1980年代以降，
段階的に域内貿易に課せられる関税を低減させる関税スキームが導入されて

きたが，一度開設した生産拠点を引き払うことは，現地国市場における販売
に著しいダメージをもたらしかねない。そのため，撤退はせずに各拠点を活
かして，各モデルの生産をいずれかの国に集中させ，互いに融通しあうと
いった域内分業体制の構築を志向した。

　後発メーカーは，域内貿易が自由化した後に進出したため，AFTA を活用
してサプライヤーの充実したタイで集中生産する傾向である。加えて，一部
メーカーは，人口規模において域内最大で，市場規模もこれまで域内最大で
あったタイを凌駕しつつあるインドネシアにも生産拠点を構えている。

　部品メーカーについても，完成車組立メーカーと概ね同様の戦略をとって
きた。先発組立メーカーに請われて進出した先発部品メーカーは，同様に域
内主要各国に拠点を展開してきた。自動車部品の域内貿易については，いち
早く BBC という関税スキームが 1990 年代前半に導入されたこともあり，そ
れ及びその後継の関税スキームを活用した域内分業体制構築を目指してき
た。その一方で，後発の部品メーカーは，サポーティングインダストリーが
域内では最も集積しているタイに集中し，インドネシアにも必要に応じて第
2 の拠点を設けるといった傾向がある。

　そのうえで，「系列を超えた取引が多い」，「ローカルメーカーおよび合弁
メーカーの多くの担い手である華僑系の地場資本の行動様式」など，この地
域のサポーティングインダストリーの特徴についてもふれた。

第 5 章「メガ・プラットフォーム戦略とアーキテクチャ定義能力競争——中
国民族系自動車メーカーが参戦する意義——」（李）
　筆者の撮要は，以下の通りである。
　メガ・プラットフォーム戦略を導入した外資系メーカーの車種に比べ，中
国民族系メーカーの車種当たりの販売台数は一桁少ない。外資系メーカーの
ラインナップに比べ，廉価車市場に集中しており，価格はいくぶん安いよう
に呈しているが，外資系のメガ・プラットフォーム車種の海外生産台数と合
わせた規模経済性を考慮すれば，中国民族系メーカーはこうした車種当たり
の収益性競争において絶対劣位に立たされているのは現状である。
　この点が，数多くの民族系メーカーをメガ・プラットフォーム戦略の転向

を促した真因である。奇瑞と吉利のような外国先進技術と直接提携するルートを有するメーカーを除けば，その他のメーカーは，依然，セグメントごとのプラットフォーム戦略段階に留まっており，セグメントを超えるメガ・プラットフォーム段階までに至っていない。ましてや，時下の人気車種のリバースエンジニアリングによる開発戦略に安住する企業も少なくないであろう。無論，民族系のメガ・プラットフォーム戦略は依然途中段階である。既存プラットフォームから脱皮したプラットフォーム戦略もあれば，新規投入したMQB流の製品アーキテクチャ戦略もある。

また，一部では外国の車台技術を買収した国有企業の動向も，不明点が多く本章では割愛した。たとえば，北京汽車は買収したSaabのプラットフォームをベースに，「紳宝」以外にA，B，CとMPV各セグメントをカバーするM-trixを公表した。さらに，上海汽車もGMのEpsilon IIに由来するGlobal Eプラットフォームを開発し，ハイエンドの「栄威950」を発売した。

ただ，記述の通り，奇瑞，吉利，長安などのような民族系上位メーカーの取組みだけを取り上げて，限られた情報だけでも，おそらく下記の指摘ができよう。

第1に，構成単位のモジュラリティ向上によって，これからの自動車競争では，パッケージの中身の勝負は依然必要だが，アーキテクチャ定義能力が次第に競争の主軸になっていく。そのカギを握るのはモデルあたりの収益性競争である。本来，モジュラリティの構成について，VWの「MQB」，日産の「CMF」，トヨタの「TNGA」とマツダの「CA」などの先進国メーカーが経路依存的に，発散性を持つ異なる進化経路を辿っているが，中国民族系メーカーの参戦がVW流の設計思想をよりいっそう突出させるようになった。

第2に，モジュールの中身を定義する能力はもちろん重要だが，インタフェースがそれに合わせて適宜に進化していくことも重要である（井上，2009）。こうしたアーキテクチャ定義活動はサプライヤーの協力なしには，到底実現できないことである。歴史が浅く，系列サプライヤー＝ティア1も育てなかった中国民族系メーカーにとっては，既存メガ・サプライヤーとの

終　章　　329

協力関係は，彼ら自身のメガ・プラットフォーム戦略の勝敗のカギである。コンセプトでは，中国民族系メーカーが VW の「MQB」へ接近することは，VW 流をグローバルスタンダードへ昇華させる潜在可能性を帯びている。その潜在的波及経路は，VW と共通するメガ・サプライヤーとの協力関係によって達成できるものであろう。

　本章の到達点が，先進国メーカー間のアーキテクチャ能力競争の行方を予測するのに，一定の足がかりを提供することになるが，民族系メーカーがいかにプラットフォーム戦略から脱皮して，サプライヤーと如何なる協力に基づき，構成単位のアーキテクチャとインタフェースとの共進化をいかに実現できるのか，などについて，現在それを観察できる情報が欠けており，今後の課題として目が離せない存在である。

第 6 章「モジュール化の進展と自動車メーカーのアジア戦略——インドネシアにおける自動車産業に注目して——」(塩次)

　筆者の撮要は，以下の通りである。

　本章の目的は，アジアの新興国におけるわが国 OEM のメガ・プラットフォーム戦略の展開を現地の実態調査を踏まえて明らかにすることにある。分析の鍵となる概念は，モジュール化，取引関係の水平展開と垂直展開である。ここで自動車の「モジュール化」とは，あるデザイン・ルールに基づいて相互依存性を減らした機能的に完結した部品の組み合わせによる自動車の設計や生産を可能にしようとする設計思想である。

　欧州の OEM はモジュール部品の組み合わせによる自動車づくりというアーキテクチャーに立っていること，モジュール部品の組み合わせによる工数の削減や生産ラインの短縮化，単純化が進んでおり，生産コストの削減やカーデザインの柔軟な対応がとられていることが BMW や Bosch，Continental の現地調査によって明らかになった。このようなモジュール化は OEM とサプライヤーの国情を背景にして生まれた歴史的な水平的な関係を前提にして成立していることも重要な点である。

　これに対して，わが国では OEM とサプライヤーは垂直的な関係を前提としたアーキテクチャーを保持している。メーカー別に垂直的に形成されたサ

プライヤーの構造を活かして，部品コストの削減をはかるとともに，技術的課題については OEM が中心となって取り組み，場合によってはサプライヤーを巻き込んだデザインインがとられている。しかし，部品点数を少なくしてコスト削減をはかることは重要であり，近年モジュール部品の塊が次第に大きくなりつつある。

　トヨタでは 2016 年に TNGA というアーキテクチャーを導入している。メガ・プラットフォームを構成するエンジンやパワートレインのような基本的部分（粒度の大きいモジュール）は比較的固定的であり，そこは自動車の技術的な性能を決める重要な部分である。ここに自社の技術を組み込み，車種間でその共用化をはかることができれば，開発工数の削減と生産の効率化によるコスト低減を狙うことができる。アッパーボディについては市場のニーズにあわせてボディデザインや外装や内装の部品を変動的に取り扱うことすればよい。これによって，全ての部分をモジュール化するのではなく，ケイレツのサプライヤーのすぐれた特性が反映できる部分を多く残して，垂直的な関係が活きることになる。

　実はこのような試みは，2002 年にタイで導入した IMV を先行事例としてみることができる。これはひとつのプラットフォームを 3 つの車体に共用して，ボディデザインの現地仕様を進めるというものである。2004 年 8 月にタイのトヨタ自動車で IMV の生産販売がはじまり，インドネシアでも同年にキジャンから IMV が用いられるようになった。さらにインドネシアではダイハツが R ＆ D センターを 2016 年に開設して，現地のニーズに対応した車種開発に取り組む体制を整えている。

　欧州のモジュール化は欧州の自動車産業の歴史的なコンテクストにそったものであるように，わが国の垂直的なケイレツ関係を活かした自動車生産でのモジュール化は独自な歴史的な展開として捉えるべきである。いずれかが優れていて一方向に収斂すると捉えるのは皮相にすぎる。さらなる調査研究によって，それぞれの特徴と技術の進化を踏まえて，課題と可能性を論じる必要がある。

第 7 章「モジュール化の進展と西日本自動車部品サプライヤー——中国地域の自動車部品サプライヤーの動向と産業振興策の考察——」（平山）

筆者の撮要は，以下の通りである。

本章では，マツダ社を主要な取引先とする中国地域（岡山，広島，山口，鳥取，島根）の自動車部品サプライヤーに対して，同社の「コモンアーキテクチャー」（CA）戦略がいかなる影響を与えてきたのか，またそれはいかなる形で発現したのか，といった分析視座から，同地域の自動車部品サプライヤーの動向と特徴，サプライヤーに対する産業振興策の在り方について分析することに研究の照準を合わせていた。実態は，予期に反して，波瀾に満ちた業界動向を示すものではなかった。

有体に結論を言えば，マツダの「CA 構想」は，VW の MQB 構想とは似て非なる実体を内包する。マツダは 2006 年に取り組みを始めた「モノ造り革新」において，10 年後を見据えた新車開発「一括企画」で取り組んできた。車格やボディータイプを超えて設計思想を共有し，それに基づいて多様なクルマを企画するという車両アーキテクチャー構想という点では，VW 社のアプローチと似ているが，しかし実際の開発では，モジュールそれ自体の共通化に固執することなく，開発工数を削減できるように設計思想を共通化することに重点を置いて生産規模の経済効率を追求する。マツダは，2006 年からこの取り組みに着手し，地域の部品サプライヤーや雇用にも目配せしながら輸出と海外生産にこだわってきた。同社が得意とするエンジン技術分野に経営資源を集中し，EV や「コネクティッド」事業の分野ではトヨタ自動車（株）と提携する戦略的選択に生き残りの活路を探っている。こうしたマツダの「モノ造り革新」が地場部品産業の構造にどのような影響を及ぼしたかを問う視座から分析を行った。その結果，マツダの「モノ造り革新」は長期に亘って悠揚迫らない形で進行したので，マツダと取引する部品サプライヤーにそれが少なからず影響しているが，サプライヤーも事業環境の経年的な徐々の変化に適応してそれを受け容れた節があり，地場部品産業界の再編を惹起するような業界急変が顕在化したといえるような事態は起こらなかった。総じて，同地域の自動車部品サプライヤーの動向と特徴に関する分析から言えることは，同地域の部品産業がその構造において機械工学系製造

332　終　章

業に偏在した特質をもっており，新時代の電動化に地場で対応できるサプラ
イヤーの発展が希薄であるということである。したがって，本章は，この特
質が地域の産業振興策の在り方について，新しい課題を突き付けていること
を説述した。

第 8 章「電動化による次世代自動車の環境対応とサプライチェーン――欧
州，中国を筆頭とした 48 V マイルドハイブリッドを中心とするその影
響――」（岩城）

　筆者の撮要は，以下の通りである。

　世界の自動車メーカーは，2010 年以降，VW の MQB，日産の CMF，マ
ツダの CA，トヨタの TNGA に代表されるように，10 年先まで見据えて将
来導入する新車開発を企画するといったような「一括企画[1]」戦略をコアと
する「メガ・プラットフォーム戦略」（新しいモジュール戦略）と取り組み
始めた。完成車メーカーのこうした製品開発戦略の変化については，本書の
日独自動車産業の「新モジュール戦略」に関する 3 つの章（第 1 章～第 3 章，
目代）において詳しく述べられているので，それに論及を譲るが，今日，自
動車産業においては，こうした製品開発戦略の変化に加えて，特筆すべき技
術革新が業界変容を惹き起こしている。カーエレクトロニクス化による次世
代自動車へむけた技術革新が，それである。

　CO_2 排出量規制や燃費規制など，高まる環境規制の動きを受けて，「もの
づくり」の経済合理性を追求する革新と同時に，自動車ビジネスそのものの
在り方を動力技術の基礎体系から問い直すような大きな変化，すなわち「電
動化の波」が高くなろうとしている。第 8 章では，まず第 1 に，「電動化に
よる次世代自動車の環境対応とサプライチェーン」について，「カーエレク
トロニクスと電動化進化の歴史」という視点から電動化の流れを通観したう
えで，環境規制と電動化の関連性について述べ，電動化によるコスト比率の
上昇と地域産業への影響について，論及した。

　つづいて第 2 に，「電動化による環境対策」について，欧州の「2021 年規
制[2]」に向けた各社の取り組みを，欧州調査で得られた知見や文献調査にも
とづいて分析した。電気自動車，プラグインハイブリッド車，ハイブリッド

車，およびマイルドハイブリッド車など，電動化の進展一般を述べるとともに，欧州や中国を中心にして環境対策として急速に採用が進むと思われる「48 Vマイルドハイブリッド」が今後どのような影響を及ぼすかについて，詳細な分析を試みた。

　第3に，「電動化に向けたサプライチェーン」に焦点を絞って，「中国地域の取り組みとその可能性」について取り上げ，今後，急伸する電動化のサプライチェーンへの大きな影響が予想されることから，筆者をはじめ本書の多くの研究メンバーの所属大学が所在する中国地域において取り組まれるべき課題やその奏功の可能性について，述べた。

　中国地域の自動車産業で特記すべき点は，サプライチェーンという視点で見れば，トヨタ，日産，ホンダなどが生産拠点を置く国内地域とは様相が相当に異なっていることである。トヨタの生産拠点地域のサプライヤーには，デンソー，アイシン，豊田合成，富士通テン，豊田紡織などの大手企業の生産拠点があり，売上規模や資本金などの事業規模指標で見ても巨額である大手サプライヤー企業が数多く集積している。日産自動車の生産拠点地域についても，日立オートモティブシステムズ，ジヤトコ，河西工業，カルソニックカンセイが所在し，ホンダについても，ケイヒン，日本精機といった大手サプライヤーが製造拠点を置いている。

　ところが，中国地域のマツダや三菱自工に部品供給する系列サプライヤーには，大手企業と呼べる企業はごくわずかしかない。とくにマツダや三菱自工のカーエレクトロニクス部品調達領域への対処については，大部分の部品を名古屋地区のサプライヤーや海外のサプライヤーなど，他系列のサプライヤーに依存しているといえる。そこで，筆者は，他系列サプライヤーの活用を進めながら，地域サプライヤー強化への取り組みの在り方と現状について，論及した。

　2030年には，電動化，自動運転，シェアード，コネクテッドの組み合わせで，「Automotive 4.0[3)]」（Roland Berger 社創唱）といわれている次世代自動車モビリティ時代が，大方の見通しでは，到来すると予想される。今日，自動車産業においては，より高度のエレクトロニクス技術，通信技術，AI技術，ビッグデータ処理技術等が必要となっている。こうした動きは，管見で

334　終　章

は，自動車の動力技術の基本体系を変容させるだけではない。この趨向の進む先において，自動車産業それ自体の産業態様が，従前とは相当に違ったものに様変わりするものと思われる。

　そうした技術領域の全分野を，地域の自前技術でカバーすることは，至難である。たとえトヨタといえども自前主義を採ることは困難であると考えられる。事実，トヨタは同業他社や異業種企業との提携を選択している。地域の自動車産業にあっては，地場経済社会の持続的安寧のためにも，自動車メーカー，部品サプライヤー，大学，公私研究所などが参加するグローバル対応の連携が必須となっており，この傾向は，日欧でも共通した地域産業社会の喫緊の課題となっている。

第9章「中国における新エネルギー車市場形成の道筋」（太田）

　筆者の撮要は，以下の通りである。

　世界最大の自動車市場である中国では，欧州など自動車先進国と同様に環境規制への対応を急ピッチで進めている。例えば2015年に発表された第13次5カ年計画では，「新能源汽車」（NEV）の普及を加速化する方針が打ち出されたほか，「中国製造2025」（同年）においてもNEV販売台数を市場の約半数までに引き上げること，FCVや自動運転車などの実用化といった項目も提示された。

　その中で，外資メーカーが6割を占める乗用車市場においては，VWをはじめとするドイツ勢が中国国内でもEV市場拡大に向けた動きを示しているなど，NEVを中心とした競争が激化している。また，日本勢が得意とするHEVは，中国のNEV市場からはおそらく意図的に対象外となっているなど税免除の面では不利な立場にあるものの，中国の技術ロードマップでは「48Vシステム用モータと一体化した市得品の開発（〜2020年）」，「48Vシステムの電動機械式ターボチャージャーの開発（2025〜30年）」など48V電源を使用したマイルドハイブリッドシステムも含まれると想定される文言が明示されている。このことからも，中国政府がNEV＝EVやPHEV，FCVといった車両に限定するのは優遇策を講じる場面であることに対し，環境対応という意味合いではHEVの存在も軽視していないことがうかがい知れ

る。その結果として，完成車メーカーは今後の競争軸をどこに据えるか，そのベクトルも大きく問われることになるだろう。

　このNEV規制の特徴点は，中国の自動車産業に対する同国の中央政府，もしくは省政府の意向が強く反映していることであり，自国自動車産業の競争力強化に向けた思惑が見え隠れすることにも注意を要する。そしてこの政府の思惑が実現されれば，2020年までにNEVの販売台数が累計500万台を達成することが目標値として掲げられている。この値を達成するためには，充電ステーションなどインフラの整備や充電方式の統一化，そして補助金制度の在り方など，中国でも課題として指摘される問題解決に迫られているものの，相次ぐ法規制の改訂に動く中国では，500万台の値に向けて様々な方策も展開されることとなるだろう。もちろん，これらの課題が山積みである現実を鑑みれば，NEV市場が真に構築されるための必要条件は未だ整っていないと判断せざるを得ないが，それは中国に限らず，例えば日本でも同様である。環境対応車普及のための施策は多く展開されているものの，やはりEVやFCVなどはその航続距離や充電インフラ設置数，車体本体コストなどの課題から，多くの消費者の購入意欲を削いでいる。

　そして中国でも日本同様に，消費者はやはり購入コストやインフラ等の使い勝手を含めた車両を選択するため，中国政府もそれに向けた法規定を設定し，例えば充電インフラ設置加速に動くなどの動向も確認される。これらの方策は行政サイドによる対応が必須だが，民の立場にある完成車メーカーや部品メーカーもその動きを睨みながらの対応が必要となる。中国におけるNEV市場形成の道筋はいわば未だ途中段階ではあるものの，様々な法規制，その改訂が飛び交う中で構築されていくものかもしれない。

第10章「自動車部品の新素材（材料）増加──自動車の軽量化に関する考察──」（内田）
　筆者の撮要は，以下の通りである。
　本章では，車体の軽量化と素材について，最新の動向を捉えた。まず軽量化の必要性について言及すると，CO_2削減には，種々の対応手段がある。CO_2排出を減らす動力源の対応として，エンジンの効率化，電動化では

EV，HEV，PHEV など，また，水素を活用した FCV などが挙げられるが，各動力源に共通して言えることは，車両重量が軽いほど CO_2 が少ないことである。また，車両重量は，自動車の基本性能である「走る」，「曲がる」，「止まる」に大きく関係している。例えば，自動車の加速性は，a（加速度）$= F$（駆動力）$/m$（質量）で表せるように，軽いほど良い。自動車の軽量化は，性能向上に効果がある。

軽量化の動向について見ると，現状の自動車構造材は，鉄鋼が主体で，ハイテンを中心に，アルミニウムの比率が徐々に高くなり，CFRP が実用化へ向けて動き出した段階である。今後は，さらに軽量化素材の比率が増した形でのマルチマテリアル化が予測される。

また，軽量化は，自動車メーカーにとって，環境対応と共に注目されているモジュール化，つまり，プラットフォームを決定づける大きな要素である。

軽量化素材の採用には，自動車としての機能的要求特性，生産における生産性とコスト，さらにはリサイクル性を具備していることが必要である。素材メーカーにおいては，これら課題解決を推進するとともに，自動車メーカーのニーズに応えるべく改善，開発を行ってきている。今後は，従来の自動車メーカーによる素材選択から，各自動車メーカーと各種の素材メーカー，また，接着剤などの関連するメーカーが共同で，生産に関わる環境負荷を含め，進化する最新技術を共有化し，あるべき姿を描く総合的な連携強化が必要であると考える。環境対応は一企業の問題ではない。自動車メーカーにとって，自動車の軽量化素材，接合は共通の課題であり，相互が情報を共有化し，言わば，共通領域を共に確立していくべきであると考える。その上で，変動領域で差別化を図るクルマづくりができることを指摘したい。自動車メーカー，素材メーカー，大学等の産学連携で素材開発を体制化し，そうしたクルマに関わる総合的な活動が素材開発に新時代を切り開くものと期待される。

本章で取り上げている軽量化素材は従来からあるものであり，「新素材」ではないものもあるが，自動車部品として採用するには，多くの課題解決が必要であり，新たな研究・開発を伴い，また，従来にない新たな材料・工法

終　章　　*337*

に変化していくものであり，「新素材」として捉え取り上げたことをおことわりしておきたい。

第 11 章「自動運転技術」（竹原）

　筆者の撮要は，以下の通りである。

　自動運転車は，近年最も進展した技術で，商品化を目指した開発が進められている。この開発により人と車の関係や交通事情が大きく変化するだけでなく，自動車業界や部品業界などの関連企業が様変わりし，道路事情やインフラ整備の他，情報産業など様々な産業に普及する。

　本章第 1 節の冒頭では，運転プロセスを明らかにした。交通事故の原因として運転者に起因する事故が多く，約半数は発見の遅れや，判断の誤りによることが多い。これらは認知，判断，操作，応答の運転プロセスとして定義されている。さらにそれは，自動運転技術としては，情報収集，分析／認識，判断，機構制御であることを示した。自動運転の目的としては交通事故の削減，渋滞の緩和，輸送コストの削減や高齢者の移動支援などを考えることができる。次に米国運輸省道路交通安全局（NHTSA）が示した自動運転車のレベルをレベル 0 からレベル 5 まで示し，レベル 3 以上で自動運転が可能であることを示した。

　第 2 節では，センサー技術，人工知能技術，地図データ，訴訟問題などを説明した。センサー技術としてカメラ，超音波センサー，レーザーセンサー，レーダーを解説し，長所・短所，各センサーのレンジなどを表にして示した。人工知能技術では，総務省の人工知能の今後の新たな仕事への活用などを取り上げている。

　近年ディープラーニング技術が注目されている。基本となる技術はベイズ定理であるが，自動運転に向けて注目されている技術は，Grid Localization, Kalman Filter, Monte Carlo Localization であり，本文中では Kalman Filter を中心に説明し，何度も計測することにより確率分布を高める方法について解説した。次に，GPS（Global Positioning System）と地図データを解説した。GPS とは現在どの位置を走行しているかを示す位置情報であり，これに重ね合わせて地図データを活用する。さらに位置制度を向上させるために

338　　終　　章

JAXA（宇宙航空研究開発機構）により打ち上げられる衛星が運用されることで，位置制度の向上を図ることができる。また，自動運転車が活用されるとしても，法制度上の大きな課題が残っており，未だ共通理解は得られていない。前方視界に入らない場所は無数にあり，自動運転により交通事故は減少するが，ゼロになることはない。法律家や哲学者が話題にするトロッコ問題も判断の難しい問題として残っており，それと取り組んで自動車損害賠償責任がどのような形態になるかなどの検討も今後重要な課題になるものと思われる。

　第3節では，各企業の現状と計画を取り上げている。この章では，Google，Ford，GM，Daimler，Volkswagen，トヨタ，日産，ホンダについて調査した。現在自動運転技術の分野で最も進んでいる企業は Google である。同社では，センサー類や，ディープラーニング技術や地図データなどでも研究が進んでおり，新会社の Alphabet 社が傘下にもつ自動運転研究開発子会社 Waymo とホンダとの共同研究事例のように，多くの企業との提携により躍進している。このほか，欧米企業でもこの分野の研究開発が日進月歩で進展している。それに対し，日本の企業はやや出遅れている観がある。

　最終節では商品化の時期をまとめた。開発時期は分散しており，明確な計画を示す企業は少なく，期待と予測の域にあると考えられる。日本自動車工業会（JAMA）は自動運転技術が定着して熟成するのは 2050 年と予測し，内閣官房 IT 総合戦略室は 2025 年と考えているようである。人工知能やセンサー類は今後益々発展していくと想定されており，2050 年頃には完全自動運転車が一般に利用されるよう長期的な視点で見守りたい。

　以上において，章別概括を取り上げた。本書においては，我々のマルチラテラルな研究アプローチが導き出した成果の一端が取り纏められているにすぎない。本命題に関して学際的研究者朋輩が取り組んだ研究の醍醐味は沢山ありすぎて編者の力量に余り，語るに尽くせない。自動車産業は内燃機関を原動力とする車両技術の基本体系が 100 年以上の長きに亘って維持されてきた特殊な産業である。漸く代替原動力のバリエーションが自動車市場の支持を得られる時代が到来した。内燃機関（エンジン）車，内燃機関と電動機

（モーター）を動力源として備えた HV（ハイブリッド車），外部電源から車載バッテリに直接充電ができる HV こと PHV（プラグインハイブリッド車），EV（電気自動車），FCV（燃料電池車）が市場供給されているが，欧米や，世界最大自動車市場の中国の環境規制強化やその宣言，異業種からのEV 市場や FCV 要素部品市場への新規参入，運転支援システムや自動運転技術の発展など，自動車を取り巻く事業環境は急速に変化しつつあるなか，自動車メーカー自体も有望動力源への異なる見通しを示していて，動力源を絞り込めないでいる。まだ次世代自動車の未来は見えていない。自動車ビジネスに期待を寄せる企業は，既存・新規参入を問わず，様々な新規事業分野を探索領域[4]として選択している。自動車産業内や業際領域において「探索戦略」を重視する同業種・異業種企業の間での戦略的提携が随所で誕生しており，多様な新ビジネスモデル構築が模索される。そうしたなか，自動車産業についての研究も，産業界の変化に機敏に対応するために，既存の枠組みから飛び出して，様々な形での国際的な学際的研究を推進することによって，新モビリティ時代を迎える自動車産業の進路を見据える必要性が，嘗てないほどに，高まっている。

　換言すれば，米欧アジア先進諸国間で，自動車モビリティ革新をめぐる産業・学術研究・教育の総合的国際競争力の覇を争う時代が到来している。ドイツの国家的戦略プロジェクトである「インダストリー4.0」（独：Industrie 4.0, 英：Industry 4.0）が，好例である。その中国バージョンが，「中国製造2025」である。自動車モビリティ新時代の未来像を描く各国の国家戦略において，ユニラテラルな政策に陥ることなく，産業技術革新の推進と一体化させる形で，産官学を挙げた学際的研究・教育の積極的な推進が成果を上げるか否かが，近未来の各国の国際的立ち位置を決めることとなるであろう。

注
1）マツダは，2006 年に 10 年後を見据えた新車開発の議論を開始し，「将来導入する車種を車格やセグメントを越えて一括企画することで，共通の開発方法や生産プロセスを実現し，より効率的に多品種の商品を開発・生産する『モノ造り革新』に取り組んでき」た（「モノ造り革新」，*Mazda Annual Report 2015*, 2015 年 3 月期，25 頁参照）。日欧主要自動車メーカーの新車開発戦略に共通する基調が生まれたといえる。

340　終　　章

2 ）欧州では，2021 年以降，自動車メーカーに企業別平均でのエンジン車 CO_2 排出量を 95g/km 以下にすることが求められる。通称，「2021 年規制」と呼ばれる。

3 ）Cf., Roland Berger Strategy Consultants: *Think Act. Automotive 4.0. A disruption and new reality in the US?* Michigan: Feb. 2015, downloaded from Website: www.rolandberger.us.

4 ）「探索戦略」については，柴田友厚，馬場靖憲，鈴木 潤「探索戦略の迷走―富士フイルムとコダックの分岐点―」『赤門マネジメント・レビュー』J-Stage 早期公開 2017 年 9 月 4 日（Website, https://www.jstage.jst.go.jp/ からダウンロード）参照。

スポンサーシップ

　本書は，文部科学省とその外郭団体「日本学術振興会」の科学研究費助成事業である基盤研究（A）の助成を受けて，下記の研究課題に対し，機を逸することなく研究代表者と 10 名の研究分担者（「はしがき」）及び 3 名の研究協力者（同）が取り組んだ研究の成果を取り纏めたものである。すなわち，研究課題：「日欧自動車メーカーの『メガ・プラットフォーム戦略』とサプライチェーンの変容」，領域番号：26245047，研究種目：基盤研究（A），配分区分：補助金，審査区分：一般，研究分野：経営学，研究機関：山口大学（2014 年度〜2017 年度），岡山商科大学（2018 年度一部繰越し），である。

　また，研究分担者の多くが科学研究費助成金を別途受給して数多の研究実績を上げており，逐一列挙することを割愛するが，本研究にも生かしていることを追記しておくこととする。

　科学研究費の助成があってはじめて，研究プロジェクト・メンバーが自動車産業に関わる国内外の企業本社・支社，生産拠点や開発センター，大学等の研究機関や官民シンクタンク，国際機関や各国行政機関，等々に現地調査を実施して一意専心研究に励み，精魂を込めた成果を本書の形に結実させることができた。感謝に堪えない。惜しむらくは科学研究費助成研究に背を向ける旧弊が学府に残ることである。学術研究の国際競争に挑む研究者集団が後顧の憂いなく国内外調査活動に従事できるよう学術環境の改革を願わざるを得ないことも，基盤研究（A）をマネジメントして宿した痛切な思いであった。それに関心を持たれる向きには，『平成 26 年度科学研究費補助金（基盤研究 A）研究成果報告書：日欧自動車メーカーの「メガ・プラットホーム戦略」とサプライチェーンの変容』（古川澄明編，2015 年 8 月）に収録した拙文「附載　科学研究費基盤研究 A 経費問題への一考察」を参照されたい。

　本研究成果を刊行して尋究の成否を世に問うことができる運びと相成り，関係機関のご支援に対し，一同を代表して，感謝の意を表するものである。

（記：研究代表者・古川澄明）

執筆者一覧

(五十音順，敬称略)

居城克治 （いしろ・かつじ）··校閲：「はしがき」
福岡大学・商学部，教授，学士（商学）
主要業績

「九州における自動車産業の現状と課題」，折橋伸哉・目代武史・村山貴俊（編著）『東北地方と
自動車産業：トヨタ国内第3の拠点をめぐって』，創成社，2013年，第7章所収。

『中小企業の先端技術戦略』関満博，居城克治（編著），新評論，1991年。

『平成24年度「九州次世代自動車産業研究会」報告書：九州次世代自動車産業戦略』，九州次世
代自動車産業研究会（経済産業省九州経済産業局主催），居城克治（執筆・編集），目代武史（執
筆），2013年。

岩城富士大 （いわき・ふじお）···執筆：第8章
広島市立大学・大学院国際学研究科・非常勤講師（広島大学客員准教授），学士（工学）
主要業績

「パワートレイン電動化へ向けた技術選択と不確実性への対応戦略」，目代武史・岩城富士大（共
著），『研究技術計画』第32巻第4号，2018年。

「ハイレゾサウンドとその高齢者への応用」，『電気設備学会誌』，第37巻，648頁，2017年9月
号。

「医工連携研究と地域で作るものづくり」，『東北学院大学経営学論集』，第9号，77-93頁，2016
年3月。

「広島地域における中小企業の可能性と課題」，『東北学院大学経営学論集』，第7号，131-145頁，
2015年3月。

内田和博 （うちだ・かずひろ）···執筆：第10章
広島工業大学・工学部，教授，学士（工学）
主要業績

『トヨタ自動車「プリウス」詳細分解レポート』，ベンチマーキングセンター利活用協議会（著）・
日経Automotive（編），同協議会会長・執筆協力，日経BP社，2016年。

『自動車の電子化に係る欧州産学官連携と地域産業振興調査』（平成21年度地域活性化推進調
査：NOVA調査），経済産業省中国経済産業局，執筆・編集：内田和博・竹原伸・岩城富士大・
弓場隆宏（執筆・編集），2010年3月。

太田志乃 （おおた・しの）···執筆：第9章
一般財団法人機械振興協会経済研究所・調査研究部，研究副主幹，修士（国際関係学）
主要業績

「中国における新エネルギー車戦略の光と影」，岩城富士大・太田志乃（共著），『中国経済』（中
国経済研究会・月刊，日本貿易振興機構発行），No.612，30-46頁，2017年1月号。

「IoT時代におけるドイツ完成車メーカーの戦略」，『機械経済研究』（機械振興協会経済研究所・

年刊），No.49，49-60 頁，2016 年 12 月。

「自動車産業における海外『現地化』過程：日本自動車産業における現地化の促進度とその深化指標の整理」，『機械経済研究』（機械振興協会経済研究所・年刊），No.45，41-50 頁，2014 年 6 月。

「クルマの環境対応化とサプライチェーン」，『アジア太平洋討究』（早稲田大学アジア太平洋研究センター），第 22 号，195-213 頁，2014 年 3 月。

『図解早わかり BRICs 自動車産業』，小林英夫・太田志乃（編著），日刊工業新聞社，2007 年。

折橋伸哉（おりはし・しんや）·· 執筆：第 4 章
東北学院大学・経営学部，教授，博士（経済学）

主要業績

「東北地方の自動車産業の現状と課題」，清晌一郎（編著）『日本自動車産業グローバル化の新段階と自動車部品・関連中小企業』，社会評論社，2016 年。

『東北地方と自動車産業』，折橋伸哉・村山貴俊・目代武史（編著），創成社，2013 年。

「東南アジアにおける自動車産業の発展経路と展望」，馬場敏幸（編）『アジアの経済発展と産業技術』，ナカニシヤ出版，2013 年，第 6 章所収。

『海外拠点の創発的事業展開―トヨタのオーストラリア・タイ・トルコの事例研究』，白桃書房，2008 年。

「海外拠点における環境変化と能力構築」，『日本経営学会誌』，第 19 号，39-50 頁，2007 年，第 3 部第 8 章所収。

塩次喜代明（しおつぐ・きよあき）·· 執筆：第 6 章
九州大学名誉教授（福岡女子大学・前教授），修士（経営学）

主要業績

「電子産業における戦略の罠と戦略シフト」，『国際社会研究』（福岡女子大学国際文理学部紀要），第 2 号，33-52 頁，2013 年 3 月。

「自動車産業の概況と北部九州の自動車産業」，福岡県・日本貿易振興機構（ジェトロ）アジア経済研究所（編）『東アジア経済統合と福岡地域の発展，第 III 部 福岡県の自動車分野のアジアにおける成長戦略』（アジア経済研究所自動車部品研究会報告書），査読無，5-12 頁，2011 年 3 月。

『新版・経営管理』，塩次喜代明，高橋伸夫，小林敏男（共著），有斐閣，2009 年

「Strategic Management of Japanese Companies in East Asia」，『経済学研究：経済学部 80 周年記念論文集』（九州大学経済学会），第 71 巻第 2・3 号，139-152 頁，2005 年。

A comparative Analysis on the Foreign Direct Investment Behavior between Pusan and Kyushu, In: *Korean Observer*, Vol.32, No.1, pp.59-82, 2001.

竹原　伸（たけはら・しん）·· 執筆：第 11 章
近畿大学・工学部・ロボティクス学科，教授，博士（工学）

主要業績

「中産間地域における自動車の活用」，『次世代自動車セミナー』，2015 年 10 月号所収。

「剛体の回転と重心の旋回から考察した車両挙動」，『自動車技術会論文集』，第 45 巻第 1 号，2014 年 1 月。

344　執筆者一覧

『はじめての自動車運動学』，森北出版社，2014 年。

Vehicle Dynamics from the View of Rigid Body Rotation and Gravity Center Turning, *International Symposium on Advanced Vehicle Control*, Vol. 0117, Sept. 2014.

「電動パワーステアリング技術制御」，オフィス東和編『電気自動車の最新制御技術（電動パワーステアリング制御)』，エヌ・ティー・エス社，182-192 頁所収，2011 年。

平山智康（ひらやま・ともやす）……………………………………………………… 執筆：第 7 章
岡山大学・研究推進産学官連携機構・元准教授，学士（理学）
主要業績

『地域自動車部品サプライヤーのグローバル戦略を考える』，平山智康（編），共著者：岩城富士大，折橋伸哉，太田志乃，木村 弘，塩次喜代明，古川澄明，平山智康，目代武史，科学研究費・基盤研究（A)，研究課題番号：26245047，研究代表者：古川澄明，研究期間：平成 26 年度〜平成 28 年度)，2017 年。

古川澄明（ふるかわ・すみあき）…………………………………… 執筆：「はしがき」，序章，終章
岡山商科大学・経営学部，教授（山口大学名誉教授)，修士（商学）
主要業績

『地域自動車部品サプライヤーのグローバル戦略を考える』，平山智康（編），共著者：岩城富士大，折橋伸哉，太田志乃，木村 弘，塩次喜代明，古川澄明，平山智康，目代武史，科学研究費・基盤研究（A)，研究課題番号：26245047，研究代表者：古川澄明，研究期間：平成 26 年度〜平成 28 年度)，2017 年。

『日欧自動車メーカーの「メガ・プラットフォーム戦略」とサプライチェーンの変容：基盤研究（A)（一般）平成 26 年度 研究報告書』，古川澄明（編)，（科研費・基盤研究（A)，研究課題番号：26245047，研究代表者：古川澄明，研究期間：平成 26 年度〜平成 28 年度)，2015 年。

The changing structure of the automotive industry and the post-lean paradigm in Europe: comparisons with Asian business practices. Edited by Sumiaki Furukawa, Gert Schmidt, Kyushu University Press: Fukuoka, 2008.

目代武史（もくだい・たけふみ）……………………………… 執筆：第 1 章，第 2 章，第 3 章
九州大学・大学院経済学研究院，准教授，博士（学術）
主要業績

「パワートレイン電動化へ向けた技術選択と不確実性への対応戦略」，目代武史，岩城富士大（共著)，『研究技術計画』，第 32 巻第 4 号，2018 年。

"Will cars be modularized? New vehicle development approaches of Renault-Nissan and Mazda", in: Heike Proff and Thomas Martin Fojcik (eds.): *Nationale und internationale Trends in der Mobilität: Technische und betriebswirtschaftliche Aspekte*, Springer Gabler: Wiesbaden, 2016.

「長期的収益の実現と戦略的柔軟性」，九州大学ビジネス・スクール（編)『新たな事業価値の創造』，九州大学出版会，2016 年。

「海外との連携を深める九州自動車産業：日産自動車九州と関連部品メーカーを中心として」，清 晌一郎（編著)『日本自動車産業グローバル化の新段階と自動車部品・関連中小企業』，社会評論社，2016 年，第 3 部第 2 章所収。

「ルノー＝日産コモンモジュールファミリーとマツダ・コモンアーキテクチャの設計思想」，『研究技術計画』，第 30 巻第 3 号，2015 年。

李　澤建（り・たくけん）·· 執筆：第 5 章

大阪産業大学経済学部・大学院経済学研究科，准教授，博士（経済学）

主要業績

「品質デザイン力と再現可能性：新興国における市場の非連続性への創発的適応」，『武蔵大学論集』，第 65 巻第 1 号，85-92 頁，2017 年。

Market life-cycle and products strategies: an empirical investigation of Indian automotive market, In: *International Journal of Business Innovation and Research*, Vol.10, No.1, pp.26-41, 2016, DOI: 10.1504/IJBIR.2016.073242.

「勃興する新興国市場と民族系メーカーの競争力：自動車」，橘川武郎・黒澤隆文・西村成弘（編著）『グローバル経営史—国境を超える産業ダイナミズム—』，名古屋大学出版会，112-132 頁，2016 年，第 4 章所収。

「BRICs 自動車市場の生成と多国籍自動車メーカーの環境適応戦略」，天野倫文・新宅純二郎・中川功一・大木清弘（編著）『新興国市場戦略論—拡大する中間層市場へ・日本企業の新戦略』，有斐閣，211-234 頁，2015 年，第 10 章所収。

Eco-innovation and firm growth: leading edge of China's electric vehicle business, *International Journal of Automotive Technology and Management*, Vol.15, No.3, pp.226-243, 2015, DOI: 10.1504/IJATM.2015.070281.

索　引

欧文

AI　　283, 284, 286, 287, 290, 294, 300, 301, 303, 306, 307, 308, 309, 310, 311, 315

Astra International　　148

Automotive4.0　　228

BMW　　135, 286, 304, 309, 313

CA　　2, 12, 162

CFRP　　258

CMF　　2, 12, 142

Daimler　　304, 306, 310, 313

EV　　63

Ford　　298, 306, 307, 313

GM　　283, 306, 308, 311, 313

Google（Waymo）　　298, 302, 306, 307, 313

GPS　　283, 286, 287, 303, 308

Hackenberg, Ulrich　　49

IMV　　96, 105, 107, 145

ITS　　284, 286, 308

MEB　　63

MLB　　49

MPB　　58-59, 64, 83, 84

MQB　　2, 10, 26, 47-57, 62, 63, 83-88

MSB　　56, 135

NSF　　56

PHEV　　63

Renault ＝ 日産　　71, 312

TMMIN　　148

TNGA　　2, 12, 142

Volkswagen　　306, 310, 313

和文

あ行

アウトソーシング　　28, 32, 42, 44, 45, 60, 64

アルミニウム合金　　254

一括企画　　60, 62, 78, 80, 89

移動速度の向上　　292

EV 化により影響を受ける部品群　　220

インダストリー4.0　　184

インドネシア　　132, 144

HEV/EV 化により影響を受ける部品群　　219

エコカー　　99

欧州のエンジン車，電動化の方向　　206

温室効果ガスの削減　　292

か行

外資系部品サプライヤー　　166

快適性の向上　　292

各センサーのレンジ　　299

各センサーの長所と短所　　299

可変要素／可変部　　52, 73, 78, 89

カメラ　　285, 290, 295, 296, 297, 298, 299, 307, 308, 309, 310, 311, 312

企画・設計のモジュール化　　196

奇瑞汽車　　122

吉利汽車　　124

グローバル環境規制　　199

ケイレツ（垂直的取引関係）　　136

系列取引　　165

交通事故の削減　　291, 292

高齢者　　290, 291, 292, 308

高齢者等の移動支援　　291, 292

構内外注型　　36, 42, 69

構内同居型　　37, 42

固定要素／固定部　　51, 73, 78, 80, 89

コモンアーキテクチャ構想（CA 構想）　　70, 77-80, 84-88

コモンモジュールファミリー（CMF）　　26, 70, 72-74, 83-88

さ行

サプライヤーパーク型　　35, 42

CO_2 削減ポテンシャルと必要コスト　　204

シーズ発信会　　226

自動運転の将来　　287, 313

自動運転の分類と定義　　292

自動運転技術　　283, 285, 286, 287, 306, 307, 310, 311, 312, 314

自動運転車の運転プロセス　290
自動車の運転プロセス　289
自動車部品の取引構造　173
ジャストインタイム（JIT）型　32-35,
　44, 45
車両購置税　235
車両船舶税　236
渋滞の解消　285, 286, 291, 292
樹脂　257
省エネ・新エネルギー車産業発展計画
　235
新エネルギー車　233
新興国市場　111
新事業モデル競争　1
真の現調化　103
新プラットフォーム戦略　6, 114
新モジュール戦略　3
生産（工場）アーキテクチャ　49, 58, 84
生産のモジュール化　195
生産モジュール　29, 30, 47, 59-60
製品アーキテクチャ　29, 47, 63-65, 84
設計思想（アーキテクチャ）　47, 50, 78,
　132
設計モジュール　47, 49, 50, 59-61
設計ルール　50, 52, 60, 62, 65, 70, 90
センサー技術　283, 287, 295, 309, 315
損益分岐点　88

た行

ダイハツ　132
ダイハツ九州　154
地図データ　287, 294, 295, 303, 307, 311,
　315
中国　111
中国地域　164
中国地域部品サプライヤー　165
駐車場の有効利用　292
超音波センサー　285, 295, 296, 297, 298,
　299
長安汽車　126
ディープラーニング　285, 294, 301, 307,
　310, 315
電動化と電子部品比率　201

電動化プラットフォーム「MEB」　208
統合型アーキテクチャ　47, 65
東西経済回廊　109
トヨタ　299, 301, 306, 311
トヨタ・ニュー・グローバル・アーキテク
　チャ（TNGA）　26, 64, 89
トヨタ自動車九州　165

な行

内燃機関廃止　208
日産自動車九州　165
ノックダウン組立生産　102

は行

ハイテン　252
ビルディングブロック戦略　222
部品共通化　58, 71, 73-74
プラグインハイブリッド　207
プラットフォーム共通化　25, 48, 71, 77
プラットフォームの共通化戦略　195
フレキシブル生産構想　77, 80-81, 85
ベイズ理論　301, 302
法制度　287, 304, 315
ホンダ　306, 312

ま行

マイクロハイブリッド　206
マイルドハイブリッド　207
マグネシウム合金　260
マツダ　161
マツダ・デジタル・イノベーション
　（MDI）　188
三菱自動車（水島）　165
ミリ波レーダー　298, 299, 302, 312
メガ・プラットフォーム戦略　2, 111
メガ・モジュール化　3？
メガサプライヤー　45, 64, 135
モジュール化　132
モジュール生産　25, 27, 69, 90
モジュラー型アーキテクチャ　30, 47,
　64, 65
モジュラー化第1の波　27, 30, 44, 69
モジュラー化第2の波　47, 64, 66, 70, 89

モデルベース開発（MBD）　182, 188
モノ造り革新　70, 77, 80, 162, 181
ものづくり競争　1

や行
輸送コスト削減　291, 292
輸入代替工業化　96
48V システム　241

48V マイルドハイブリッド　209

ら行
リアルオプション　66
レーザーセンサー　290, 295, 297, 299, 312
ローランド・ベルガー　176

自動車メガ・プラットフォーム戦略の進化
──「ものづくり」競争環境の変容──

2018 年 4 月 16 日　初版発行

編　者　古川　澄明

著　者　JSPS 科研費プロジェクト

発行者　五十川　直行

発行所　一般財団法人　九州大学出版会
　　　　〒 814-0001　福岡市早良区百道浜 3-8-34
　　　　九州大学産学官連携イノベーションプラザ 305
　　　　電話　092-833-9150
　　　　URL　http://kup.or.jp/
　　　　印刷・製本／シナノ書籍印刷（株）

© Sumiaki Furukawa 2018　　　　　　　ISBN978-4-7985-0230-4